U0182268

计算机网络
技术基础

主　编／丁喜纲

副主编／刘晓霞　涂　振

清华大学出版社

北京

内 容 简 介

本书采用任务驱动模式,共包括 9 个工作单元,分别是认识计算机网络和现代网络系统、组建双机互联网络、使用交换机组建小型局域网、规划与分配 IP 地址、实现网际互联、组建小型无线局域网、接入Internet、认识服务器端网络、配置常用网络服务。每个工作单元都有需要读者亲自动手完成的任务,读者只要具备计算机的基本知识就可以在阅读本书时进行同步实训,从而掌握计算机网络建设、管理与维护等方面的基础知识和技能。

本书既可以作为大中专院校各专业计算机网络技术基础课程的教材,也适合参加计算机网络技术相关职业技能鉴定的人员学习使用,还可作为从事网络设计、构建、管理和维护等工作的技术人员及网络技术爱好者的参考用书。

图书在版编目(CIP)数据

计算机网络技术基础/丁喜纲主编. —北京:清华大学出版社,2022.1(2023.1重印)
高职高专计算机任务驱动模式教材
ISBN 978-7-302-59344-7

Ⅰ.①计… Ⅱ.①丁… Ⅲ.①计算机网络-高等职业教育-教材 Ⅳ.①TP393

中国版本图书馆 CIP 数据核字(2021)第 214721 号

责任编辑:张龙卿
封面设计:范春燕
责任校对:赵琳爽
责任印制:刘海龙

出版发行:清华大学出版社
   网 址:http://www.tup.com.cn,http://www.wqbook.com
   地 址:北京清华大学学研大厦 A 座   邮 编:100084
   社 总 机:010-83470000   邮 购:010-62786544
   投稿与读者服务:010-62776969,c-service@tup.tsinghua.edu.cn
   质量反馈:010-62772015,zhiliang@tup.tsinghua.edu.cn
   课件下载:http://www.tup.com.cn,010-83470410
印 装 者:北京同文印刷有限责任公司
经 销:全国新华书店
开 本:185mm×260mm   印 张:17.25   字 数:396 千字
版 次:2022 年 1 月第 1 版   印 次:2023 年 1 月第 2 次印刷
定 价:49.00 元

产品编号:091842-01

前　言

　　计算机网络技术是计算机技术与通信技术相互融合的产物,是计算机应用中一个空前活跃的领域,目前计算机网络已经成为人们生产和生活中不可或缺的基础设施。为了更好地适应数字化的工作和生活方式,人们需要了解计算机网络的基础知识,社会也需要大量的网络工程技术、施工及管理人员。

　　计算机网络技术基础是电子信息大类相关专业的专业基础课,在该课程的教学中,不仅要让学生理解技术原理,更重要的是使学生了解计算机网络的整体架构并具备一定的技术应用能力,以便为其今后的学习和工作打下基础。

　　本书在编写时贯穿了"以职业活动为导向,以职业技能为核心"的理念。本书在编写过程中力求突出以下特色。

1. 采用任务驱动模式

　　本书按照计算机网络建设与管理的工作领域选取了 9 个工作单元,31个典型工作任务。每个典型工作任务包括任务目的、任务导入、工作环境与条件、相关知识、任务实施和任务拓展 6 部分,力求使读者在做中学,在学中做,真正能够利用所学知识解决实际问题,培养基本职业能力。其中,"任务目的"部分是本次任务应实现的知识和技能目标;"任务导入"部分提出了实际问题,给出了要完成的典型工作任务;"工作环境与条件"部分是完成任务所需的软、硬件要求;"相关知识"部分介绍了本次任务所涉及的基础知识,帮助读者理解完成任务所需的技术要点;"任务实施"部分给出了完成工作任务的具体操作方法和步骤,同时也提出了许多问题,需要读者在完成任务的过程中同步进行回答,以引导读者对相关的技术要点和实际的任务完成情况进行总结、记录和反思;"任务拓展"部分是需要读者独立完成的新任务,以帮助读者实现对相关技术和操作方法的掌握、巩固和提高。

2. 紧密结合教学实际

　　在计算机网络技术的学习中,需要由多台计算机以及交换机、路由器等网络互联设备构成的网络环境,而计算机网络相关产品的种类很多,管理与配置方法也各不相同。考虑到读者的实际条件,本书主要选择了具有代表性并且被广泛使用的 Microsoft 和 Cisco 公司的产品为例,读者也可以利用本书介绍的 Cisco Packet Tracer、VMware Workstation 等软件在一台计算机上模拟网络环境,完成本书大部分的工作任务。另外,本书每个工作单元后都附有习题,有利于读者思考并检查学习效果。

3. 参考相关职业标准

职业标准源自生产一线,源自工作过程。本书在编写过程中参考了计算机技术与软件专业技术资格(初级)网络管理员、网络系统建设与运维职业技能等级标准、Cisco 认证网络支持工程师及其他相关职业标准和企业认证中的要求,突出了职业特色和岗位特色。

4. 紧跟行业技术发展

计算机网络技术发展很快,本书在编写过程中注重与企业密切联系,并得到了奇安信科技集团、神州数码集团等知名企业技术人员的大力支持,力求使所有内容紧跟技术的发展。

本书由丁喜纲担任主编,刘晓霞、涂振担任副主编,安述照、万晓燕、毕军涛也参与了部分内容的编写工作。本书在编写过程中参考了国内外计算机网络技术方面的著作和文献,并查阅了许多 Internet 上公布的相关资料,在此向所有作者致以衷心的感谢。

编者意在提供给读者一本实用并具有特色的教材,但由于作者水平有限,书中难免有错误和不妥之处,敬请广大读者给予批评指正。

编　者

2021 年 8 月

目 录

工作单元 1 认识计算机网络和现代网络系统

计算机网络技术是计算机技术与通信技术相互融合的产物,是计算机应用中一个空前活跃的领域,目前已经成为人们生产和生活中不可或缺的基础设施。近年来,在人们不断增长的创新意愿和应用需求驱动下,各种网络新技术不断出现,这极大丰富了计算机网络的内涵,也使得计算机网络的结构和相关技术更为错综复杂。本单元的主要目标是认识计算机网络和现代网络系统,了解计算机网络和现代网络系统的组成结构,能够利用相关软件绘制网络拓扑结构图,能够利用网络模拟和建模工具建立网络运行模型。

任务 1.1 认识计算机网络

【任务目的】

(1) 理解计算机网络的定义。
(2) 了解计算机网络的基本分类方法。
(3) 理解计算机网络的组成结构。
(4) 认识计算机网络中常用的软件和硬件。

【任务导入】

根据不同的用户需求,计算机网络的功能、类型和组成各不相同。对于普通用户来说,最典型的计算机网络应用就是在个人计算机上打开浏览器,在浏览器的地址栏中输入要访问的网址,然后屏幕上就会显示出相应网页的内容。这个访问过程虽然可能只需要几秒钟,但实际上却是计算机网络中的很多软件和硬件相互配合并共同工作的结果。图 1-1 给出了从用户所使用的客户机到网页所在的服务器的典型计算机网络结构,请对用户通过浏览器访问网站的基本过程进行简单分析,思考计算机网络的组成结构及各组成部分的基本作用。

【工作环境与条件】

(1) 能正常运行的计算机网络实验室或机房。
(2) 能够接入 Internet 的 PC。

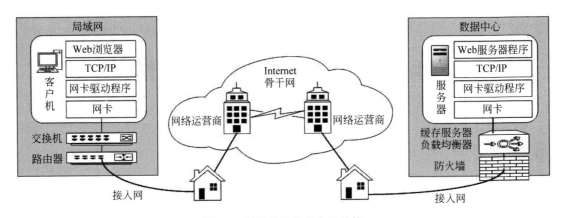

图 1-1　计算机网络的典型结构

【相关知识】

1.1.1　计算机网络的产生和发展

　　计算机网络的历史虽然不长,但是发展速度很快,经历了从简单到复杂、从单机到多机的演变过程。最早的计算机网络是以中心计算机系统为核心的远程联机系统,是面向终端的计算机网络,如图 1-2 所示。这类系统除了一台中央计算机外,其余的终端都没有自主处理能力,还不能算作真正的计算机网络,但它提供了计算机通信的许多基本技术,是现代计算机网络的雏形。20 世纪 60 年代中期,出现了由多台主计算机通过通信线路互联构成的"计算机—计算机"通信系统,如图 1-3 所示。在该系统中,每台计算机都有自主处理能力,用户通过终端不仅可以共享本主机的软硬件资源,还可共享通信子网上其他主机的软硬件资源。这种由多台主计算机互联构成的,以共享资源为目的网络系统在概念、结构和设计等方面都为后继的计算机网络打下了基础。

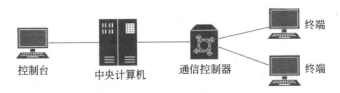

图 1-2　面向终端的计算机网络

　　1969 年,美国国防部研究计划署(advanced research project agency,ARPA)建立了一个实验型的网络架构,被命名为 ARPANET。1972 年 10 月,在由 ARPA 发起的国际计算机通信会议(international computer communications conference,ICCC)上,人机互动的国际象棋、计算机之间的"对话"等网络技术成果演示成功,使人们看到了分组交换技术的可行性。ICCC 会议的成功举行促使更多的计算机网络通用概念和具体应用应运而生,网络技术进入了新的发展阶段,个人局域网开始成长。

　　20 世纪 80 年代,越来越多的大学、研究中心和私有实体以不同目的接入 ARPANET,

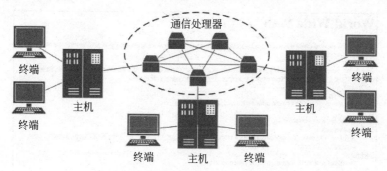

图 1-3 以共享资源为目的网络系统

美国军方将 ARPANET 中的部分节点分离出去,建立了专用于军事领域的网络 MILNET。同时,由于 ARPANET 需要与不同的局域网进行连接,而不同的局域网使用不同的组网技术和设备,这阻碍了各网络间的互联。1983 年,TCP/IP 被 ARPANET 采用。TCP/IP 是一整套数据通信协议,其名字由最主要的两个协议组成,即传输控制协议(transmission control protocol,TCP)和网际协议(Internet protocol,IP)。TCP/IP 的应用使不同网络之间的互通不再依赖于网络本身,让不同类型网络之间的互联成为可能。

1986 年,美国国家科学基金会(national science foundation,NSF)建立了自己的基于 TCP/IP 的计算机网络 NSFNET。NSFNET 是按地区划分的计算机广域网,并将这些地区网络和 NSF 在全美建立的超级计算中心相连,最后将各超级计算中心互联起来。当用户的计算机与某一地区网络连接后,不但可以使用超级计算中心的设施,还可以同网上其他用户通信并获得网络提供的大量数据。从此,ARPANET 上的节点逐渐转移到了 NSFNET 上,并于 1990 年停止运行。在美国发展 NSFNET 的同时,其他一些国家也在建设自己的广域网。这些网络都与 NSFNET 兼容,它们作为 Internet(因特网,又称国际互联网)在世界各地的基础,最终构成了今天世界范围内的互联网络。

在 20 世纪 90 年代之前,人们一直在抱怨互联网缺少可定位资源。当通过 TCP/IP 远程连接到其他主机并共享资源时,用户需要知道机器的确切位置,找到并安装专门的软件,进行许多复杂的指令操作,而这些操作只有专业的技术人员才能够熟练运用。1991 年 8 月 6 日,第一个 WWW(world wide Web,万维网)网站上线,如图 1-4 所示。万维网是为了实现简单的文件发布和共享而设计的互联网应用程序,它利用超文本标记语言(hypertext markup language,HTML)格式化文档,利用"超级链接"作为电子交叉引用以传输各种文件,利用超文本传输协议(hypertext transfer protocol,HTTP)实现客户端和服务器之间的通信,利用统一资源定位符(uniform resource locator,URL)使搜索和发现网络资源变得格外容易。用户不管使用什么样的硬件平台和操作系统,只要连接了互联网并安装有浏览器软件,就可以方便地访问网络资源。网络资源的呈现也更直观、更人性化,这带来了一个信息交流的全新时代。

从 20 世纪 90 年代中期开始,以 TCP/IP 和万维网应用为主体的 Internet 飞速发展,开始渗透到社会生活的各个方面。1994 年 4 月我国实现了中国科学技术网(CSTNET)与 NSFNET 的直接互联,同时建立了中国最高域名服务器,标志着我国正式接入 Internet。之后,我国又相继建立了中国公用计算机互联网(CHINANET)、中国教育和科研计算机网

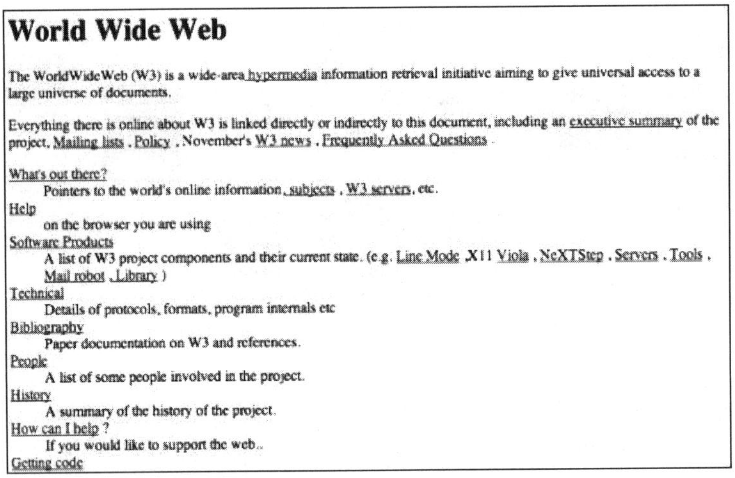

World Wide Web

The WorldWideWeb (W3) is a wide-area hypermedia information retrieval initiative aiming to give universal access to a large universe of documents.

Everything there is online about W3 is linked directly or indirectly to this document, including an executive summary of the project, Mailing lists , Policy , November's W3 news , Frequently Asked Questions .

What's out there?
Pointers to the world's online information, subjects , W3 servers, etc.
Help
on the browser you are using
Software Products
A list of W3 project components and their current state. (e.g. Line Mode ,X11 Viola , NeXTStep , Servers , Tools , Mail robot , Library)
Technical
Details of protocols, formats, program internals etc
Bibliography
Paper documentation on W3 and references.
People
A list of some people involved in the project.
History
A summary of the history of the project.
How can I help ?
If you would like to support the web..
Getting code

图 1-4　第一个 WWW 网站

(CERNET)、中国金桥信息网(CHINAGBN),其中 CSTNET 和 CERNET 主要为科研、教育提供非营利性 Internet 服务,而 CHINANET 和 CHINAGBN 则对公众提供经营性 Internet 服务。从此中国用户开始对 Internet 日益熟悉并广泛使用。

1.1.2　计算机网络的定义

关于计算机网络这一概念的描述,从不同的角度出发,可以给出不同的定义。简单地说,计算机网络就是由通信线路互相连接的许多独立工作的计算机构成的集合体。这里强调构成网络的计算机是独立工作的,是为了和多终端分时系统相区别。

从应用的角度来讲,只要将具有独立功能的多台计算机连接起来,能够实现各计算机之间信息的互相交换,并可以共享计算机资源的系统就是计算机网络。

从资源共享的角度来讲,计算机网络就是一组具有独立功能的计算机和其他设备,以允许用户相互通信和共享资源的方式互联在一起的系统。

从技术角度来讲,计算机网络就是计算机通过特定类型的传输介质(如双绞线、同轴电缆和光纤等)和网络适配器互联在一起,并受网络操作系统监控的网络系统。

我们可以将计算机网络这一概念系统地定义为:计算机网络就是将地理位置不同,并具有独立功能的多个计算机系统通过通信设备和通信线路连接起来,并且以功能完善的网络软件(网络协议、信息交换方式以及网络操作系统等)实现网络资源共享的系统。

1.1.3　计算机网络的功能

计算机技术和通信技术结合而产生的计算机网络,不仅使计算机的作用范围超越了地理位置的限制,也增大了计算机本身的能力,拓宽了服务,使其在社会生活各领域发挥了重要作用,成为目前计算机应用的主要形式。计算机网络主要具有以下功能。

1. 数据通信

数据通信即实现计算机与终端、计算机与计算机间的数据传输,是计算机网络最基本的功能,也是实现其他功能的基础。

2. 资源共享

资源共享是计算机网络的主要功能。计算机网络中可共享的资源包括硬件资源、软件资源和数据资源。资源共享的目的是避免重复投资和劳动,提高资源的利用率,使系统的整体性价比得到改善。

3. 提高系统的可靠性

在单一系统内,计算机或某部件的暂时失效只能通过资源替换的办法来维持系统的继续运行,而在计算机网络中,每个资源(特别是程序和数据)可以存放在多个地点,用户可以通过多种途径来访问网络中的某个资源,从而避免了单点失效对系统运行产生的影响。

4. 进行分布处理

计算机网络技术的发展使得分布式计算成为可能。当需要处理一个大型作业时,可以将其通过计算机网络分散到多个不同的计算机系统分别进行处理,以提高处理速度,充分提高设备的利用率。利用分布式计算可以将分散在各地的计算机资源集中起来,进行重大项目的联合研究和开发。

5. 进行集中处理

通过计算机网络可以将从不同终端输入的数据统一送到大型主机端进行集中运算和处理,这样既可以充分利用大型主机的卓越性能,有效降低成本,又便于对数据进行统一管理,保证其安全性。

1.1.4　计算机网络的分类

计算机网络的分类方法很多,从不同的角度出发,会有不同的分类方法,表 1-1 列举了计算机网络的常见分类方法。

表 1-1　计算机网络的分类

分 类 标 准	网 络 名 称
覆盖范围	局域网、城域网、广域网
管理方法	基于客户机/服务器的网络、对等网
网络操作系统	Windows 网络、Linux 网络、UNIX 网络等
网络协议	NETBEUI 网络、IPX/SPX 网络、TCP/IP 网络等
拓扑结构	总线型网络、星形网络、环形网络等
交换方式	线路交换、报文交换、分组交换
传输介质	有线网络、无线网络

由于计算机网络覆盖的范围不同,所采用的传输技术也不同,因此按照覆盖范围进行分类,可以较好地反映不同类型网络的技术特征。按覆盖的地理范围,计算机网络可以分为局域网、城域网和广域网。

1. 局域网

局域网(local area network,LAN)通常是由某个组织拥有和使用的私有网络,由该组织负责安装、管理和维护网络的各个功能组件,包括网络布线、网络设备等。局域网的主要特点如下。

- 主要使用以太网组网技术。
- 互联的设备通常位于同一区域,如某栋大楼或某个园区。
- 负责连接各个用户并为本地应用程序和服务器提供支持。
- 基础架构的安装和管理由单一组织负责,容易进行设备更新和新技术引用。

2. 广域网

广域网(wide area network,WAN)所涉及的范围可以为市、省、国家乃至世界,其中最著名的就是 Internet。由于开发和维护私有 WAN 的成本很高,大多数用户都需要从网络运营商购买 WAN 连接,由网络运营商负责维护各 LAN 之间的后端网络连接和网络服务。广域网的主要特点如下。

- 互联的站点通常位于不同的地理区域。
- 网络运营商负责安装和管理 WAN 基础架构。
- 网络运营商负责提供 WAN 服务。
- LAN 在建立 WAN 连接时,需要使用边缘设备将以太网数据封装为运营商网络可以接受的形式。

3. 城域网

城域网(metropolitan area network,MAN)是介于局域网与广域网之间的一种高速网络。最初,城域网主要用来互联城市范围内的各个局域网,目前城域网的应用范围已大大拓宽,能用来传输不同类型的业务,包括实时数据、语音和视频等。

【任务实施】

实训 1　分析计算机网络的典型结构

用户通过浏览器访问网站的过程包含了浏览器和 Web 服务器程序之间的一系列交互。而要实现这些交互,就需要建立浏览器和 Web 服务器程序之间的数据传输机制,这种机制既需要在通信过程中确保将数据传送给正确的通信对象,又需要考虑数据在传输过程中丢失或损坏的可能。在计算机网络中,这种机制是由操作系统中的网络组件,以及交换机、路由器等网络设备分工合作实现的。其基本思路是在发送端将要传送的数字信息分割成很多个小块,并将每个小块封装成数据包(packet),每个数据包的头部带有发送端和接收端地址等控制信息;交换机、路由器等根据控制信息对数据包进行分拣和转发,一步一步将其送至接收端;接收端收到数据包后对其进行解封,并重组为完整的数字信息。整个计算机网络是一个完整的体系,就像一台独立的计算机,由网络硬件和网络软件组成。

1. 网络硬件

1) 网络终端设备

网络终端设备也称为主机,是指通过网络传输消息的源设备或目的设备,主要包括计算机、网络打印机、网络摄像头、移动手持设备等。为了区分不同的主机,网络中的每台主机都需要用网络地址进行标识,当主机发起通信时,会使用目的主机的地址来指定应该将数据包发送到哪里。根据主机上安装的软件,网络中的主机可以充当客户机、服务器或同时用作两者。服务器是网络的资源所在,可以为网络上其他主机提供信息和服务(例如电子邮件或网页)。客户机是可向服务器请求信息以及显示所获取信息的主机。

　　注意　通常服务器要比普通计算机具有更高的性能。网络中的服务器大多会采用机架式、刀片式等结构,其外形、架构和运行环境等都与普通计算机有较大不同。

　　2)传输介质

　　传输介质是网络通信过程中信号的载体,主要包括双绞线电缆、光缆、无线电波等。不同的传输介质采用不同的信号编码传输消息。双绞线电缆可以传送符合特定模式的电子脉冲;光缆传输依靠红外线或可见光频率范围内的光脉冲;无线传输则使用电磁波的波形来进行数据编码。不同类型的传输介质有不同的特性,通常应根据传输距离、传输质量、布线环境、安装成本等来进行选择。

　　3)网络中间设备

　　网络中间设备也称网络设备,负责将每台主机连接到网络,并将多个独立的网络互联成网际网络,主要包括网络接入设备(集线器、交换机和无线网络访问点)、网间设备(路由器)、通信服务器、网络安全设备(防火墙)等。

* 交换机(switch)是一种用于信号转发的网络设备。网络中的各个节点可以直接连接到交换机的接口上,它可以为接入交换机的任意两个网络节点提供独享的信号通路。除了与计算机相连的接口之外,交换机还可以连接到其他的交换机以便形成更大的网络。目前局域网组网主要采用以太网技术,而以太网的核心部件就是以太网交换机。图 1-5 所示为 Cisco 2960 以太网交换机。
* 路由器(router)是 Internet 的主要节点设备,具有判断网络地址和选择路径的功能。路由器能在多网络互联环境中,建立灵活的连接,可用完全不同的数据分组和介质访问方法连接各种子网。路由器系统构成了基于 TCP/IP 的 Internet 的主体脉络,因此,在局域网、广域网乃至整个 Internet 研究领域中,路由器技术长期处于核心地位。对于局域网来说,路由器主要用来实现与广域网和 Internet 的连接。图 1-6 所示为 Cisco 2811 路由器。

图 1-5　Cisco 2960 以太网交换机

图 1-6　Cisco 2811 路由器

* 防火墙(firewall)是一种用于监控入站和出站网络流量的网络安全设备,可基于一组定义的安全规则来决定是允许还是阻止特定流量。防火墙是维护网络安全的第一道防线,是安全、可控的可信任网络与不可信任的外部网络之间的屏障。防火墙可以是纯硬件或纯软件,也可以是硬件和软件的组合。图 1-7 所示为 Cisco

Firepower 2100 防火墙。

图 1-7 Cisco Firepower 2100 防火墙

2. 网络软件

网络软件是一种在网络环境下使用和运行或者控制和管理网络工作的计算机软件。根据软件的功能,计算机网络软件可分为网络系统软件和网络应用软件。网络系统软件是控制和管理网络运行,提供网络通信,分配和管理共享资源的网络软件,它包括网络操作系统、网络协议软件、通信控制软件和管理软件等。网络应用软件是指为某一个应用目的而开发的网络软件。

1) 网络操作系统

网络操作系统是网络软件的核心,用于管理、调度、控制计算机网络的多种资源。常用的网络操作系统主要有 UNIX 系列、Windows 系列和 Linux 系列。

- UNIX 于 20 世纪 70 年代初出现,在计算机操作系统发展史上占有重要的地位。UNIX 有 FreeBSD、OpenBSD、Solaris 等多种版本,另外,还有许多由 UNIX 演变而来的系统,如 Linux、QNX、Minix 等,一般可将其统称为类 UNIX 系统。

- Microsoft 的 Windows 系统不仅在桌面操作系统中占有优势,在网络操作系统中也是非常强劲的力量。Windows 系列网络操作系统主要有 Windows NT 4.0 Server、Windows 2000 Server、Windows Server 2003、Windows Server 2008、Windows Server 2012、Windows Server 2016、Windows Server 2019 等。

- Linux 是一个开放源代码的网络操作系统,使用者不仅可以直观地获取该操作系统的实现机制,而且可以根据自身需要对其进行修改和完善。Linux 与 UNIX 有许多类似之处,具有较高的安全性和稳定性。很多公司和组织都推出了自己的 Linux 操作系统,这些 Linux 操作系统被称为 Linux 发行版,是由 Linux 内核与各种常用软件组成的集合产品,常用的包括 Red Hat Enterprise Linux(RHEL)、Community Enterprise Operating System(CentOS)等。

注意 按照应用领域,操作系统可分为桌面操作系统、网络操作系统和嵌入式操作系统等。通常网络中的服务器应使用网络操作系统,客户机应主要使用桌面操作系统。

2) 网络协议

在计算机网络中,为了将数据从发送端发往接收端,数据通信的所有参与方必须遵守一系列相同的规则,包括如何建立连接,如何分割和封装数据包,如何进行校验等,这些规则被称为网络协议。显然,只有遵循相同协议的设备之间才能直接进行通信。目前最常用的网络协议是 Internet 协议,也就是 TCP/IP。计算机只有安装和遵循 TCP/IP,才能接入 Internet 并利用 Internet 进行通信。

请认真分析图 1-1 给出的计算机网络典型案例,结合所学知识回答以下问题。

【问题 1】 用户访问网站使用的浏览器属于_____(备选答案:A. 网络操作系统 B. 网络协议软件 C. 网络应用软件),目前在 PC 上常用的浏览器产品有_____(请列举 3 种以上)。在客户机上可以使用的操作系统主要有_____(备选答案:A. Windows

Server 2019　B.Windows 10　C.macOS Catalina　D.Debian 10)

【问题2】　用户访问网站时需要在浏览器地址栏输入 URL,浏览器会按照一定规则对其进行分析并生成请求信息。若用户输入的 URL 为 http://www.qchm.edu.cn/main.htm,其中 http 表示_____,www.qchm.edu.cn 表示_____,main.htm 表示_____。

【问题3】　浏览器并不亲自传送数据。计算机安装的网络协议负责将数据封装成数据包,并通过相应的网络连接将其传送到网络上。如果采用有线方式接入局域网,那么计算机用来连接传输介质的主要部件是_____;如果采用无线方式,那么计算机用来连接传输介质的主要部件是_____(备选答案:A.以太网网卡　B.调制解调器　C.无线网卡　D.无线路由器)。在 Windows 10 系统中,以太网连接和 WLAN 连接安装的主要协议有_____(备选答案:A.Internet 协议版本 4　B.Internet 协议版本 6　C.IPX/SPX　D.AppleTalk)

【问题4】　通常学校或企业内部的计算机网络属于_____(备选答案:A.局域网　B.广域网　C.城域网),这种网络内部主要用到的网络中间设备是_____。要实现学校或企业内部网络与 Internet 的互联,需要依靠_____(备选答案:A.局域网　B.接入网　C.骨干网),互联时用到的网络中间设备主要是_____。

【问题5】　Internet 是由多个运营商网络组成的巨大网络,运营商网络主要用到的网络中间设备是_____,国内的 Internet 网络运营商主要有_____(请列举 3 个以上)。

【问题6】　计算机网络中能够发布网站,提供网页访问服务的主机被称为_____(备选答案:A.Web 服务器　B.FTP 服务器　C.DNS 服务器),该主机安装的操作系统可以是_____(备选答案:A.Windows Server 2019　B.Windows 10　C.RHEL)。如果该主机要直接面向 Internet 提供服务,则其应安装的网络协议是_____。

【问题7】　数据中心是专门提供网络资源外包以及专业网络服务的企业模式,用户可以租用其所提供的_____(备选答案:A.服务器　B.带宽　C.技术力量),来搭建自己的互联网平台。数据中心通常会通过高速线路直接连接到(备选答案:A.Internet　B.局域网　C.Internet 核心部分),提供的主要服务包括_____(备选答案:A.整机租用　B.服务器托管　C.机房租用)等。

【问题8】　数据中心的网络属于_____(备选答案:A.局域网　B.广域网　C.城域网),通常可以利用_____对进出网络的数据包进行检查。当服务器访问量上升、性能不足时,可以利用_____或_____等来分担负载,提高访问效率。

【问题9】　客户机所在的局域网_____(需要/不需要/不一定需要)专业的网络管理人员,数据中心_____(需要/不需要/不一定需要)专业的网络管理人员,接入网和运营商网络_____(需要/不需要/不一定需要)专业的网络管理人员。请思考与计算机网络组建和管理相关的工作岗位、岗位职责及其所应掌握的职业技能。

实训 2　参观计算机网络

请根据实际条件,参观学校或企业内部的计算机网络,根据所学的知识,对该网络的基本功能、类型和基本组成进行分析,简要回答以下问题。

【问题10】　你所参观的计算机网络是_____。该网络中的网络终端设备主要有

_____;使用的传输介质有_____,其生产厂商是_____;使用的网络中间设备主要有_____,其生产厂商是_____。

【问题11】 该网络中使用_____(自己部署/租用或托管)的服务器,服务器使用的操作系统是_____,可以提供的网络服务主要有_____。

【问题12】 该网络相关工作人员的岗位职责是_____。

【任务拓展】

根据实际条件,走访开展网络工程、网络安全、网络软件开发、电子商务等业务的相关企业,了解该企业与计算机网络相关的岗位配置情况和岗位职责,结合自己的专业和实际情况思考应如何培养相关的职业能力。

任务 1.2 认识现代网络系统

【任务目的】

(1) 理解现代网络系统的组成。
(2) 了解常见的现代网络技术。
(3) 理解常见现代网络技术与现代网络系统的关系。

【任务导入】

随着技术的发展和网络需求的不断演化,由单一厂商向一个企业的信息技术部门提供所有计算机网络软硬件产品和服务的时代已经一去不复返了。以太网、Wi-Fi、移动互联网、物联网、云计算等现代网络技术和新型基础设施极大地拓展了计算机网络的疆域,用户和企业面对的是更为复杂和多样的网络环境。图 1-8 给出了现代网络系统的基本组成结构,请对其进行简单分析,思考现代网络系统各组成部分与常见现代网络技术之间的关系。

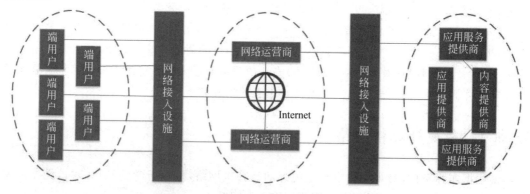

图 1-8 现代网络系统的基本组成结构

【工作环境与条件】

（1）能正常运行的计算机网络实验室或机房。

（2）能够接入 Internet 的 PC。

【相关知识】

1.2.1　以太网

以太网(Ethernet)在 20 世纪 70 年代末就开始有了正式的产品,其传输速率已从最初的 10Mb/s 发展了 100Gb/s,传输距离也从几米达到了几十千米,目前已经成为占主导地位的有线网络技术,被广泛应用于家庭、企业、数据中心和广域网等组网场景中。

1. 家庭中的以太网应用

个人计算机利用有线方式通过宽带路由器组网并接入运营商网络,是以太网在家庭中的典型应用形式。随着 Wi-Fi 和移动互联网的发展,目前家庭对以太网的依赖程度正逐渐降低,但几乎所有的家庭网络产品仍都包含以太网选项,从而可与无线网络优势互补,满足用户的不同需求。

2. 企业中的以太网应用

以太网最大的优势是向下兼容性,所有的以太网产品都使用相同的以太网协议,可实现平滑且无须中断的升级。利用以太网技术,企业可以很容易地将其网络从一间办公室扩展到一座建筑物及整个园区,不同网络部分的速率可以从 10Mb/s 到 100Gb/s 不等,并可以使用不同的线缆和以太网硬件,这不但有利于企业网络的设计和管理,还可以在保证性能的基础上有效控制成本。与家庭网络类似,以 Wi-Fi 为代表的无线网络技术在企业中的应用也越来越广泛,但从目前来看,通过以太网连接网络主干和高速设备,通过 Wi-Fi 等连接移动终端设备,仍是最基本的企业网络组网方式。

3. 数据中心的以太网应用

相对于其他网络应用场景,数据中心需要非常高的数据传输率以处理服务器及存储设备间的大量数据。为满足数据中心高容量、短距离的需求,以太网提供了用于设备背板连接的背板以太网规范,背板以太网运行在铜质跳线之上,能够在很短距离内提供 100Gb/s 以上的速率,这种技术特别适合用于刀片服务器、路由器和交换机的集群线路卡。

4. 广域网的以太网应用

随着城域以太网、承载以太网等概念的提出,以太网开始从局域网领域向城域网、广域网渗透。相对于其他广域网接入方式,以太网具有的简单性、低价格、易配置和扩展性等特点对网络运营商具有很大的吸引力。

1.2.2　Wi-Fi

Wi-Fi 是目前被广泛使用的无线网络技术,可用于家庭、办公室和公共场合移动终端设备的网络接入。很多人会把 Wi-Fi 和 WLAN(wireless local area network,无线局域网)混为一谈,实际上 Wi-Fi 是一个无线网络通信技术的品牌,由 Wi-Fi 联盟所持有。Wi-Fi 联盟是一个非营利性且独立于厂商之外的组织,它将基于 IEEE 802.11 标准的技术品牌化,而常说的 WLAN 指的就是符合 IEEE 802.11 标准的无线局域网技术。一台基于 IEEE 802.11 标准的设备,需要经过严格的测试才能获得 Wi-Fi 认证,所有获得 Wi-Fi 认证的设备之间可进行交互,不管其是否为同一厂商生产。

1. 家庭中的 Wi-Fi 应用

Wi-Fi 是目前组建家庭计算机网络的默认方案,其典型布局方式是无线路由器与运营商网络相连,笔记本电脑、智能手机、平板电脑及其他终端设备通过 Wi-Fi 与无线路由器相连,从而实现各终端设备的相互通信和 Internet 接入。家庭 Wi-Fi 大大简化了网络布线和转接需求,提供了一种高性价比的组网方案。

2. 企业中的 Wi-Fi 应用

在早期的企业网络部署中,Wi-Fi 主要用于覆盖会议室和公共空间。随着越来越多的笔记本电脑、智能手机等移动终端设备需要接入企业网络,目前企业中的 Wi-Fi 部署通常会提供对园区的全覆盖,包括各办公场所、远程设施及其他室内外空间。

3. 公共场合的 Wi-Fi 应用

为方便人们对 Internet 的访问,火车站、飞机场、图书馆、电影院等越来越多的公共设施都提供了 Wi-Fi 热点,这些热点有可能来自网络运营商,也有可能来自相关单位。需要注意的是,在公共场合应避免或谨慎使用未知来源的 Wi-Fi 热点,以防个人信息的泄露。

1.2.3 移动互联网

移动互联网(mobile Internet,MI)是以各种类型的移动终端作为接入设备,使用各种移动网络作为接入网络,从而实现包括传统移动通信、传统互联网及其各种融合创新服务的新型业务模式。与传统互联网相比,移动互联网主要基于电信网络中的蜂窝移动通信网,移动终端和移动网络在其整体架构中占有举足轻重的作用。移动网络主要由接入网络、承载网络、核心网络组成,其中核心网络、承载网络通常是通过光缆等有线传输介质连接的,而智能手机、平板电脑、穿戴设备等移动终端则是利用无线电波,通过基站接入移动网络。图 1-9 给出了移动互联网连接的示意图。

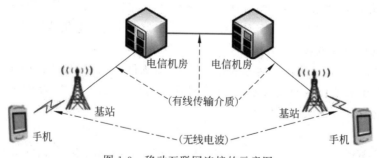

图 1-9　移动互联网连接的示意图

由于移动网络的主干是在有线传输介质上传送数据,可以达到很高的传输速度,因此其无线传送部分是影响移动互联网传输速度的关键。随着智能手机的广泛应用,人们对 4G、

5G 移动网络并不陌生,G 指的是 generation,也就是"代"的意思,所谓 5G 就是指第五代移动通信技术。从 1G 到 5G,移动通信技术在速度、传输时延、业务类型等各方面都有飞速的发展。

1. 第一代移动通信技术(1G)

第一代移动通信技术是以模拟技术为基础的蜂窝无线电话系统,于 20 世纪 80 年代提出,主要采用的是模拟技术和频分多址技术,由于受到传输带宽的限制,不能进行长途漫游,只是一种区域性的移动通信系统。

2. 第二代移动通信技术(2G)

我国应用的第二代蜂窝系统为欧洲的 GSM(global system for mobile communications)系统以及北美的窄带 CDMA 系统。GSM 系统具有标准化程度高、接口开放的特点,具有强大的联网能力,而用户识别卡的应用真正实现了个人和终端的移动性。由于 GSM 系统难以满足数据业务的需求,欧洲电信标准委员会推出了 GPRS(general packet radio service,通用分组无线业务)。GPRS 在原 GSM 网络的基础上叠加了支持高速分组数据的网络,传输速率可提升至 56～114kb/s,能够向用户提供 WAP 浏览(浏览 Internet 网页)、E-mail 等功能,推动了移动互联网发展的初次飞跃。

3. 第三代移动通信技术(3G)

对于 1G 和 2G,并没有国际组织做出明确的定义,但对于第三代移动通信技术,ITU(international telecommunication union,国际电信联盟)提出了 IMT-2000(international mobile telecom system-2000),符合 IMT-2000 要求的才能被接纳为 3G 技术。3G 具有更高的带宽,其传输速率在室内、室外和行车的环境中应分别达到 2Mb/s、384kb/s、144kb/s,主流制式有 WCDMA、CDMA2000 EVDO、TD-SCDMA 等。3G 能够在全球范围内更好地实现无缝漫游,并处理图像、声音、视频等多种媒体形式,提供包括网页浏览、电话会议、电子商务等多种移动互联网应用。

4. 第四代移动通信技术(4G)

4G 在开始阶段是由众多自主技术提供商和电信运营商推出的,后来 ITU 重新定义了 4G 的标准,命名为 IMT-Advanced 规范,根据该标准只要在高速移动状态下可以达到 100Mb/s 速度的通信技术,都可以称为 4G 技术。在 4G 的标准中,LTE(long term evolution,长期演进)的应用最为广泛。LTE 有 FDD(frequency-division duplex,频分双工)和 TDD(time-division duplex,时分双工)两种模式,其中 LTE-TDD(国内称为 TD-LTE,time division long term evolution)是我国具有自主知识产权的 4G 技术标准。与之前的移动通信技术相比,4G 有更高的数据吞吐量、更低时延、更低的建设和运行维护成本、更高的鉴权能力和安全能力,可以为用户提供更快的速度并满足用户更多的需求,使移动互联网渗透到人们生活的方方面面。

5. 第五代移动通信技术(5G)

从 2012 年开始世界主要国家和地区纷纷启动 5G 的技术研究工作,ITU 也启动了一系列 5G 工作,如 5G 愿景、需求、评估方法等,并将 5G 标准命名为 IMT-2020。5G 技术确定的关键能力指标主要有峰值速率达到 20Gb/s,用户体验数据率达到 100Mb/s,移动性达到 500km/h,时延达到 1ms,连接密度每平方公里达到 106 个,流量密度每平方米达到 10Mb/s 等。这意味着 5G 网络在传输中呈现出明显的低时延、高可靠、低功耗的特点,其中低时延大大提升了网络对用户命令的响应速度,使 5G 可以支持车联网、无人驾驶、远程医疗等应用,而低功耗则使 5G 可以更好地支持物联网应用。5G 使移动互联网进一步渗透到万物互联的领域,与工业设施、医疗器械、交通工具等深度融合。

1.2.4 物联网

物联网(Internet of things,IoT)是传统互联网的延伸和扩展,将网络用户端延伸和扩展到物与物之间,是一种新型的信息传输和交换形式。物联网的体系结构可以分为三层,分别是感知层、网络层、应用层,如图 1-10 所示。

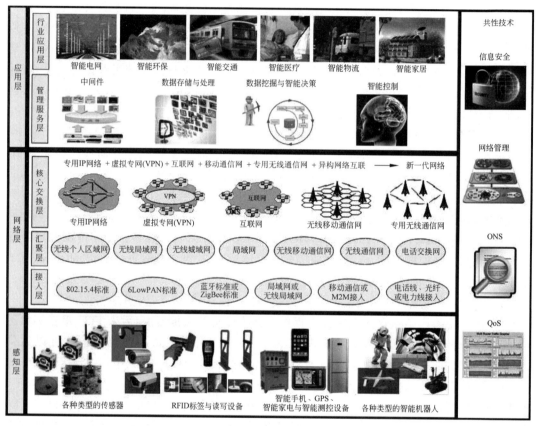

图 1-10 物联网的体系结构

- 感知层:主要功能是识别物体,采集信息。感知层由各种传感器以及传感器网关构成,包括二氧化碳浓度传感器、温度传感器、湿度传感器、二维码标签和识读器、RFID(radio frequency identification,射频识别)标签和读写器、摄像头等。
- 网络层:负责将感知层获取的信息进行传递和处理,一方面是获取感知层所发送的数据,并将其发送到其他网络中;另一方面把外部网络发送的数据转换成感知层可识别的数据格式,发送控制命令给感知层。网络层包括通信与互联网的融合网络、网络管理中心和信息处理中心等。
- 应用层:与行业需求结合,是物联网和用户(包括人、组织和其他系统)的接口,实现了物联网的智能应用。目前在绿色农业、工业监控、公共安全、城市管理、远程医疗、智能家居、智能交通、环境监测等不同领域都有物联网的应用。

1.2.5　云计算

目前许多组织机构都将其大部分甚至全部的网络应用和操作迁移到了与 Internet 连接的基础设施上,这些基础设施被称为云计算(cloud computing),个人用户也越来越多依赖云计算提供的服务来同步和备份数据、协同办公和相互共享。云计算是一项技术,也是一种模式。从用户的角度看,云计算是一种按使用量付费的模式,这种模式提供可用的、便捷的、按需的网络访问,用户进入可配置的计算资源共享池(资源包括网络、服务器、存储、应用软件、服务),只需投入很少的管理工作,或与服务供应商进行很少的交互,就可以快速获取这些资源。云计算的基本体系架构包括以下几部分。

- 基础架构即服务(infrastructure as a service,IaaS):服务供应商以服务的形式提供虚拟硬件资源,如虚拟主机、虚拟网络等。用户无须购买服务器、网络设备、存储设备,只需通过网络租用即可搭建自己所需的系统。
- 平台即服务(platform as a service,PaaS):通常也被称为"云计算操作系统",为终端用户提供基于互联网的应用开发环境,包括应用编程接口和运行平台等,并且提供支持应用从创建到运行整个生命周期所需的各种软硬件资源和工具。
- 软件即服务(software as a service,SaaS):用户通过标准的浏览器来使用软件,用户不必购买和维护软件,服务供应商负责维护和管理软硬件设施,并以免费(可以从网络广告之类的项目中生成收入)或按需租用方式向用户提供服务。

根据云计算的服务范围,可以将云计算系统分为公有云、私有云和混合云。

- 公有云:云基础设施由提供云服务的运营商所拥有,运营商将自己的基础设施直接向外部用户提供服务,外部用户通过互联网访问服务,但并不拥有云计算资源。由于公有云的公开性,因此能产生巨大的规模效应,而对用户而言,公有云完全是按需使用的,无须任何前期投入。
- 私有云:云基础设施被某单一组织拥有或租用,主要为企业内部提供云服务,不对公众开放。由于私有云大多在企业的防火墙内工作,因此可以对其数据、安全性和服务质量进行有效的控制。另外,与传统的企业数据中心相比,私有云可以支持动态灵活的基础设施,从而降低 IT 架构的复杂度,使各种 IT 资源得以整合和标准化。
- 混合云:云基础设施由私有云和公有云组成,每种云仍然保持独立实体,通过标准或专有的技术将它们组合起来,能为企业内部及外部用户提供云服务。

【任务实施】

实训 3　分析现代网络系统基本组成结构

1. 端用户

端用户是现代网络系统中各种应用程序、数据和服务的最终消费者,其使用的平台可以是固定的(如 PC、工作站),也可以是移动的(如智能手机、平板电脑)。端用户可以通过以太

15

网、Wi-Fi、移动互联网等各种各样的网络接入设施与运营商网络和 Internet 相连,从而可以获取和访问基于网络的各种服务和内容。

2. 网络运营商

网络运营商通常是指在较大地理区域内提供通信服务的组织,负责提供、管理和维护网络基础设施及公共或专用网络。各国和各地区都有自己的网络运营商。CHINANET 是我国电信部门经营管理的中国公用 Internet,通过 CHINANET 的灵活接入方式和遍布全国各城市的接入点,用户可以方便地接入 Internet。CHINANET 由核心层、区域层和接入层组成,核心层主要提供国内高速中继通道和连接接入层,同时负责与国际 Internet 的互联;接入层主要负责提供用户端口以及各种资源服务器。

3. 应用提供商

随着智能手机等移动设备的普及,出现了应用商店的概念,端用户在固定平台和移动平台安装相关 App(application 的缩写,应用程序)成为很多网络业务的标配。应用提供商主要是指生产和销售能够在端用户平台上运行的用户应用程序的实体。

4. 应用服务提供商

应用服务提供商指能够向端用户提供网络应用服务的组织机构。应用服务提供商通常拥有自己的网络资源、资金和技术专业人才,端用户只需要接入网络,提出自己所需的业务模式和数据源,就可以获取相应的服务。应用服务提供商提供的服务既可以是传统的 Web 服务、电子邮件、数据库服务,也可以是基于云的服务。

5. 内容提供商

内容提供商主要指提供数据供端用户消费的组织或个人,其所提供的数据可以是音频、视频、图片、文本、动画等各种形式。需要注意的是,随着我国网络空间立法的不断完善,在网络上见到的各种数据都可能会受到知识产权保护。

注意 在很多网络应用场景中,应用提供商、应用服务提供商和内容提供商之间并没有明显的界限,很多企业和组织会同时承担其中两种以上的角色。

请认真分析图 1-8 给出的现代网络系统基本组成结构,结合实际情况回答以下问题。

【问题 1】 如果你经常通过智能手机浏览网络中的短视频,同时又会把自己录制的短视频发布到网络上,那么你在现代网络系统中属于_____(备选答案:A.端用户 B.应用提供商 C.内容提供商 D.网络运营商)。

【问题 2】 你所使用的 PC 或笔记本电脑的品牌是_____,该电脑支持的接入Internet 方式有_____(备选答案:A.以太网 B.Wi-Fi C.移动互联网 D.蓝牙);你所使用的智能手机的品牌是_____,该手机支持的接入 Internet 方式有_____(备选答案:A.以太网 B.Wi-Fi C.移动互联网 D.蓝牙),你最常使用的 App 有_____(请列举3 种以上),其应用提供商是_____。

【问题 3】 你家里需要接入网络的设备主要有_____,这些设备采用的网络连接方式是_____(备选答案:A.以太网 B.Wi-Fi C.移动互联网 D.物联网),提供 Internet接入服务的网络运营商是_____。

【问题 4】 你所在学校需要接入网络的设备主要有_____,这些设备采用的网络连接方式是_____(备选答案:A.以太网 B.Wi-Fi C.移动互联网 D.物联网),提供Internet 接入服务的网络运营商是_____。

【问题 5】　应用服务提供商的数据中心通常由大量的_____组成(备选答案：A.客户机　B.服务器　C.传感器),其所采用的网络连接方式通常是_____(备选答案：A.以太网　B.Wi-Fi　C.移动互联网　D.物联网)。

【问题 6】　请列举目前网络中常用的一种应用服务,说明该服务所涉及的应用提供商和应用服务提供商,结合现代网络系统的基本组成结构简述该服务的数据传输过程。

实训 4　体验云服务

目前各大厂商都开始推出云服务器、云数据库、云安全、云企业应用等云计算服务,如 Microsoft Azure(微软云)、阿里云、腾讯云、百度智能云等。请通过网络访问相关厂商网站,查看该厂商提供的云产品、解决方案和典型案例等信息,并简要回答以下问题。

【问题 7】　你所访问的云计算服务厂商是_____,该厂商网站的 URL 为_____。该厂商提供的云产品主要有_____(请列举 3 种以上),其功能和针对的业务场景主要是_____。

【问题 8】　云主机是一种新型主机,是在一组集群服务器上虚拟出的多个类似独立服务器的部分。你所访问的云计算服务厂商是否支持云主机?请查阅相关资料对其所提供的云主机产品的具体类型、产品参数、应用场景、价格等进行介绍。

【问题 9】　你所访问的云计算服务厂商是否支持云产品体验?请根据实际情况,选择体验一种云产品并进行分享。

【任务拓展】

根据实际条件,走访从事物联网、移动互联网、云计算等业务的相关企业,了解该企业的岗位配置情况和岗位职责,结合自己的专业思考应如何具备相关的职业能力。

任务 1.3　绘制网络拓扑结构图

【任务目的】

(1)熟悉常见的网络拓扑结构。
(2)能够正确阅读网络拓扑结构图。
(3)能够利用常用绘图软件绘制网络拓扑结构图。

【任务导入】

计算机网络的拓扑(topology)结构是指网络中的通信线路和各节点之间的几何排列,它是解释一个网络物理布局的形式图,主要用来反映各个模块之间的结构关系。它影响着整个网络的设计、功能、可靠性和通信费用等方面,是研究计算机网络的主要环节之一。请分析图 1-11 所示的某企业计算机网络的拓扑结构,使用 Microsoft Visio 应用软件画出该网络拓扑结构图,并保存为 JPEG 格式的图片文件。

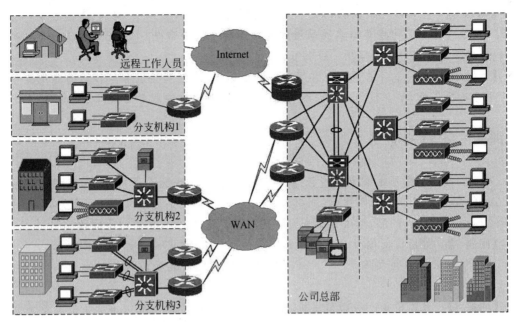

图 1-11　某企业计算机网络的拓扑结构

【工作环境与条件】

（1）安装好 Windows 操作系统的 PC。

（2）Microsoft Visio 应用软件。

【相关知识】

计算机网络的拓扑结构主要有总线型、环形、星形、树形、不规则网状等类型。拓扑结构的选择往往与传输介质的选择和介质访问控制方法的确定紧密相关，并决定着对网络中间设备的选择。

1.3.1　总线型结构

总线型结构是用一条电缆作为公共总线，入网的节点通过相应接口连接到总线上，如图 1-12 所示。在这种结构中，网络中的所有节点处于平等的通信地位，都可以把自己要发送的信息送入总线，使信息在总线上传播，属于分布式传输控制关系。

- 优点：节点的插入或拆卸比较方便，易于网络的扩充。
- 缺点：可靠性不高，如果总线出了问题，整个网络都不能工作，并且查找故障点比较困难。

1.3.2　环形结构

在环形结构中，节点通过点到点通信线路连接成闭合环路，如图 1-13 所示。环中数据将沿一个方向逐站传送。

- 优点：拓扑结构简单,控制简便,结构对称性好。
- 缺点：环中每个节点与连接节点之间的通信线路有可能成为网络可靠性的瓶颈,环中任何一个节点出现线路故障,都可能造成网络瘫痪,环中节点的加入和撤出过程都比较复杂。

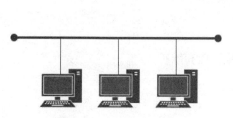

图 1-12　总线型结构

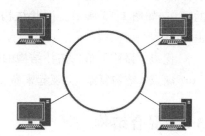

图 1-13　环形结构

1.3.3　星形结构

在星形结构中,节点通过点到点通信线路与中心节点连接,如图 1-14 所示。目前在局域网中主要使用交换机充当星形结构的中心节点,控制全网的通信,任何两节点之间的通信都要通过中心节点。

- 优点：结构简单,易于实现,便于管理,是目前局域网中最基本的拓扑结构。
- 缺点：网络的中心节点是全网可靠性的瓶颈,中心节点的故障将造成全网瘫痪。

1.3.4　树形结构

在树形结构中,节点按层次进行连接,如图 1-15 所示,信息交换主要在上下节点之间进行。树形结构有多个中心节点(通常使用交换机),各个中心节点均能处理业务,但最上面的主节点有统管整个网络的能力。目前的大中型局域网几乎全部采用树形结构。

- 优点：通信线路连接简单,网络管理软件也不复杂,维护方便。
- 缺点：可靠性不高,如中心节点出现故障,则和该中心节点连接的节点均不能正常通信。

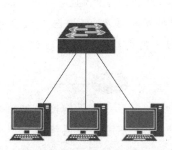

图 1-14　星形结构

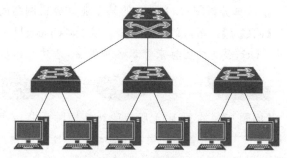

图 1-15　树形结构

1.3.5 网状结构

在网状结构中,各节点通过冗余复杂的通信线路进行连接,并且每个节点至少与其他两个节点相连,如果有通信线路或节点发生故障,还有许多其他的通道可供进行两个节点间的通信,如图 1-16 所示。网状结构是广域网中的基本拓扑结构,其网络节点主要使用路由器。

- 优点:弥补了单一拓扑结构的缺陷。
- 缺点:结构复杂,实现起来费用较高,不易管理和维护。

1.3.6 混合结构

混合结构是将星形结构、总线型结构、环形结构等多种拓扑结构结合在一起的网络结构,这种网络拓扑结构可以同时兼顾各种拓扑结构的优点,在一定程度上弥补了单一拓扑结构的缺陷。图 1-17 所示为一种星形结构和环形结构组成的混合结构,也称双星形结构。

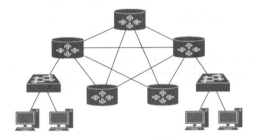
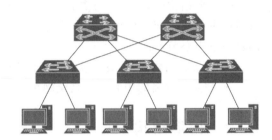

图 1-16　网状结构　　　　　　　　　　　图 1-17　混合结构

【任务实施】

实训 5　分析网络拓扑结构

请认真分析图 1-11 所示的某企业计算机网络的拓扑结构,回答以下问题。

【问题 1】　不同的网络设备厂商(如 Cisco、H3C 等)使用的图标并不相同,图 1-11 主要使用 Cisco 公司的图标来标识各种设备,请试写出以下图标代表的网络中间设备名称。

【问题 2】　在图 1-11 所示的计算机网络中,公司总部网络和每个分支机构网络单独来看属于_____(备选答案:A.局域网　B.广域网　C.城域网),在公司总部网络和每个分支机构网络内部主要用到的网络中间设备有_____。要实现公司总部网络和每个分支机构网络的互联需要依靠_____(备选答案:A.局域网　B.广域网　C.城域网),互联时主

要用到的网络中间设备是_____。

【问题 3】　在图 1-11 所示的计算机网络中,分支机构 2 网络采用了_____拓扑结构;公司总部网络面向用户的接入部分采用了_____拓扑结构,核心部分采用了_____拓扑结构,其主要目的是_____。

【问题 4】　在图 1-11 所示的计算机网络中,公司总部和各分支机构之间网络的拓扑结构通常为_____,该结构的主要优点是_____,主要用到的网络中间设备是_____。

【问题 5】　根据实际情况,分析实验室、机房、办公室或其他计算机网络的拓扑结构,在纸上画出该网络的拓扑结构图,分析该网络为什么要采用这种拓扑结构。

实训 6　利用 Visio 软件绘制网络拓扑结构图

Visio 软件是 Microsoft 公司开发的高级绘图软件,属于 Office 系列,可以绘制流程图、网络拓扑图、机械工程图、电气工程图、地图和平面布置图等。使用 Microsoft Visio 应用软件绘制网络拓扑结构的基本步骤如下。

(1) 运行 Microsoft Visio 应用软件,打开 Microsoft Visio 主界面,如图 1-18 所示。

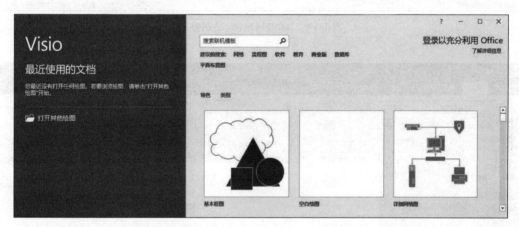

图 1-18　Microsoft Visio 主界面

(2) 在 Microsoft Visio 主界面中选择“详细网络图”,在弹出的“详细网络图”窗口中单击“创建”按钮,此时可打开“详细网络图”绘制界面,如图 1-19 所示。

(3) 在“详细网络图”绘制界面左侧的形状列表中选择相应的形状,按住鼠标左键把相应形状拖到右侧窗格中的相应位置,然后松开鼠标左键,即可得到相应的图元。图 1-20 所示为在“网络和外设”形状列表中分别选择“交换机”和“服务器”,并将其拖至右侧窗格中的相应位置。

(4) 可以在按住鼠标左键的同时拖动四周的方格来调整图元大小,可以通过按住鼠标左键的同时旋转图元顶部的小圆圈来改变图元的摆放方向。如要为某图元添加标注文字,可单击工具栏中的“文本”按钮,在图元下方会出现一个小的文本框,此时可以输入型号或其他标注,如图 1-21 所示。

(5) 可以使用工具栏中的“线条”或“连接线”完成图元间的连接。在选择了“线条”工具后,移动鼠标光标至要连接的两个图元之一,当图元上出现连接点时单击,将线条黏附到该

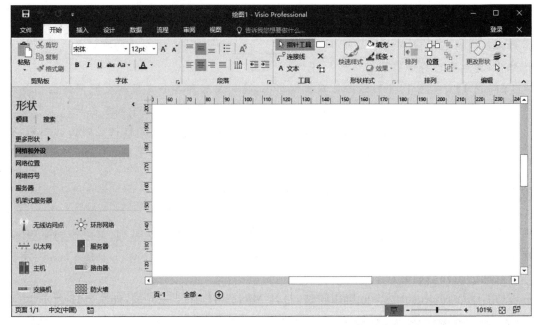

图 1-19 "详细网络图"绘制界面

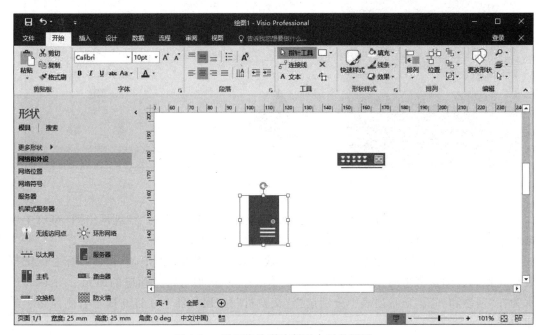

图 1-20 图元拖放到绘制平台后的图示

连接点；按住鼠标左键把线条拖到另一图元的连接点后即可松开鼠标，完成图元间的连接。图 1-22 所示为交换机与一台服务器的连接。

（6）把其他网络设备图元——添加并进行连接，即可完成网络拓扑结构图的绘制。当然这些图元可能会在左侧窗格中的不同类别形状选项中。如果在已显示的类别中没有，则

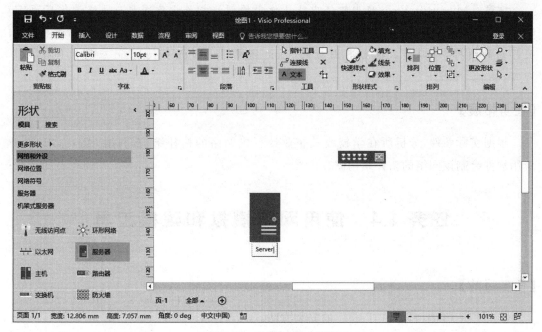

图 1-21　给图元输入标注

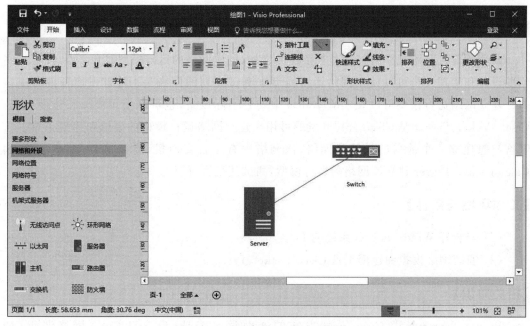

图 1-22　交换机与一台服务器的连接

可通过单击左侧窗格中的"更多形状"按钮，从中可以添加其他类别的形状。

（7）Microsoft Visio 应用软件的操作方法与 Word、PowerPoint 等其他 Office 组件类似，这里不再赘述。请使用 Microsoft Visio 应用软件画出图 1-11 所示的网络拓扑结构图，并将该图保存为"JPEG 文件交换格式"的图片文件。

注意 Microsoft Visio 应用软件中默认使用的网络相关设备图元与网络设备厂商(如 Cisco、华为、H3C 等)使用的图标并不相同。如果在绘制网络拓扑结构图时需要使用相关厂商的图标,可以下载包含其图标的 Visio 模具,在 Microsoft Visio 应用软件中打开即可。

【任务拓展】

根据实际条件,分析所在学校或某企业计算机网络的拓扑结构,利用 Microsoft Visio 应用软件绘制该网络的拓扑结构图。

任务 1.4　使用网络模拟和建模工具

【任务目的】

(1)掌握 Cisco Packet Tracer 的安装方法。

(2)能够利用 Cisco Packet Tracer 建立网络运行模型。

(3)掌握 Cisco Packet Tracer 的基本操作方法。

【任务导入】

随着计算机网络规模的扩大和复杂性的增加,创建网络的运行模型非常必要,计算机网络的设计和管理人员可以使用网络运行模型来测试规划的网络是否能够按照预期方式运行。建立网络运行模型可以在实验室环境中安装实际设备,也可以使用模拟和建模工具。Cisco Packet Tracer 是 Cisco 公司开发的可用来建立网络运行模型的模拟和建模工具。若某客户想建立一个简单的计算机网络,该网络中有 1 台交换机,连接了 2 台 PC,请利用 Cisco Packet Tracer 建立该网络的运行模型,测试其是否可行。

【工作环境与条件】

(1)安装好 Windows 操作系统的 PC。

(2)安装网络模拟和建模工具 Cisco Packet Tracer。

【相关知识】

Packet Tracer 是由 Cisco 公司发布的辅助学习工具,为学习 Cisco 网络课程(如 CCNA)的用户设计、配置网络和排除网络故障提供了网络模拟环境。用户可以在该软件提供的图形界面上直接使用拖曳方法建立网络拓扑,并通过图形接口配置该拓扑中的各个设备。Packet Tracer 可以提供数据包在网络中传输的详细处理过程,从而使用户能够观察网络的实时运行情况。相对于其他的网络模拟和建模工具,Cisco Packet Tracer 操作简单,更人性化,对计算机网络的初学者有很大的帮助。

【任务实施】

实训 7　安装并运行 Cisco Packet Tracer

在 Windows 操作系统中安装 Cisco Packet Tracer 的方法与安装其他软件基本相同,这里不再赘述。运行该软件后可以看到如图 1-23 所示的主界面。表 1-2 对 Cisco Packet Tracer 主界面的各部分进行了说明。

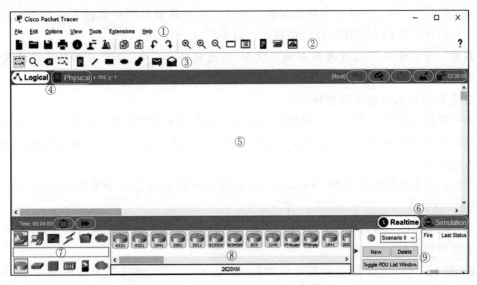

图 1-23　Cisco Packet Tracer 主界面

表 1-2　对 Cisco Packet Tracer 主界面的说明

序号	名　称	功　能
①	菜单栏	此栏中有文件、编辑和帮助等菜单项,在此可以找到一些基本的命令如打开、保存、打印等设置
②	主工具栏	此栏提供了菜单栏中部分命令的快捷方式,还可以单击右边的网络信息按钮,为当前网络添加说明信息
③	常用工具栏	此栏提供了常用的工作区工具,包括选择、整体移动、备注、删除、查看、添加简单数据包和添加复杂数据包等
④	逻辑/物理工作区转换栏	可以通过此栏中的按钮完成逻辑工作区和物理工作区之间的转换
⑤	工作区	此区域中可以创建网络拓扑,监视模拟过程查看各种信息和统计数据
⑥	实时/模拟转换栏	可通过此栏中的按钮完成实时模式和模拟模式之间的转换
⑦	设备类型库	可在此选择不同的设备类型,如网络设备、终端设备等
⑧	特定设备库	可在此选择同一设备类型中不同型号的设备
⑨	用户数据包窗口	用于管理用户添加的数据包

注意　不同版本 Cisco Packet Tracer 的操作界面和其所支持的网络设备不尽相同,较高版本的 Cisco Packet Tracer 运行时会出现登录界面,用户可以选择使用注册过的 Cisco

账户登录,也可以选择游客账户登录。

实训 8　建立网络拓扑

可在 Cisco Packet Tracer 的工作区建立网络运行模型,具体操作方法如下。

1. 添加设备

如果要在工作区添加一台 Cisco 2960 交换机,则应首先在设备类型库中选择 Network Device(网络设备)中的 Switches,然后在特定设备库中单击 Cisco 2960 交换机,再在工作区中单击,即可把 Cisco 2960 交换机添加到工作区。在设备类型库中选择 End Devices(终端设备),可以用同样的方式在工作区中添加 2 台 PC。

注意　可以按住 Ctrl 键再单击相应设备,以连续添加设备;也可以利用鼠标拖曳来添加设备,或改变设备在工作区的位置。

2. 选取合适的线型正确连接设备

通常应根据设备的类型及不同接口选择特定的线型来连接设备。如果只想快速地建立网络拓扑而不考虑线型,则可选择自动连线。使用直通线连接 Cisco 2960 交换机与 PC 的操作方法如下。

(1) 在设备类型库中选择 Connections(连接),在特定设备库中单击 Copper Straight-Through(直通线)。

(2) 在工作区中单击 Cisco 2960 交换机,此时将出现交换机的接口选择菜单,单击所要连接的交换机接口。

【问题 1】　Cisco 2960 交换机的接口菜单会显示_____种不同类型的接口,应选择的接口类型是_____。

(3) 在工作区中单击所要连接的 PC,此时将出现 PC 的接口选择菜单,选择所要连接的 PC 接口,完成连接。

【问题 2】　PC 的接口选择菜单显示的接口类型有_____,应选择的接口类型是_____。

用相同的方法可以完成其他设备间的连接,如图 1-24 所示。

在完成连接后可以看到各链路两端有不同颜色的点,其表示的含义如表 1-3 所示。

表 1-3　链路两端不同颜色点的含义

点的颜色	含　义
亮绿色	物理连接准备就绪,还没有 Line Protocol Status 的指示
闪烁的绿色	连接激活
红色	物理连接不通,没有信号
橘黄色	交换机端口处于"阻塞"状态

【问题 3】　在你建立的网络拓扑中,PC0 和 PC1 分别连接到了交换机的_____和_____接口。交换机侧在初始连接时链路端点为_____色,正常连接后链路端点将变为_____色。

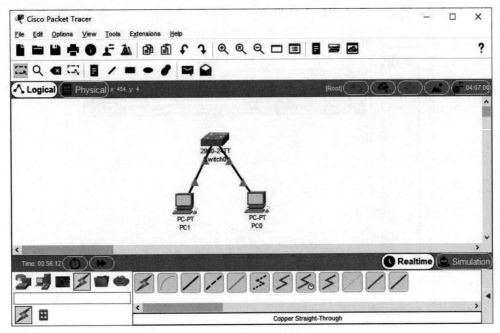

图 1-24　建立网络拓扑

实训 9　配置网络中的设备

1. 配置网络设备

在 Cisco Packet Tracer 中,配置路由器与交换机等网络设备的操作方法基本相同。如果要对图 1-24 所示网络拓扑中的 Cisco 2960 交换机进行配置,可在工作区单击该设备图标,打开交换机配置窗口。

1) 使用 Physical 选项卡

Physical 选项卡提供了设备的物理界面,如图 1-25 所示。如果网络设备采用了模块化结构(如 Cisco 2811 路由器),则可在该选项卡为其添加功能模块。操作方法为：先将设备电源关闭(在 Physical 选项卡所示的设备物理视图中单击电源开关即可),然后在左侧的模块栏中选择要添加的模块类型,此时在右下方会出现该模块的示意图,用鼠标将模块拖动到设备物理视图中显示的可用插槽即可。

2) 使用 Config 选项卡

Config 选项卡主要提供了对设备进行简单配置的图形化界面,如图 1-26 所示。在该选项卡中可以对全局信息、路由、交换和接口等进行配置。当进行某项配置时,在选项卡下方会显示相应的 IOS 命令。

注意　这是 Cisco Packet Tracer 提供的用于简单配置的快速方式,在实际设备中并没有该配置方式。

3) 使用 CLI 选项卡

使用 CLI 选项卡可在命令行模式下对网络设备进行配置,这与网络设备的实际配置环

27

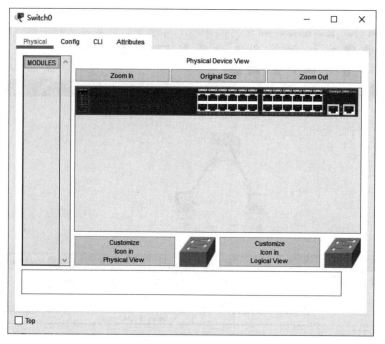

图 1-25　Physical 选项卡

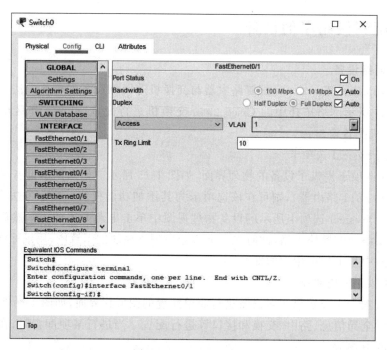

图 1-26　Config 选项卡

境基本相似,如图 1-27 所示。

【问题 4】　Cisco 2960 交换机_____(可以/不可以)增加更多的端口,默认情况下,
Cisco 2960 交换机的主机名为_____。

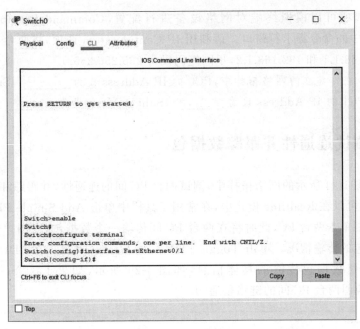

图 1-27　CLI 选项卡

2. 配置 PC

要对图 1-24 所示网络拓扑中的 PC 进行配置,可在工作区单击相应图标,打开配置窗口。该窗口中的 Physical 和 Config 选项卡的作用与网络设备相同,这里不再赘述。PC 的 Desktop 选项卡如图 1-28 所示,其中的 IP Configuration 选项可以完成 IP 地址信息的设

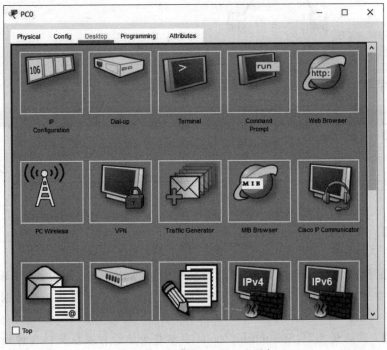

图 1-28　PC 的 Desktop 选项卡

置,Terminal 选项可以模拟终端对网络设备进行配置,Command Prompt 选项相当于 Windows 系统中的命令提示符窗口。请利用 IP Configuration 选项,将两台 PC 的 IP 地址分别设为 192.168.1.1 和 192.168.1.2,子网掩码设为 255.255.255.0。

【问题 5】 在你建立的网络拓扑中,PC0 的 IP Address 设为_____,Subnet Mask 设为_____。PC1 的 IP Address 设为_____,Subnet Mask 设为_____。

实训 10　测试连通性并跟踪数据包

如果要在图 1-24 所示的网络拓扑中,测试两台 PC 间的连通性,并跟踪和查看数据包的传输情况,那么可以在 Realtime 模式中,在常用工具栏中单击 Add Simple PDU 按钮,然后在工作区中分别单击两台 PC,此时将在两台 PC 间传输一个数据包,在用户数据包窗口中会显示该数据包的传输情况。单击 Toggle PDU List Window 按钮,在 PDU List Window 窗口中可以看到数据包传输的具体信息,如图 1-29 所示,如果 Last Status 的状态是 Successful,则说明两台 PC 间的链路是通的。

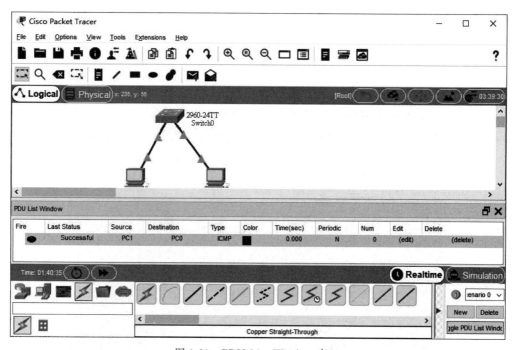

图 1-29　PDU List Window 窗口

【问题 6】 单击 Add Simple PDU 按钮在 PC 间添加的数据包的类型为_____,相当于在两台 PC 间运行_____命令。

如果要跟踪该数据包,可在实时/模拟转换栏中选择 Simulation 模式,打开 Simulation Panel 窗格。如果单击 Play 按钮,则将产生一系列的事件,这些事件将说明数据包的传输路径,如图 1-30 所示。

【问题 7】 默认情况下,Simulation Panel 窗格将显示所有类型数据包传输路径。如果只想显示图 1-29 所添加数据包的传输路径,则可单击 Edit Filters 按钮,在打开的窗口中选

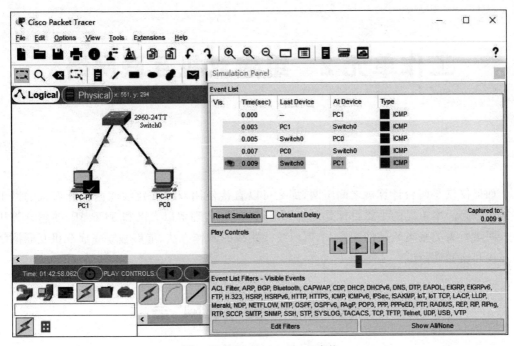

图 1-30　Simulation Panel 窗格

择_____。该数据包的具体传输路径为_____。

【任务拓展】

除 Cisco Packet Tracer 外,常用的网络模拟和建模工具还有华为 eNSP 模拟器、H3C Cloud Lab、Boson NetSim、GNS3 等。请通过 Internet 了解其他常用网络模拟和建模工具的功能特点和使用方法。

习　题　1

1. 简述 TCP/IP 在计算机网络发展过程中的作用。
2. 简述万维网的主要特征及其在计算机网络发展中的作用。
3. 简述局域网和广域网的主要区别。
4. 简述计算机网络中使用的主要硬件和软件。
5. 什么是移动互联网? 移动网络主要由哪几部分组成? 各部分是通过什么连接的?
6. 简述物联网的体系结构。
7. 根据云计算的服务范围可以将云计算系统分为哪几种? 各有什么特点?
8. 常见的网络拓扑结构有哪几种? 各有什么特点?

工作单元 2　组建双机互联网络

如果仅仅是两台计算机之间组网,那么可以直接使用双绞线跳线将两台计算机的网卡连接在一起。本单元的主要目标是理解 OSI 参考模型,理解以太网和 TCP/IP,熟悉计算机连入网络所需的基本软硬件配置,掌握双绞线跳线的制作方法,能够独立完成双机互联网络的连接和连通性测试。

任务 2.1　安 装 网 卡

【任务目的】

(1) 了解 OSI 参考模型。
(2) 理解以太网的基本工作原理。
(3) 掌握以太网网卡的安装过程并熟悉网卡的设置。
(4) 理解 MAC 地址的概念和作用。
(5) 能够查看网卡的 MAC 地址。

【任务导入】

网络接口卡(network interface card,NIC)也称网络适配器,简称为网卡,它是计算机网络中最基本和最重要的连接设备之一。计算机在连入网络时,用到的最基本的硬件就是网卡。请在安装 Windows 操作系统的 PC 上安装网卡,查看网卡的工作状态和 MAC 地址。

【工作环境与条件】

(1) 网卡及相应驱动程序。
(2) 安装 Windows 操作系统的 PC(也可以使用虚拟机)。

【相关知识】

2.1.1　OSI 参考模型

由于历史原因,不同的组织机构和厂商对计算机网络产品制定了不同的协议和标准。

为了提高计算机网络的标准化水平,CCITT(国际电报电话咨询委员会)和ISO(国际标准化组织)组织制定了OSI(open system interconnection,开放系统互连)参考模型。它可以为不同的网络体系提供参照,使其能够相互通信。

计算机网络是一个非常复杂的系统,需要解决的问题很多并且性质各不相同,所以人们在设计网络时,提出了"分层次"的思想。"分层次"是人们处理复杂问题的基本方法,对于一些难以处理的复杂问题,通常可以分解为若干个较容易处理的小一些的问题。在计算机网络设计中,可以将其总体要实现的功能分配到不同的模块中,每个模块就叫作一个层次,各层有自己的协议,协议规定了每层要完成的具体功能及其实现过程。这种划分可以将计算机网络中的不同系统分成相同的层次,不同系统的同等层具有相同的功能和实现过程,高层使用低层提供的服务时无须考虑其具体实现方法,从而大大降低了网络的设计难度。

OSI参考模型共分七层,从低到高的顺序为:物理层、数据链路层、网络层、传输层、会话层、表示层和应用层。图2-1所示为OSI参考模型层次示意图。

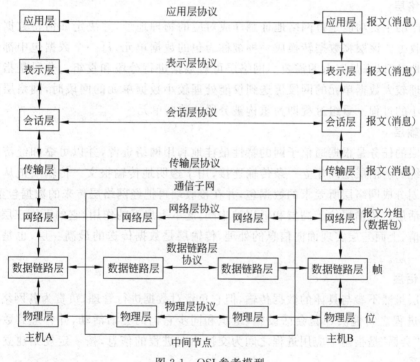

图 2-1　OSI 参考模型

OSI 参考模型各层的基本功能如图2-2所示。

1. 物理层

物理层主要提供相邻设备间的二进制传输,即利用物理传输介质为上一层(数据链路层)提供一个物理连接,通过物理连接透明地传输比特流。所谓透明传输是指经实际物理链路后传送的比特流没有变化,任意组合的比特流都可以在该物理链路上传输,而物理层并不知道比特流的含义。物理层要考虑的是如何发送"0"和"1",以及接收端如何识别。

2. 数据链路层

数据链路层主要负责在两个相邻节点间的线路上无差错地传送以帧(frame)为单位的

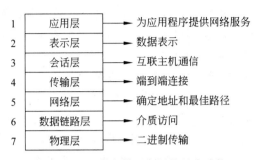

1	应用层	→ 为应用程序提供网络服务
2	表示层	→ 数据表示
3	会话层	→ 互联主机通信
4	传输层	→ 端到端连接
5	网络层	→ 确定地址和最佳路径
6	数据链路层	→ 介质访问
7	物理层	→ 二进制传输

图 2-2　OSI 参考模型各层的基本功能

数据,每一帧包括一定的数据和必要的控制信息,接收节点接收到的数据出错时要通知发送方重发,直到这一帧无误地到达接收节点。数据链路层就是把一条有可能出错的实际链路变成让网络层看来好像不出错的链路。

3. 网络层

网络层的主要功能是将网络地址翻译成对应的物理地址,并决定如何将数据从发送方路由到接收方。该层将数据转换成一种被称为包的数据单元,每一个数据包中都含有目的地址和源地址,以满足路由的需要。网络层可对数据进行分段和重组。分段是指当数据从一个能处理较大数据单元的网段传送到仅能处理较小数据单元的网段时,网络层减小数据单元的大小的过程。重组过程即为重构被分段的数据单元。

4. 传输层

传输层的任务是根据通信子网的特性最佳地利用网络资源,并以可靠和经济的方式为两个端系统的会话层之间建立一条传输连接,用于透明地传输报文。传输层把从会话层接收的数据划分成网络层所要求的数据包,并在接收端再把经网络层传来的数据包重新装配,提供给会话层。传输层位于高层和低层的中间,起承上启下的作用,它的下面三层实现面向数据的通信,上面三层实现面向信息的处理,传输层是数据传送的最高一层,也是最重要和最复杂的一层。

5. 会话层

会话层虽然不参与具体的数据传输,但它负责对数据进行管理,负责为各网络节点应用程序或者进程之间提供一套会话设施,组织和同步它们的会话活动,并管理其数据交换过程。这里"会话"是指两个应用进程之间为交换面向进程的信息,按一定规则建立起来的一个暂时联系。

6. 表示层

表示层主要提供端到端的信息传输。在 OSI 参考模型中,端用户(应用进程)之间传送的信息数据包含语义和语法两个方面。语义是信息数据的内容及其含义,它由应用层负责处理。语法与信息数据表示形式有关,例如信息的格式、编码、数据压缩等。表示层主要用于处理应用实体面向交换的信息的表示方法,包含用户数据的结构和在传输时的比特流或字节流的表示。这样即使每个应用系统有各自的信息表示法,被交换的信息类型和数值仍能用一种共同的方法来表示。

7. 应用层

应用层是计算机网络与最终用户的界面,提供完成特定网络服务功能所需的各种应用程序协议。应用层主要负责用户信息的语义表示,确定进程之间通信的性质以满足用户的需要,并在两个通信者之间进行语义匹配。

2.1.2　IEEE 802 模型

局域网发展到 20 世纪 70 年代末,产生了数十种标准。为了使不同生产厂商的局域网产品具有更好的兼容性,IEEE(institute of electrical and electronics engineers,美国电气和电子工程师协会)专门成立了 IEEE 802 委员会,从事局域网的标准化工作。经过不断的完善,IEEE 802 委员会制定的主要标准如表 2-1 所示。以太网、Wi-Fi 等目前常用的局域网技术都遵守 IEEE 802 系列标准。

表 2-1　IEEE 802 系列标准

名　　称	内　　容
802.1	局域网体系结构、网络互联,以及网络管理与性能测试
802.2	LLC 子层功能与服务(停用)
802.3	有线以太网介质访问控制子层与物理层规范
802.4	令牌总线介质访问控制子层与物理层规范(停用)
802.5	令牌环介质访问控制子层与物理层规范
802.6	MAN 介质访问控制子层与物理层规范
802.7	宽带技术(停用)
802.8	光纤技术(停用)
802.9	IVD LAN 技术(停用)
802.10	可互操作的局域网安全性规范 SILS(停用)
802.11	无线局域网技术
802.12	100BaseVG(传输速率为 100Mb/s 的局域网标准)(停用)
802.14	交互式电视网(包括线缆调制解调器)(停用)
802.15	个人区域网络(蓝牙技术)
802.16	宽带无线

局域网作为计算机网络的一种,应该遵循 OSI 参考模型,但在 IEEE 802 标准中只描述了局域网物理层和数据链路层的功能,如图 2-3 所示。由图可见,IEEE 802 标准将 OSI 参考模型中数据链路层的功能分为了 LLC(logical link control,逻辑链路控制)和 MAC(media access control,介质访问控制)两个子层。

1. 物理层

物理层的主要作用是确保二进制信号的正确传输,包括位流的正确传送与正确接收。局域网物理层的标准规范主要有以下内容。

- 局域网传输介质与传输距离。
- 物理接口的机械特性、电气特性、性能特性和规程特性。
- 信号的编码方式,局域网常用的信号编码方式有曼彻斯特编码、差分曼彻斯特编码、不归零编码等。

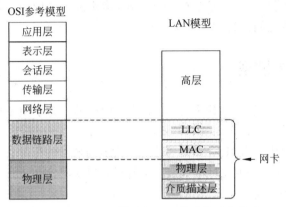

图 2-3　IEEE 802 模型与 OSI 模型的对应关系

- 错误校验码以及同步信号的产生和删除。
- 传输速率。
- 网络拓扑结构。

2. MAC 子层

MAC 子层是数据链路层的一个功能子层,是数据链路层的下半部分,直接与物理层相邻。MAC 子层为不同的物理介质定义了介质访问控制方法。其主要功能如下。

- 传送数据时,将数据组装成 MAC 帧,帧中包括地址和差错检测等字段。
- 接收数据时,将数据分解成 MAC 帧,并进行地址识别和差错检测。
- 管理和控制对传输介质的访问。

3. LLC 子层

LLC 子层在数据链路层的上半部分,在 MAC 层的支持下向网络层提供服务,可运行于所有 802 系列标准之上。LLC 子层与传输介质无关,独立于介质访问控制方法,隐蔽了各种 802 标准之间的差别,向网络层提供统一的格式和接口。LLC 子层的功能包括差错控制、流量控制和顺序控制,并为网络层提供面向连接和无连接的服务。

2.1.3　以太网的 CSMA/CD 工作机制

早期的以太网采用了总线型结构,如果一个节点要发送数据,将以"广播"方式把数据通过作为公共传输信道的总线发送出去,连在总线上的所有节点都能收到该数据。在这种结构中,由于所有节点都可以利用总线发送数据,因此就需要控制各节点对公共传输信道的使用,这被称为介质访问控制。除总线型外,环形和星形结构的网络也存在着在同一信道上连接多个节点的情况。局域网采用的介质访问控制方式主要有竞争方式和令牌传送方式。在竞争方式中,多个节点可使用同一信道,节点之间通过竞争获取信道的使用权,获得使用权的节点才可传送数据。CSMA/CD(carrier sense multiple access/collision detect,载波监听多路访问/冲突检测方法)和 CSMA/CA(carrier sense multiple access/collision avoidance,载波监听多路访问/避免冲突方法)都是典型的竞争方式,其中 CSMA/CD 是以太网的基本工作机制,而 CSMA/CA 则主要用于 IEEE 802.11 无线局域网中。

CAMA/CD 介质访问控制的基本流程如图 2-4 所示,主要包括以下步骤。

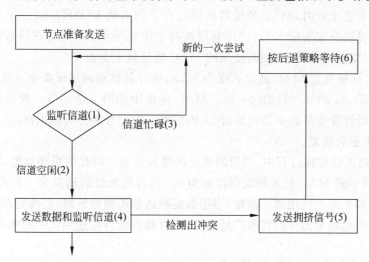

图 2-4 CAMA/CD 介质访问控制的流程

- 想发送数据的节点要确保没有其他节点在使用公共传输信道,所以该节点首先要监听信道。
- 如果信道在一定时间间隔内没有数据传输,则该节点开始传输数据。
- 如果信道一直忙碌,节点就一直监视信道,直到出现信道空闲。
- 如果两个或更多节点在监听到信道空闲后同时发送数据,则会导致冲突,双方发送的数据都会被损坏,因此节点在发送数据的同时要不断监听信道,以检测冲突。
- 如果节点在发送数据期间检测出冲突,则将立即停止发送数据,并向信道发出拥挤信号,以确保其他节点也发现该冲突,从而摒弃接收到的已受损的数据。
- 发生冲突后,节点需等待一段时间再试图进行新的发送,具体等待时间是由一种叫二进制指数退避策略的算法决定的。

CAMA/CD 的优势在于节点不需要依靠中心控制就能进行数据发送。当网络通信量较小,冲突很少发生时,CSNA/CD 是快速而有效的方式。在以太网中,如果两台计算机在同时通信时会发生冲突,那么这两台计算机就处于同一个冲突域。连接在一条总线上的计算机构成的以太网属于同一个冲突域。如果以太网以中继器或集线器连接,由于中继器和集线器只能将接收到的数据以广播方式发出,因此其所连接的网络仍是一个冲突域。

注意 IEEE 802.4(令牌总线)、IEEE 802.5(令牌环)等采用的介质访问控制方式是令牌传送方式。所谓令牌是一个有特殊目的的数据帧,在令牌传送方式中,令牌在网络中沿各节点依次传递,一个节点只有在持有令牌时才能发送数据。令牌传送方式能提供优先权服务,网络上站点的增加不会对性能产生大的影响,但其控制电路复杂,可靠性不高。

2.1.4 以太网的 MAC 地址

在 CSMA/CD 的工作机制中,接收数据的计算机必须通过数据帧中的地址来判断此数据帧是否发给自己。因此,为了保证网络正常运行,每台计算机必须有一个与其他计算机不同的硬件地址。MAC 地址也称物理地址,是 IEEE 802 标准为局域网规定的全球唯一地址。以太网网卡在生产时,MAC 地址就被固化在了网卡的 ROM(read-only memory,只读存储器)中,计算机在安装网卡后,就可利用该网卡固化的 MAC 地址进行数据通信。对于计算机来说,只要其网卡不换,则其使用的 MAC 地址就不会改变。

IEEE 802 标准规定 MAC 地址长度为 48bit,在计算机和网络设备中一般以 12 个 16 进制数的形式表示,如 00-05-5D-6B-29-F5。MAC 地址中的前 3 个字节一般由网卡生产厂商向 IEEE 的注册管理委员会申请购买,称为机构唯一标识号或公司标识符;后 3 个字节一般由厂商指定,不能有重复。

在 MAC 数据帧传输过程中,当目的地址的最高位为 0 时代表单播地址,即接收端为单一站点,所以网卡的 MAC 地址的最高位总为 0。当目的地址的最高为 1 时代表组播地址,组播地址允许多个站点使用同一地址,当把数据帧送给组播地址时,组内所有的站点都会收到该帧。当目的地址全为 1 时代表广播地址,此时数据帧将传送到网上的所有站点。

2.1.5 以太网的 MAC 帧格式

以太网主要有两种帧格式,普遍采用的是 DIX Ethernet V2 格式,如图 2-5 所示。

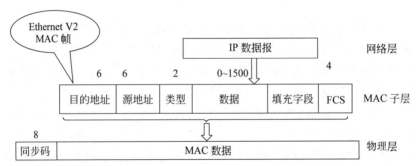

图 2-5 DIX Ethernet V2 MAC 帧结构

- 目的地址:6 字节,为目的站点的 MAC 地址。
- 源地址:6 字节,本站点的 MAC 地址。
- 类型:2 字节,高层协议标识,说明上层使用何种协议。例如,若值为 0x0800 时,则上层使用 IP 协议。上层协议不同,MAC 帧的长度范围会有所变化。
- 数据:长度在 0~1500 字节,是上层传下来的数据。DIX Ethernet V2 没有单独定义 LLC 子层,如果上层使用 TCP/IP,则该部分就是 IP 数据包。
- 填充字段:为保证 MAC 帧的长度,填充字段不少于 64 字节。当上层数据小于 64 字节时,会自动添加字节。接收方收到 MAC 帧时,会将填充数据丢掉。
- FCS:该部分是长度为 4 字节的循环冗余校验码,接收方可以利用其判断数据帧在传输过程中是否发生了错误。
- 同步码:MAC 帧传送到物理层时会加上 10101010 的同步码,以保证接收方与发送方同步。

2.1.6 以太网网卡

网卡在网络中的工作是双重的：一方面负责接收传输介质上传过来的电信号或光信号，并将其转换为本地计算机可以识别的数据；另一方面将本地计算机上的数据经过封装并转换成电信号或光信号，再送入网络。如果要使用以太网技术组建网络，那么该网络中的计算机必须安装以太网网卡。图 2-6 所示为一款 RJ-45 接口的独立网卡，图 2-7 给出了以太网网卡的基本结构示意图。以太网网卡主要包括以下基本组件。

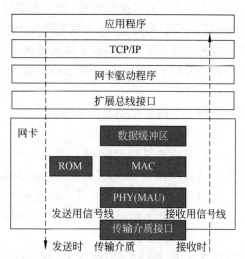

图 2-6 RJ-45 接口的独立网卡　　　　图 2-7 以太网网卡的基本结构示意图

- 传输介质接口：用于连接传输介质的插座。目前常见的主要有用来连接双绞线的 RJ-45 接口和用来连接光缆的光纤接口（主要采用 SFP、SFP＋模块）。
- PHY：物理层模块，在发送数据时负责将 MAC 模块送来的数据按照物理层的规则进行编码并将其变为模拟信号，在接收数据时负责对模拟信号进行转换并将其送往 MAC 模块。
- MAC：数据链路层模块，一端连接计算机主板的扩展总线接口；一端连接 PHY，负责完成以太网 MAC 帧的封装和解封、冲突检测等收发操作。
- ROM：负责存储以太网网卡的 MAC 地址。
- 数据缓冲区：用于临时保存待收发数据包的内存空间。

除上述组件外，以太网网卡需要通过扩展总线接口与计算机主板相连，目前 PC 中的网卡主要采用 PCI-E 总线接口。另外，要控制网卡还需要网卡驱动程序，由网卡驱动程序负责在操作系统启动时对网卡进行错误检测、初始设置等初始化操作。

注意 网卡通电后保存在 ROM 中的 MAC 地址不会自动生效，需要由网卡驱动程序在初始化操作时进行设置。在某些情况下，可以使网卡驱动程序从命令或文件中读取 MAC 地址并设置到 MAC 模块，从而实现改变网卡 MAC 地址的目的。

【任务实施】

实训 1　安装网卡及其驱动程序

1．网卡的硬件安装

计算机使用的网卡有多种类型，不同类型网卡的安装方法有所不同。对于 PCI-E 总线接口的独立网卡，其基本安装步骤如下。

（1）关闭计算机主机电源，拔下电源插头。

（2）打开机箱后盖，在主板上找一个空闲插槽，卸下相应的防尘片，保留好螺钉。

（3）将网卡对准插槽向下压入插槽中。

（4）用卸下的螺钉固定网卡的金属挡板，安装机箱后盖。

（5）将双绞线跳线上的 RJ-45 连接器插入网卡背板上的 RJ-45 接口，如果安装正常，则通电后网卡上的相应指示灯会亮。

2．安装网卡的驱动程序

在机箱中安好网卡后，重新启动计算机，系统会自动检测到新增加的硬件并引导用户安装其驱动程序，用户只需根据系统选择指明网卡驱动程序安装文件的路径即可。

注意　目前绝大部分计算机的主板上都集成了网卡，而且主流网卡厂商的驱动程序也已内置到了操作系统中，因此通常不需要单独进行网卡硬件和驱动程序的安装。

实训 2　检测网卡的工作状态

在 Windows 系统中检测网卡工作状态的操作方法为：

（1）在传统桌面模式中右击左下角的"开始"图标，在弹出的菜单中单击"设备管理器"命令，在打开的"设备管理器"窗口中单击"网络适配器"选项，可以看到已经安装的网卡，如图 2-8 所示。

（2）在"设备管理器"窗口中右击已经安装的网卡，在弹出的菜单中选择"属性"命令，可以查看该设备的工作状态，如图 2-9 所示。

注意　在"设备管理器"窗口中可以看到的网络适配器包括以太网网卡、无线网卡、虚拟网卡等。另外，在网卡属性对话框中不但可以查看网卡的工作状态，还可以对网卡的驱动程序、工作状态参数等进行查看和修改。

【问题 1】　你的计算机中共安装了_____块网卡，其中以太网网卡的制造商为_____，其所使用的总线类型为_____，支持的网络速度是_____，驱动程序提供商和日期是_____。

【问题 2】　如果计算机的网卡为千兆以太网网卡，该网卡_____（能/不能）按照 10Mb/s 或 100Mb/s 工作。默认情况下，系统会将网卡速度设置为_____（备选答案：A.10Mb/s　B.100Mb/s　C.1000Mb/s　D.自动侦测）。如果要让网卡工作于 10Mb/s，操作方法为_____。

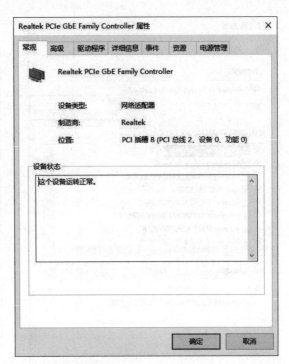

图 2-8　"设备管理器"窗口　　　　　　图 2-9　网卡属性对话框

实训 3　查看网卡 MAC 地址

在 Windows 系统中可以通过以下方法查看网卡的 MAC 地址。

（1）在传统桌面模式中右击左下角的"开始"图标,在弹出的菜单中单击"网络连接"命令,在打开的"设置"窗口中单击右侧窗格的"更改适配器选项"选项,打开"网络连接"窗口。在"网络连接"窗口中右击要查看的网络连接,如"以太网"。在弹出的菜单中选择"属性"命令,打开网络连接属性对话框。将光标指向"连接时使用"对话框中的网卡型号,此时会显示该网卡 MAC 地址,如图 2-10 所示。

（2）在"网络连接"窗口中右击要查看的网络连接,在弹出的菜单中选择"状态"命令,打开网络连接状态对话框。在网络连接状态对话框中单击"详细信息"按钮,在打开的"网络连接详细信息"对话框中也可看到该网卡的物理地址即 MAC 地址,如图 2-11 所示。

注意　在 Windows 系统中,"以太网"或"本地连接"是与以太网网卡对应的,如果在计算机中安装了两块以上的以太网网卡,那么在操作系统中会出现两个以上的"以太网"或"本地连接",系统会自动编号命名,用户也可以进行重命名。

【问题 3】　你所用计算机中以太网网卡的 MAC 地址是_____,其二进制形式为_____。

41

图 2-10　查看网卡 MAC 地址　　　　图 2-11　"网络连接详细信息"对话框

【任务拓展】

除以太网(IEEE 802.3)外,IEEE 802 系列标准还包含令牌环、蓝牙、无线局域网等多种网络标准,每种网络使用的传输介质、接口规范、介质访问控制方法各不相同。请通过 Internet 了解 IEEE 802 系列相关标准。

任务 2.2　制作双绞线跳线

【任务目的】

(1)熟悉计算机网络中常用的传输介质。

(2)理解双绞线跳线的类型和适用场合。

(3)掌握双绞线跳线的制作方法。

(4)掌握简易线缆测试仪的使用方法。

【任务导入】

双绞线电缆是计算机网络中最常用的传输介质之一。在使用双绞线电缆布线时,通常要利用双绞线跳线实现布线系统与设备之间的连接,所谓双绞线跳线是两端带有 RJ-45 连接器的双绞线电缆。请根据实际需要,制作双绞线跳线,并对其连通性进行测试。

【工作环境与条件】

非屏蔽双绞线、RJ-45 连接器、RJ-45 压线钳、简易线缆测试仪。

【相关知识】

2.2.1   双绞线电缆

1. 双绞线电缆的结构

双绞线一般由两根遵循 AWG(American wire gauge,美国线规)标准的绝缘铜导线相互缠绕而成。把两根绝缘的铜导线按一定密度绞在一起,可以降低信号干扰的程度,每一根导线在传输中辐射的电波会与另一根线上发出的电波相抵消。实际使用时会把多对双绞线包在一个绝缘套管里,称为双绞线电缆。用于计算机网络的双绞线电缆通常是 4 对的。在双绞线电缆内,不同线对具有不同的扭绞长度。一般情况下,扭绞得越密,其抗干扰能力就越强。根据双绞线电缆中是否具有金属屏蔽层,可以将其分为非屏蔽双绞线(unshielded twisted pair,UTP)与屏蔽双绞线(shielded twisted pair,STP)两大类。

(1)非屏蔽双绞线。非屏蔽双绞线没有金属屏蔽层,其典型结构如图 2-12 所示。它在绝缘套管中封装了一对或一对以上双绞线,每对双绞线按一定密度绞在一起,从而提高了抵抗系统本身电子噪声和电磁干扰的能力,但它不能防止周围的电子干扰。非屏蔽双绞线的结构简单,重量轻,容易弯曲,安装容易,占用空间少。但由于其不具有较强的中心导线或屏蔽层,而且导线相对较细(22～24AWG),在电缆弯曲情况下很难避免线对的分开或打褶,从而会导致性能下降,因此在安装时必须注意细节。

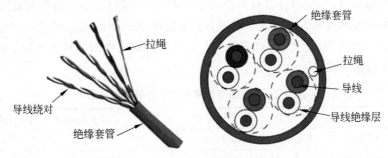

图 2-12   非屏蔽双绞线的结构

(2)屏蔽双绞线。随着电子电气设备的大量应用,通信线路会受到越来越多的电磁干扰,这些干扰会在通信线路中形成噪声,从而降低传输性能。另一方面,通信线路中的信号能量辐射也会对邻近的电子设备和电缆产生电磁干扰。在双绞线电缆中增加屏蔽层的目的就是提高双绞线电缆的物理和电气性能。屏蔽双绞线的屏蔽层可以由金属箔、金属丝或金属网等材料构成。图 2-13 所示为金属箔屏蔽双绞线(ScTP),图 2-14 所示为 7 类 100Ω 屏蔽双绞线。

图 2-13　金属箔屏蔽双绞线

图 2-14　7 类 100Ω 屏蔽双绞线

目前在我国绝大部分布线系统中,除了在电磁辐射严重或对传输质量要求较高等特殊场合使用屏蔽双绞线外,一般都采用非屏蔽双绞线,主要原因如下。

- 安装屏蔽双绞线时必须避免因弯曲电缆而使屏蔽层打褶或切断,如果屏蔽层被破坏,将增加其受到的干扰。
- 由于屏蔽层的存在,屏蔽双绞线的价格高于非屏蔽双绞线。
- 屏蔽双绞线的柔软性较差,比较难以安装。
- 安装屏蔽双绞线时,其屏蔽层必须正确接地,同时接线板、网络设备等也要接地,这会增加人工成本。

2. 双绞线的电缆等级

随着网络技术的发展和应用需求的提高,双绞线电缆的质量也得到了发展与提高。从 20 世纪 90 年代初开始,美国电子工业协会(EIA)和电信工业协会(TIA)不断推出双绞线电缆各个级别的工业标准,以满足日益增加的速度和带宽需求。类(category)是用来区分双绞线电缆等级的术语,不同的等级对双绞线电缆中的导线数目、导线扭绞数量以及能够达到的数据传输速率等具有不同的要求。表 2-2 对不同等级的双绞线电缆进行了对比,其中 5e 类(超 5 类)、6 类、6A 类(超 6 类)双绞线电缆是计算机网络常用的传输介质,可以支持千兆以上的网络传输速度要求。

表 2-2　计算机网络使用的双绞线电缆等级

类	类型	线对数	带宽	最高传输速度	最远传输距离
3 类	UTP/STP	4 芯 2 对	16MHz	16Mb/s	100m
4 类	UTP/STP	4 芯 2 对	20MHz	20Mb/s	100m
5 类	UTP/STP	8 芯 4 对	100MHz	100Mb/s	100m
5e 类	UTP/STP	8 芯 4 对	100MHz	1Gb/s	100m
6 类	UTP/STP	8 芯 4 对	250MHz	1Gb/s 10Gb/s	100m 55m
6A 类	UTP/STP	8 芯 4 对	500MHz	10Gb/s	100m
7 类	STP	8 芯 4 对	600MHz	10Gb/s	100m

2.2.2 光缆

1. 光纤的结构

计算机网络中使用的光纤是用石英玻璃制成的双层同心圆柱体。裸光纤由光纤芯、包层和涂覆层组成,如图 2-15 所示。其中,光纤芯用折射率高的玻璃制成,包层则用折射率低的玻璃制成,当光信号进入光纤芯时,会在包层和光纤芯的界面发生反射,从而将光封闭在光纤芯内以形成低损耗的光通道,这个光通道被称为模。涂覆层主要采用硅酮树脂或聚氨基甲酸乙酯等材料制成。裸光纤外面套塑(或称二次涂覆),套塑大都采用尼龙、聚乙烯或聚丙烯等塑料制成。

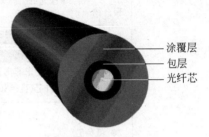

涂覆层
包层
光纤芯

图 2-15 裸光纤的结构

2. 光纤通信系统

光纤通信系统以光纤为传输介质,其组成如图 2-16 所示。其中,光纤是传输光信号的载体,由于光信号在光纤中只能沿着一个方向传输,所以要实现全双工通信应采用两根光纤;光发送机的主要功能是将电信号转换为光信号,再把光信号导入光纤;光接收机主要负责接收光纤上传输的光信号,并将其转换为电信号,经过解码后再做相应处理。

光发送机		光接收机
光接收机	光纤	光发送机

图 2-16 光纤通信系统的组成

注意 光发送机和光接收机可以是分离的单元,也可以使用一种叫作收发器的设备,它能够同时执行光发送机和光接收机的功能。

与铜缆相比,光纤通信系统的主要优点如下。

- 传输频带宽,通信容量大。
- 线路损耗低,传输距离远。
- 抗干扰能力强,应用范围广。
- 线径细,重量轻。
- 抗化学腐蚀能力强。
- 制造资源丰富。

与铜缆相比,光纤通信系统的主要缺如下。

- 初始投入成本较高。
- 光纤连接器较为脆弱。
- 端接光纤需要更高级别的训练和技能。
- 相关的安装和测试工具价格高。

3. 单模光纤和多模光纤

光纤有单模光纤和多模光纤两种类型,两者的主要差异在纤芯直径。多模光纤的纤芯直径主要为 50mm 或 62.5mm,由于纤芯直径较大,光通道(模)会分散成好多个,从而会造成较大的传输损耗。单模光纤的纤芯直径主要为 8~10mm,通过缩小纤芯直径以及控制光纤芯和包层间的折射率差,单模光纤可以达到只有一个光通道(模)的效果,从而能够实现长距离和大容量的数据传输。图 2-17 对单模光纤和多模光纤进行了比较。

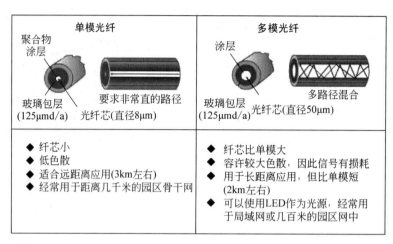

图 2-17　单模光纤和多模光纤的比较

注意　在计算机网络布线中,单模光纤主要用于建筑物之间的互连或广域网连接,多模光纤主要用于建筑物内的局域网干线连接。根据 ITU 标准的规定,室内单模光纤光缆的外护层颜色为黄色,室内多模光纤光缆的外护层颜色为橙色。

4. 光缆的种类

光缆有多种结构,它可以包含单一或多根光纤,可以使用不同类型的绝缘材料和保护层,以适应各种不同环境、不同要求的应用。光缆有多种分类方法,在计算机网络布线中通常可按照光缆的使用环境和敷设方式对其进行分类。

(1)室内光缆。室内光缆的抗拉强度较小,保护层较差,但也更轻便、更经济,主要适用于建筑物内的计算机网络布线。

(2)室外光缆。室外光缆主要用于建筑物之间的计算机网络布线,有架空光缆、管道光缆、直埋光缆、隧道光缆和水底光缆等多种类型。由于敷设方式不同,室外光缆要承受水蒸气扩散和潮气的侵入,必须具有足够的机械强度及对啮咬等的保护措施,因此与室内光缆相比,室外光缆的抗拉强度比较大,保护层也更为厚重。

(3)室内/室外通用光缆。由于室外光缆有 PE 护套及易燃填充物,不适合室内敷设,因此人们会在建筑物的光缆入口处为室外光缆和室内光缆的连接设置一个过渡点。室内/室外通用光缆在室内室外均可使用,不需要对室外与室内的过渡点进行熔接。图 2-18 给出了一种室内/室外通用光缆的结构示意图。

2.2.3　双绞线跳线

1. 双绞线电缆的颜色编码

双绞线电缆中的每一对双绞线都使用了不同颜色进行区分,计算机网络布线中使用的

工作单元 2 组建双机互联网络

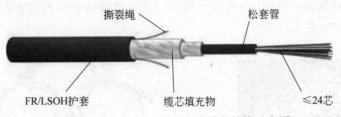

图 2-18 一种室内/室外通用光缆的结构示意图

4 对双绞线电缆每个线对的颜色分别是橙色、绿色、蓝色和棕色。由于每个线对都有两根导线，所以通常每个线对中的一根导线的颜色为线对颜色加白色条纹，另一根导线的颜色是白色底色加线对颜色的条纹。具体的颜色编码方案如表 2-3 所示。

表 2-3 4 对双绞线电缆颜色编码

线　对	颜色编码	简　写
线对 1	白—蓝	W-BL
	蓝	BL
线对 2	白—橙	W-O
	橙	O
线对 3	白—绿	W-G
	绿	G
线对 4	白—棕	W-BR
	棕	BR

布线人员可以通过颜色编码来区分每根导线，ANSI/EIA/TIA 标准描述了两种端接 4 对双绞线电缆时每种颜色的导线的安排，分别为 T568A 标准和 T568B 标准，如图 2-19 所示，从而可以很有逻辑的将导线接入相应的设备中。由图 2-19 可知，这两种接线模式的差别就是橙色对和绿色对在端接顺序上是相反的。

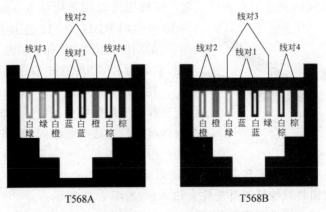

图 2-19 T568A 和 T568B 标准接线模式

2. RJ-45 连接器

RJ-45 连接器是一种透明的塑料接插件，因为其看起来像水晶，所以也被称作 RJ-45 水

47

晶头。RJ-45 连接器是 8 针的,如图 2-20 所示。双绞线跳线就是两端带有 RJ-45 连接器的一段双绞线电缆,如图 2-21 所示。

图 2-20 RJ-45 连接器

图 2-21 双绞线跳线

未连接双绞线的 RJ-45 连接器的头部有 8 片 O 平行的带 V 字形刀口的铜片,V 字头的两尖锐处是较锋利的刀口。制作双绞线跳线的时候,需要将双绞线的 8 根导线按 T568A 或 T568B 标准插入 RJ-45 连接器,并使每根导线位于相应 V 字形刀口的上部。用压线钳将 RJ-45 连接器的 8 片铜片压紧,这时每片铜片的 V 字形刀口将刺破双绞线导线的绝缘层,分别与 8 根导线相连接。

3. 双绞线跳线的类型

计算机网络中常用的双绞线跳线有直通线和交叉线。双绞线电缆的两端都按 T568B 标准连接 RJ-45 连接器,这样的跳线叫作直通线。直通线主要用于将计算机连入交换机,也可用于交换机和交换机不同类型接口的连接。双绞线电缆一端按照 T568A 标准连接 RJ-45 连接器,另一端按照 T568B 标准连接,这样的跳线叫作交叉线。交叉线主要用于将计算机与计算机直接相连,也被用于将计算机直接接入路由器的以太网接口。

【任务实施】

实训 4 制作 5e 类双绞线跳线

现场制作双绞线的主要工具是压线钳。压线钳可以用来压接 8 位的 RJ-45 连接器和 4 位、6 位的 RJ-11、RJ-12 连接器,同时有切线和剥线的功能。图 2-22 所示左侧为 RJ-45 单用压线钳,右侧为 RJ-45/RJ-11 双用压线钳。

图 2-22 压线钳

在制作双绞线跳线时,RJ-45 连接器的类型应与双绞线电缆的类型一致。现场制作不同类型双绞线跳线的方法并不相同,制作 5e 类双绞线跳线的一般步骤如下。

(1)剪下所需的双绞线长度,至少 0.6m,最多不超过 5m。

(2)利用压线钳将双绞线的外皮除去约 3cm,如图 2-23 所示。

(3)将裸露的双绞线中的橙色对线拨向自己的左方,棕色对线拨向右方向,绿色对线拨向前方,蓝色对线拨向后方,小心的剥开每一对线,按 T568B 标准(白橙—橙—白绿—蓝—白蓝—绿—白棕—棕)排列好,如图 2-24 所示。

(4)用压线钳剪齐线头,使每根线只剩约 14mm 的长度,如图 2-25 所示。

图 2-23　利用剥线钳除去双绞线外皮

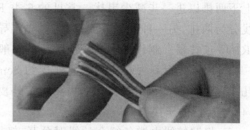

图 2-24　剥开每一对线,排好线序

（5）将双绞线的每一根线依序插入 RJ-45 连接器的引脚内,第一只引脚应插入白橙色线,其余类推,如图 2-26 所示。每一根线应插到底,直到另一端可以看到铜线芯为止,如图 2-27 所示。

图 2-25　剪齐线头

图 2-26　将双绞线放入 RJ-45 水晶头

（6）将 RJ-45 连接器从无牙的一侧推入压线钳夹槽,用力握紧压线钳,将突出在外的铜片全部压入 RJ-45 连接器内,如图 2-28 所示。

（7）用同样的方法完成另一端的制作。

图 2-27　插好的双绞线

图 2-28　压线

【问题 1】　如果要使用双绞线跳线实现两台计算机的连接,则应制作的双绞线跳线应为_____(直通线/交叉线),两端的线序分别为_____和_____。

【问题 2】　你所用双绞线电缆的类型为_____,品牌为_____,一箱该双绞线电缆的长度为_____,价格为_____。你所用 RJ-45 连接器的类型为_____,品牌为_____,价格为_____。

实训 5　制作 6 类双绞线跳线

由于数据传输速度的要求,6 类 RJ-45 连接器需要将 6 类双绞线电缆中的 8 根导线分

49

为上下两排以进一步减少串扰。常见的 6 类 RJ-45 连接器有两种,一种可以直接将插入的导线分为两排,另一种配有分线件,需要先将导线插入分线件,再将分线件连同导线一起插入 RJ-45 连接器。制作 6 类双绞线跳线的一般步骤如下。

(1)用压线钳剥去双绞线电缆外皮约 3cm,剪去尼龙线。将双绞线电缆外皮用力向下捋几次,然后剪去内部塑料内芯,再将电缆外皮用力向上捋几次以避免塑料内芯裸露而影响 RJ-45 连接器的压接。

(2)将双绞线电缆各绞合的线对分开,轻轻捋直,按照 T568B 标准排列线序。

(3)将排好序的双绞线从尾端插入分线件,从分线件头部到双绞线电缆外皮的距离应为 1.2~1.4cm,分线件不宜太靠上。

(4)将压线钳尽可能靠近分线件头部,一次性剪齐 8 根线芯,将分线件轻轻向上捋使线芯末端与分线件头部重合。

(5)将剪齐后的双绞线连同分线件插入 RJ-45 连接器。

(6)将 RJ-45 连接器推入压线钳夹槽,用力握紧压线钳,将突出在外的铜片全部压入 RJ-45 连接器内。

(7)用同样的方法完成另一端的制作。

【问题 3】 你所用双绞线电缆的类型为_____,品牌为_____,一箱该双绞线电缆的长度为_____,价格为_____。你所用 RJ-45 连接器的类型为_____,品牌为_____,价格为_____。

实训 6　测试双绞线跳线

双绞线跳线制作完成后应检测其连通性,以确保连接质量。测试双绞线跳线应使用专业的电缆分析仪,在要求不高的场合也可以使用廉价的简易线缆测试仪,如图 2-29 所示。在使用简易线缆测试仪进行测试时,应将双绞线跳线两端的 RJ-45 连接器分别插入主测试仪和远程测试端的 RJ-45 接口,将主测试仪开关至 ON,此时主测试仪指示灯将从 1~8 逐个顺序闪亮,如图 2-30 所示。如果测试的双绞线跳线为直通线,当主测试仪的指示灯从 1~8 逐个顺序闪亮时,远程测试端的指示灯也应从 1~8 逐个顺序闪亮。如果测试的双绞线跳线为交叉线,当主测试仪的指示灯从 1~8 逐个顺序闪亮时,远程测试端的指示灯会按照 3、6、1、4、5、2、7、8 的顺序依次闪亮。

图 2-29　简易线缆测试仪

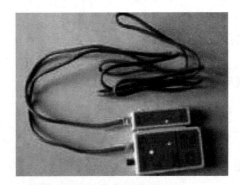

图 2-30　测试双绞线跳线

若连接不正常,简易线缆测试仪通常会按下列情况显示:

- 若有一根导线断路,则主测试仪和远程测试端对应线号的灯都不亮。
- 若有几条导线断路,则主测试仪和远程测试端对应线号的灯都不亮,当少于两条导线连通时,所有的灯都不亮。
- 若两边导线乱序,则与主测试仪连通的远程测试端的相应线号灯亮。
- 若导线有两根短路,则主测试仪的显示不变,而远程测试端对应线号的两个灯同时亮;若有三根或三根以上的导线短路,则远程测试端对应线号的灯都不亮。
- 若测试仪指示灯出现红色或黄色,则说明跳线存在接触不良等现象,此时可先用压线钳再次压制跳线两端的 RJ-45 连接器,如故障依然存在,则应重新制作跳线。

【问题 4】 若制作的双绞线跳线为交叉线,在使用简易线缆测试仪测试时,主测试仪的指示灯从 1~7 逐个顺序闪亮,远程测试端的指示灯也应从 1~7 逐个顺序闪亮,主测试仪和远程测试仪的 8 号指示灯都不亮,说明_____。

【问题 5】 你所制作的双绞线跳线为_____(直通线/交叉线),用简易线缆测试仪测试的结果为_____。

【任务拓展】

请根据实际条件,了解和观摩 5e 类、6 类和 6A 类非屏蔽双绞线和屏蔽双绞线产品实物,以及单模光纤和多模光纤、室内光缆与室外光缆产品实物,对其外观、基本结构、颜色编码、产品标记等进行辨识。

另外,光纤跳线由一段 1~10m 的互联光缆与光纤连接器组成。光纤跳线可以分为单线和双线,由于光纤一般只是进行单向传输,需要进行全双工通信的设备需要连接两根光纤来完成收发工作,因此如果使用单线跳线则一般需要两根跳线。光纤连接器的种类较多,计算机网络中常用的有 SC、LC 等类型。请根据实际条件,了解和观摩各种光纤连接器和光纤跳线产品,对其外观、基本结构等进行辨识。

任务 2.3 实现双机互联

【任务目的】

(1) 认识 TCP/IP 模型。
(2) 熟悉 Windows 系统中的网络组件。
(3) 掌握实现双机互联的基本操作方法。
(4) 掌握测试网络连通性的基本方法。

【任务导入】

如果仅是两台计算机之间组网,那么可以直接使用双绞线跳线将两台计算机的网卡连接在一起,但是两台计算机必须安装并遵循相同的网络协议才能进行通信。以太网为两台计算机在物理层和数据链路层提供了数据处理和传输的标准,而在网络层以上,目前网络中的计算机应安装和遵循 TCP/IP。请利用双绞线跳线连接两台 PC,并在 Windows 环境下对网络组件和 TCP/IP 进行设置,实现网络的连通,并对连通性进行测试。

【工作环境与条件】

(1)两台安装 Windows 操作系统的 PC。

(2)非屏蔽双绞线、RJ-45 水晶头、RJ-45 压线钳、简易线缆测试仪。

【相关知识】

2.3.1　TCP/IP 模型

TCP/IP 是多个独立定义的协议的集合,简称 TCP/IP 协议集。虽然 TCP/IP 不是 ISO 标准,但它作为 Internet 中的标准协议,已经成为一种"事实上的标准"。TCP/IP 模型共分为 4 层,其与 OSI 参考模型之间的关系如图 2-31 所示。

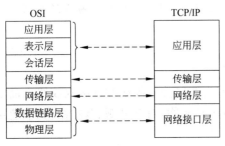

图 2-31　TCP/IP 模型

1. 应用层

应用层为用户提供网络应用,并为这些应用提供网络支撑服务,把用户的数据发送到低层。由于 TCP/IP 将所有与应用相关的内容都归为一层,所以在应用层要处理高层协议、数据表达和对话控制等任务。

2. 传输层

传输层的作用是提供可靠的点到点的数据传输。传输层从应用层接收数据,并可在必要时将其分成较小的单元,传递给网络层,并确保源节点传送的数据正确到达目标节点。为保证数据传输的可靠性,传输层会提供确认、差错控制和流量控制等机制。

3. 网络层

网络层的主要功能是负责通过网络接口层发送 IP 数据包,或接收来自网络接口层的数据帧并将其转为 IP 数据包。为保证数据正确地发送,网络层还具有路由选择、拥塞控制等功能。另外,由于数据包达到目的端的顺序可能和发送顺序不同,因此如果需要按顺序发送及接收时,还必须对数据包进行排序。

4. 网络接口层

在 TCP/IP 模型中没有真正对网络接口层进行定义,网络接口层相当于 OSI 参考模型中的物理层和数据链路层,它可以是任何一种能够传输数据的通信系统,这些系统可以是广域网、局域网甚至点对点连接,包括以太网、Wi-Fi、HDLC、PPP 等,这使得 TCP/IP 具有相当的灵活性。

2.3.2 Windows 网络组件

要实现 Windows 系统的网络功能,必须安装好网卡并完成网络组件的安装和配置。

1. 网络组件的配置流程

(1) 配置网络硬件:确认网卡等网络硬件已经正确连接。

(2) 配置系统软件:确认操作系统已经正常运行。

(3) 配置网卡驱动程序:确保操作系统中的网卡驱动程序安装正确。

(4) 配置网络组件:网络中的组件是实现网络通信和服务的基本保证。

2. Windows 网络组件的类型

Windows 网络组件有很多种类型,主要包括客户端组件、服务组件和协议。

(1) 客户端组件。客户端组件提供了网络资源访问的条件。Windows 系统会默认安装 "Microsoft 网络客户端"组件,配置了该组件的计算机可以访问 Microsoft 网络上共享的各种软硬件资源。

(2) 服务组件。服务组件是可以提供给用户的网络功能。Windows 系统的基本服务组件是"Microsoft 网络的文件和打印机共享"。配置了该组件的计算机将允许其他计算机通过 Microsoft 网络访问本地计算机资源。

(3) 协议。协议是网络中相互通信的规程和约定,也就是说,协议是网络各部件通信的语言,只有安装有相同协议的两台计算机才能相互通信。Windows 系统支持的协议主要有以下类型。

- Internet 协议版本 4(TCP/IPv4):该协议是默认的 Internet 协议。
- Internet 协议版本 6(TCP/IPv6):该协议是新版本的 Internet 协议。
- QoS 数据包计划程序:提供网络流量控制,如流量率和优先级服务。
- 链路层拓扑发现响应程序:允许在网络上发现和定位该 PC。
- 链路层拓扑发现映射器 I/O 驱动程序:用于发现和定位网络上的其他 PC、设备和网络基础结构组件,也可用于确定网络带宽。

【任务实施】

实训 7 使用双绞线跳线连接两台计算机

在使用网卡将两台计算机直连时,双绞线跳线要用交叉线,并且两台计算机最好选用相同品牌和传输速度的网卡,以避免可能的连接故障。连接时只需将制作好的双绞线跳线两端的 RJ-45 连接器分别接入计算机网卡的 RJ-45 接口即可。

实训 8 查看和安装网络协议

网络中的计算机必须添加相同的网络协议才能互相通信,Windows 操作系统会默认安装 TCP/IP,并且 Windows 7 和 Windows Server 2008 R2 之后的系统会同时安装 TCP/IPv4 和

TCP/IPv6,在 Windows 操作系统中查看及安装网络组件的操作方法如下。

(1) 在传统桌面模式中右击左下角的"开始"图标,在弹出的菜单中选择"网络连接"命令,在打开的"设置"窗口中单击右侧窗格的"更改适配器选项"选项,打开"网络连接"窗口。

(2) 在"网络连接"窗口中右击要查看和配置的网络连接,如"以太网",在弹出的菜单中选择"属性"命令,打开网络连接"属性"对话框。在该对话框的"此连接使用下列项目"列表框中可以看到该网络连接已经安装的网络组件。

(3) 若要安装其他网络组件,可单击网络连接属性对话框的"安装"按钮,打开"选择网络功能类型"对话框,如图 2-32 所示。

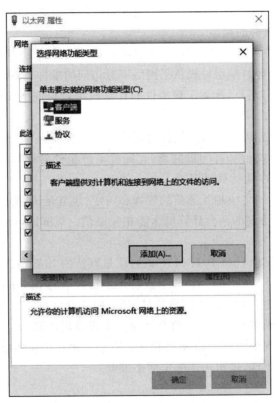

图 2-32 "选择网络功能类型"对话框

(4) 若要安装网络协议,可在"选择网络功能类型"对话框中选择"协议"组件,单击"添加"按钮,打开"选择网络协议"对话框。

(5) 在"选择网络协议"对话框中选择想要安装的网络协议,单击"从磁盘安装"按钮,系统会自动安装相应的网络协议。

【问题 1】 你的计算机所使用的 Windows 操作系统的版本是_____,该系统默认安装的协议有_____(备选答案:A.链路层拓扑发现响应程序 B.TCP/IPv4 C.TCP/IPv6 D.可靠多播协议),可以选择安装的协议有_____(备选答案:A.Microsoft LLDP 驱动程序 B.Hyper-V 可扩展的虚拟交换机 C.TCP/IPv6 D.可靠多播协议)。

【问题 2】 在你的计算机所使用的 Windows 操作系统中,除了"Microsoft 网络的文件和打印机共享"外,还可以安装的服务有_____。

实训 9　设置 IP 地址信息

一台计算机要使用 TCP/IP 联入 Internet,必须具有合法的 IP 地址、子网掩码、默认网关和 DNS 服务器 IP 地址。若单纯只是实现双机互联,则只需为每台计算机设置 IP 地址和子网掩码即可。在 Windows 操作系统中设置 IP 地址信息的基本方法为:

(1) 在网络连接属性对话框的"此连接使用下列项目"列表框中选择"Internet 协议版本 4(TCP/IPv4)",单击"属性"按钮,打开"Internet 协议版本 4(TCP/IPv4)属性"对话框。选择"使用下面的 IP 地址"单选框,将该计算机的 IP 地址设置为 192.168.1.1,子网掩码为 255.255.255.0,默认网关为空;选中"使用下面的 DNS 服务器地址"单选框,设置首选 DNS 服务器和备用 DNS 服务器为空,如图 2-33 所示。

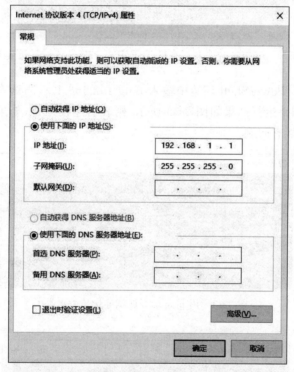

图 2-33　"Internet 协议版本 4(TCP/IPv4)属性"对话框

(2) 用相同的方法设置另一台计算机 IP 地址为 192.168.1.2,子网掩码为 255.255.255.0,默认网关和 DNS 服务器为空。

【问题 3】　一台安装 Windows 系统的计算机可以设置_____(一个/多个)IP 地址,在 Windows 系统中一个网络连接可以设置_____(一个/多个)IP 地址。

实训 10　测试两台计算机的连通性

ping 是个使用频率极高的实用程序,可用于确定本地主机是否能与另一台主机交换

（发送与接收）数据，从而判断网络的连通性。在 Windows 系统中利用 ping 命令测试网络连通性的基本步骤如下。

（1）在 IP 地址为 192.168.1.1 的计算机上，在传统桌面模式中右击左下角的"开始"图标，在弹出的菜单中选择 Windows PowerShell 命令，进入"Windows PowerShell"环境。

（2）在 Windows PowerShell 环境中输入 ping 127.0.0.1，测试本机 TCP/IPv4 的安装或运行是否正常。如果正常，则运行结果如图 2-34 所示。

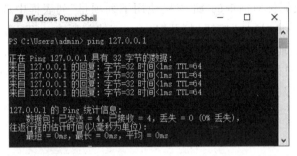

图 2-34　用 ping 命令测试本机 TCP/IPv4 的安装或运行是否正常

（3）在 Windows PowerShell 环境中输入 ping 192.168.1.2，测试本机与另一台计算机的连接是否正常。如果运行结果如图 2-35 所示，则表明连接正常；如果运行结果如图 2-36 所示，则表明连接可能有问题。

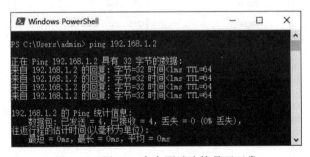

图 2-35　用 ping 命令测试连接是否正常

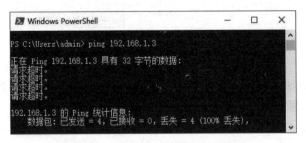

图 2-36　用 ping 命令测试超时错误

　　注意　ping 命令测试出现错误有多种可能，并不能确定是否为网络的连通性故障。当前很多安全软件包括操作系统自带的防火墙都有可能屏蔽 ping 命令，因此在利用 ping 命令进行连通性测试时需要关闭安全软件和防火墙，并对测试结果进行综合考虑。

【问题 4】　在你实现了双机互联后，_____(需要/不需要)在两台计算机上都要运行 ping 命令进行测试。用 ping 命令测试两台计算机连通性的结果为_____。

【问题 5】　若在 IP 地址为 192.168.1.1 的计算机上不连接双绞线跳线,则在"命令提示符"环境中输入 ping 127.0.0.1,运行结果为_____,在"命令提示符"环境中输入 ping 192.168.1.1,运行结果为_____,在"命令提示符"环境中输入 ping 192.168.1.2,运行结果为_____。

【任务拓展】

Windows PowerShell 与 Windows Command Prompt(命令提示符)是 Windows 操作系统提供的两个命令行界面,可帮助用户直接与操作系统进行交互。Windows Command Prompt 是基于 MS-DOS 操作系统的命令外壳,存在于 Windows NT 之后的各版本 Windows 系统中。Windows PowerShell 既是命令外壳,又是脚本语言,将 Windows Command Prompt 的功能与强大的脚本环境结合在一起,可以轻松地进行系统管理。在传统桌面模式中,右击左下角的"开始"图标,在弹出的菜单中选择"运行"命令,在打开的"运行"对话框中输入 cmd,可以进入"命令提示符"环境。请在"命令提示符"环境下运行 ping 命令,通过 Windows 帮助文件或 Internet,了解 Windows PowerShell 和 Windows Command Prompt 的功能。

任务 2.4　理解 TCP/IP

【任务目的】

(1) 理解 TCP/IP 模型的数据处理过程。
(2) 理解 TCP/IP 中常用协议的基本工作机制。

【任务导入】

TCP/IP 中的常用协议在网络模拟和建模工具 Cisco Packet Tracer 中都建有模型,Cisco Packet Tracer 的 Simulation 模式可以模拟各种数据包在网络中的传输过程及其如何被相关设备进行处理的详细信息。请利用 Cisco Packet Tracer 构建如图 2-37 所示的网络运行模型,其中客户机 PC0 与服务器 Server0 通过交叉线进行连接。客户机 PC0 的 IP 地址为 192.168.1.1,子网掩码为 255.255.255.0;服务器 Server0 的 IP 地址为 192.168.1.2,子网掩码为 255.255.255.0。请利用 Simulation 模式查看客户机 PC0 与服务器 Server0 之间数据包的详细处理过程,分析 TCP/IP 中常用协议的基本工作机制。

【工作环境与条件】

(1) 安装好 Windows 操作系统的 PC。
(2) 网络模拟和建模工具 Cisco Packet Tracer。

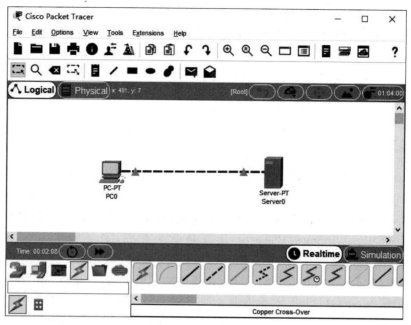

图 2-37　理解 TCP/IP 网络运行模型

【相关知识】

与 OSI 参考模型一样,TCP/IP 网络中的数据信息在源主机是从高层向低层按照每层的协议进行处理,直至变成物理信号以穿越网络到达目的主机,目的主机在收到信号后再从低层向高层按照相应的协议进行反向处理,最终得到数据信息。图 2-38 给出了 TCP/IP 的基本数据处理过程。

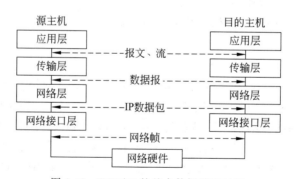

图 2-38　TCP/IP 的基本数据处理过程

TCP/IP 各层的主要协议如图 2-39 所示。由图可知,TCP/IP 的应用层有很多协议,网络接口层可以支持多种组网技术,而网络层和传输层的协议数量很少。这恰好表明 TCP/IP 可以适用于各种网络,并且能服务于各种网络应用,这也是 Internet 发展到今天这种规模的原因。表 2-4 给出了 TCP/IP 主要协议所提供的服务。

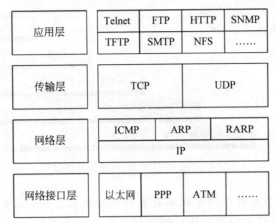

图 2-39　TCP/IP 模型的主要协议

表 2-4　TCP/IP 主要协议所提供的服务

协　议	提供的服务	相 应 层 次
IP	数据包服务	网络层
ICMP	差错和控制	网络层
ARP	IP 地址→物理地址	网络层
RARP	物理地址→IP 地址	网络层
TCP	可靠性服务	传输层
FTP	文件传送	应用层
Telnet	终端仿真	应用层

下面以使用 TCP 传送文件(如 FTP 应用程序)为例,说明 TCP/IP 模型的数据处理过程。

(1) 在源主机上,应用层将一串字节流传给传输层。

(2) 传输层将字节流分段,加上 TCP 自己的报头信息后交给网络层。

(3) 网络层将 TCP 报文装入 IP 数据包的数据部分,并加上包含源主机和目的主机的 IP 地址等信息的 IP 数据包头后交给网络接口层。

(4) 网络接口层若为以太网,则将 IP 数据包装入数据帧的数据部分,并加上包含源主机和目的主机的 MAC 地址等信息的数据帧头后发往目的主机或路由器。

(5) 在目的主机中,网络接口层检查并去掉数据帧头,得到 IP 数据包并送给网络层。

(6) 网络层检查并去掉 IP 数据包头,得到 TCP 报文并送给传输层。

(7) 传输层检查判断是否为正确的 TCP 报文,若无问题则向源主机发送确认信息,去掉 TCP 报头并将字节流传送给应用程序。

(8) 应用程序最终收到了源主机发来的字节流,与源主机应用程序发送的相同。

实际上在 TCP/IP 模型中,源主机发送数据时每向下一层,就会多加一个报头,如图 2-40 所示,上述基于 TCP/IP 的文件传输(FTP)应用在源主机发送数据时是一个从上向下增加报头的逐层封装过程,而当到达目的主机时则是一个从下向上去掉报头的解封装过程。

注意　从用户角度,可以认为 TCP/IP 提供了 Web 访问、电子邮件、文件传送、远程登

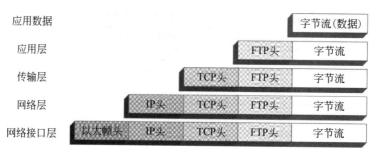

图 2-40   基于 TCP/IP 的逐层封装过程

录等应用程序,用户使用其可以很方便地获取相应网络服务;从程序员角度,TCP/IP 提供了无连接报文分组传输服务和面向连接的可靠数据流传输服务,程序员可以用它们来开发适合不同应用环境的应用程序;从网络设计和工程的角度看,TCP/IP 主要涉及寻址、路由选择和协议的具体实现等方面。

【任务实施】

实训 11   分析 TCP/IP 网络层协议

1. 捕获 ARP 和 ICMP 数据包

Cisco Packet Tracer 可以捕获流经网络的所有通信,在图 2-37 所示的网络运行模型中捕获 ARP 和 ICMP 数据包的基本操作步骤如下。

(1) 在实时/模拟转换栏中选择 Simulation 模式,在打开的 Simulation Panel 窗格中单击 Edit Filters 按钮,在 Packet Tracer 窗口中选择 ARP 和 ICMP 复选框。

(2) 打开 PC0 的 Command Prompt 窗口,在该窗口中输入命令 ping 192.168.1.2 -n 1,此时在 PC0 的图标上会出现相应的数据包图标。

注意   ping 命令是 ICMP 最常见的应用,主要用来测试网络的可达性。-n count 是指定要 ping 多少次,具体次数由 count 来指定,默认值为 4。

(3) 在 Simulation Panel 窗格中单击 Play 按钮,此时 Cisco Packet Tracer 将捕获在 PC0 上运行 ping 192.168.1.2 -n 1 命令过程中所产生的 ARP 与 ICMP 的数据包,相应的信息将显示在 Event List 列表中,如图 2-41 所示。

2. 分析 ARP 数据包

在以太网中,源主机在封装数据帧时必须知道目的主机的 MAC 地址。ARP(address resolution protocol,地址解析协议)的基本功能就是通过目标主机的 IP 地址查询其 MAC 地址,以保证以太网数据传输的顺利进行。在图 2-37 所示的网络运行模型中,若 PC0 要向 Server0 发送数据包,其地址解析的基本过程如下。

(1) PC0 查看自己的 ARP 缓存,确定其中是否包含 Server0 的 IP 地址对应的 ARP 表项。如果找到对应表项,则 PC0 直接利用表项中的 MAC 地址将 IP 数据包封装成数据帧,并将其发送给 Server0。

(2) 若 PC0 找不到对应表项,则暂时缓存该数据包,然后以广播方式发送 ARP 请求。

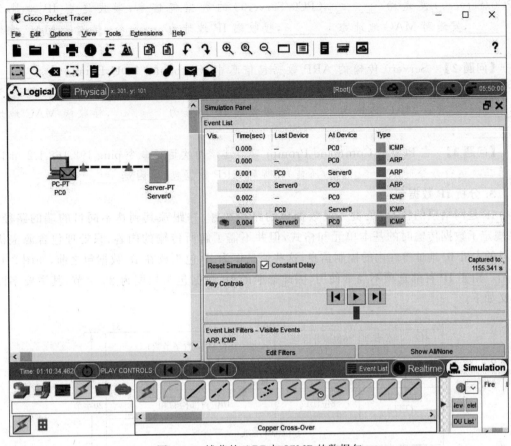

图 2-41　捕获的 ARP 与 ICMP 的数据包

请求报文中的发送端 IP 地址和发送端 MAC 地址为 PC0 的 IP 地址和 MAC 地址,目标 IP 地址为 Server0 的 IP 地址,目标 MAC 地址为全 1 的广播地址。

（3）网段内所有主机都会收到 PC0 的请求,Server0 比较自己的 IP 地址和所接收 ARP 请求报文的 IP 地址。由于两者相同,Server0 将 ARP 请求报文中的发送端（即 PC0）IP 地址与 MAC 地址存入自己的 ARP 缓存,并以单播方式向 PC0 发送 ARP 响应报文,其中包含了自己的 MAC 地址。

（4）PC0 收到 ARP 响应报文后,将 Server0 的 IP 地址与 MAC 地址的映射加入自己的 ARP 缓存,同时将 IP 数据包以该 MAC 地址进行封装并发送给 Server0。

　　注意　ARP 缓存中的表项分为动态表项和静态表项。动态表项通过 ARP 地址解析获得,如果在规定的老化时间内未被使用,则会被自动删除。静态表项可由管理员手工设置,不会老化,且其优先级高于动态表项。在 Windows 系统中可以使用 arp -a 命令查看 ARP 缓存中的表项,可以使用"arp -s IP 地址 MAC 地址"命令设置静态表项。

　　在 Event List 列表中双击 Last Device 为 PC0、At Device 为 Server0、Type 为 ARP 的事件。单击在服务器 Server0 图标上出现的数据包图标,可以打开在服务器上传输的相应 ARP 数据包信息。

　　【问题 1】　Server0 传输的 ARP 数据包信息中,Inbound PDU Details 是＿＿＿＿＿＿

（PC0/Server0）发送给_____（PC0/Server0）的数据包信息，其发送端 IP 地址为_____，发送端 MAC 地址为_____，接收端 IP 地址为_____，接收端 MAC 地址为_____。

【问题 2】 Server0 传输的 ARP 数据包信息中，Outbound PDU Details 是_____（PC0/Server0）发送给_____（PC0/Server0）的数据包信息，其发送端 IP 地址为_____，发送端 MAC 地址为_____，接收端 IP 地址为_____，接收端 MAC 地址为_____。

【问题 3】 在 PC0 的 Command Prompt 窗口连续两次运行命令 ping 192.168.1.2 -n 1。在第二次运行命令时_____（能/不能）捕捉到 ARP 数据包，原因是_____。

3. 分析 IP 数据包

IP 是网络层的核心，负责完成数据包的路径选择，并跟踪其到达不同目的端的路径。IP 规定了数据传输时的基本单元和格式，但并不需了解所传输的内容，只处理包含源主机和目的主机 IP 地址等在内的控制信息，这些信息作为 IP 包头放在 IP 数据包之前，如图 2-42 所示。由于 IP 首部选项不经常使用，因此普通的 IP 数据包头长度为 20 字节，其主要字段含义如下。

图 2-42　IP 数据包格式

- 版本：4 位，标识 IP 协议的版本。通信双方使用的 IP 协议版本必须一致。目前广泛使用的 IP 协议版本号为 4 或 6。
- 首部长度：4 位，标识 IP 数据包头的长度，IP 数据包头长度应为 4 字节的整倍数，否则需利用填充字段加以填充，最大为 60 字节。
- 服务类型：8 位，用于标识 IP 数据包期望获得的服务等级，常用于 QoS 中。
- 总长度：16 位，标识 IP 数据包的总长度，单位为字节。IP 数据包长度最大为 65535 字节。利用首部长度字段和总长度字段就可以知道 IP 数据包中数据的起始位置和长度。
- 标识：16 位，唯一地址标识。主机会在存储器中维持一个计数器，每产生一个 IP 数据包，计数器就会加 1，并将此值赋予标识字段。

- 标志：3 位，通常只有 2 位有意义。标志字段中的最低位记为 MF，MF＝1 表示后面还有分片，MF＝0 表示这已是若干分片中的最后一个。标志字段的中间位记为 DF，只有当 DF＝0 时才允许分片。
- 片偏移：13 位，较长的分组在分片后，某片在原分组中的相对位置。
- 生存时间：8 位，常用的英文缩写为 TTL(time to live)，该字段设置了数据包可以经过的路由器的数目。数据包每经过一个路由器，其 TTL 值会减 1，当 TTL 值为 0 时，该数据包将被丢弃。
- 协议：8 位，用于标识数据包内所传数据所属的上层协议，6 为 TCP 协议，17 为 UDP 协议。
- 首部校验和：16 位，该字段只检验 IP 数据包头，不包括数据部分。
- 源 IP 地址：32 位，数据包源主机的 IP 地址。
- 目的 IP 地址：32 位，数据包目的主机的 IP 地址。

4. 分析 ICMP 数据包

ICMP(Internet control message protocol，Internet 控制报文协议)运行在网络层，用于在主机、路由器等之间传送控制消息。ICMP 利用 IP 数据包来承载，常见的 ICMP 消息类型主要有以下几种。

- 目标不可达(destination unreachable，类型字段值为 3)：如果路由器不能再继续转发 IP 数据包，将使用 ICMP 向发送端发送消息，以通告这种情况。
- 回波请求(echo request，类型字段值 8)：由主机或路由器向特定主机发出的询问消息，以测试目的主机是否可达。
- 回波响应(echo reply，类型字段值 0)：收到回波请求的主机对发送端主机发送的响应消息。
- 重定向(redirect，类型字段值 5)：主机向路由器发送数据包，而此路由器知道相同网段上有其他路由器能够更快地传递该数据包，为了方便以后路由，路由器会向主机发送重定向信息，通知主机最优路由器的位置。
- 超时(time exceeded，类型字段值 11)：当 IP 数据包中的 TTL 字段减到 0 时，该数据包将被删除。删除该数据包的路由器会向发送端传送消息。
- 时间戳请求和时间戳应答(timestamp request，类型字段值 13/ timestamp reply，类型字段值 15)：发送端主机创建并发送一个含有源时间戳的 timestamp request 消息，接收端主机收到后创建一个含有源时间戳、接收端主机接收时间戳以及接收端主机传输时间戳的 timestamp reply 消息。当发送端主机收到 timestamp reply 消息时，可以通过时间戳估计网络传输 IP 数据包的效率。

在 Event List 列表中双击 Last Device 为 PC0、At Device 为 Server0、Type 为 ICMP 的事件。单击在服务器 Server0 图标上出现的数据包图标，可以打开在服务器上传输的相应 ICMP 数据包信息。

【问题 4】　Server0 传输的 ICMP 数据包信息中，Inbound PDU Details 是 _____ (PC0/Server0)发送给 _____ (PC0/Server0)的数据包信息，该 ICMP 数据包在网络层使用了 _____ 协议进行封装，在数据链路层使用了 _____ 协议进行封装。其 IP 首部选项中，发送端 IP 地址为 _____ ，接收端 IP 地址为 _____ ，版本号为 _____ ，生存时间为

_____，上层协议标识为_____。

【问题 5】 运行 ping 命令时，PC0 发送给 Server0 的 ICMP 消息类型为_____，
Server0 发送给 PC0 的 ICMP 消息类型为_____。请思考 ping 命令的基本运行过程。

【问题 6】 tracert 也是 ICMP 常见的应用，可以显示数据包从发送端到接收端所经过
的路由器信息及每个跃点所需的时间。如果数据包不能达到目标，tracert 命令将显示成功
转发数据包的最后一个路由器。请在 PC0 的 Command Prompt 窗口，运行 tracert 192.168.1.2
命令，捕捉 Server0 上传输的相应 ICMP 数据包信息。运行 tracert 命令时，PC0 发送给
Server0 的 ICMP 消息类型为_____、IP 数据包的生存时间为_____，Server0 发送给
PC0 的 ICMP 消息类型为_____、IP 数据包的生存时间为_____。如果 PC0 与
Server0 中间有一台路由器，则 PC0 发出的 ICMP 消息将传送到路由器，其 TTL 值将
_____，该数据包会被删除，路由器会回送给 PC0 类型为_____ ICMP 消息，根据该消
息 PC0 将得到其与 Server0 之间所经过的路由器的信息。请思考 tracert 命令的基本运行
过程。

实训 12 分析 TCP/IP 传输层和应用层协议

Cisco Packet Tracer 中的服务器可以提供 HTTP、FTP、DNS 等常用网络服务。请在
图 2-37 所示的网络运行模型中打开服务器 Server0 的配置窗口，在该窗口 Services 选项卡
的左侧窗格中单击 DNS 选项，在右侧窗格中将 DNS Service 设置为 On，并在 Name 文本框
中输入 www.abc.com，在 Address 对话框中输入 192.168.1.2，单击 Add 按钮，此时服务器
Server0 将开启 DNS 功能，并能将域名 www.abc.com 解析为 IP 地址 192.168.1.2。打开客
户机 PC0 的配置窗口，将 PC0 的 DNS 服务器设为 192.168.1.2。

1. 捕捉数据包

（1）在实时/模拟转换栏中选择 Simulation 模式，在打开的 Simulation Panel 窗格中单
击 Edit Filters 按钮，在 Packet Tracer 窗口中选择 DNS、TCP 和 HTTP 复选框。

（2）打开 PC0 的 Web Browser 窗口，在浏览器中输入 http://www.abc.com，此时在
PC0 的图标上会出现相应的数据包图标。

（3）在 Simulation Panel 窗格中单击 Play 按钮，此时 Cisco Packet Tracer 将捕获在
PC0 上通过域名访问服务器 Server0 上运行的 Web 服务器所产生的 DNS、TCP 和 HTTP
的数据包。相应的信息将显示在 Event List 列表中，如图 2-43 所示。

2. 分析 DNS 和 UDP

（1）传输层端口。传输层的主要功能是提供进程通信能力，所谓进程可以简单理解为
程序的执行过程。要实现进程间的数据通信，网络通信地址不仅要包括识别主机的 IP 地址
和 MAC 地址，还要包括可描述进程的某种标识。TCP/IP 提出了端口（port）的概念，用于
标识需要通信的进程。端口是操作系统的一种可分配资源，应用程序（调入内存运行后称为
进程）通过系统调用与某端口建立连接（绑定）后，传输层传给该端口的数据都会被相应的进
程所接收，相应进程发给传输层的数据也会都从该端口输出。在 TCP/IP 的实现中，端口操
作类似于一般的 I/O 操作，进程获取一个端口，相当于获取本地唯一的 I/O 文件。每个端
口都拥有一个叫端口号的整数描述符（端口号为 16 位二进制数，十进制为 0～65535），用来

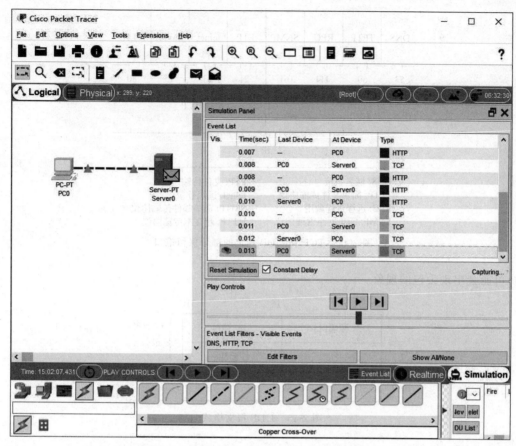

图 2-43 捕获的 DNS、TCP 和 HTTP 的数据包

区别不同的端口。由于 TCP/IP 传输层的 TCP 和 UDP 两个协议是完全独立的软件模块，因此其各自的端口号也相互独立。如 TCP 有一个 255 号端口，UDP 也可以有一个 255 号端口，两者并不冲突。

端口有两种基本分配方式：一种是全局分配，由公认权威的中央机构根据用户需要进行统一分配，并将结果公布于众；另一种是本地分配，又称动态连接，即进程需要访问传输层服务时，向本地操作系统提出申请，操作系统返回本地唯一的端口号，进程再通过合适的系统调用，将自己和该端口连接起来。TCP/IP 端口的分配综合了以上两种方式：少量的作为保留端口，以全局方式分配给服务进程，每一个标准服务都拥有一个全局公认端口，即使在不同的服务器上其端口号也相同；剩余的为自由端口，采用本地分配。TCP 和 UDP 规定 0 到 1023 端口为保留端口，图 2-44 给出了 TCP 和 UDP 规定的部分保留端口。

（2）UDP。UDP 是面向无连接的通信协议，主要面向交互型应用。按照 UDP 协议处理的报文包括 UDP 报头和高层用户数据两部分，其格式如图 2-45 所示。UDP 报头只包含 4 个字段：源端口、目的端口、长度和 UDP 校验和。源端口用于标识源进程的端口号，目的端口用于标识目的进程的端口号，长度字段标识了 UDP 报头和数据的长度，校验和字段用来防止 UDP 报文在传输中出错。由于 UDP 通信不需要连接，所以可以实现广播发送。UDP 无复杂的流量控制和差错控制，简单高效，但其不需要接收方确认，属于不可靠的传

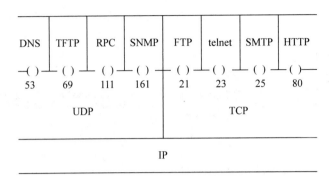

DNS: 域名系统　　　　　　　　FTP: 文件传输协议
TFTP: 简单文件传输协议　　　　telnet: 远程登录
RPC: 远程进程调用　　　　　　SMTP: 简单邮件传输协议
SNMP: 简单网络管理协议　　　　HTTP: 超文本传输协议

图 2-44　TCP 和 UDP 规定的部分保留端口

输,可能会出现丢包的现象。

图 2-45　UDP 报文格式

(3) DNS。域名是与 IP 地址相对应的一串容易记忆的字符,由若干个从 a 到 z 的 26 个英文字母及 0 到 9 的 10 个阿拉伯数字及"."等符号构成,并按一定的层次和逻辑排列。TCP/IP 的域名系统(DNS)提供了一整套域名管理的方法。域名系统的一项主要工作就是把主机的域名转换成相应的 IP 地址,这被称为域名解析,它包括正向查找(从域名到 IP 地址)和反向查找(从 IP 地址到域名)。域名解析是由一组域名服务器(DNS 服务器)完成的,域名服务器实际上是一个运行在指定计算机上的服务器软件。

在 Cisco Packet Tracer 的 Event List 列表中,双击 Last Device 为 PC0,At Device 为 Server0,Type 为 DNS 的事件,单击在服务器 Server0 图标上出现的数据包图标,可以打开在服务器上传输的相应 DNS 数据信息。

【问题 7】　DNS 数据在应用层使用了_____协议进行封装,在传输层使用了_____协议进行封装,在网络层使用了_____协议进行封装,在数据链路层使用了_____协议进行封装。

【问题 8】　Server0 传输的 DNS 数据信息中,Inbound PDU Details 是_____(PC0/Server0)发送给_____(PC0/Server0)的数据包信息。其传输层协议首部选项中,源端口为_____,目的端口为_____。

【问题 9】　PC0 解析域名 www.abc.com 的基本过程为_____。

3. 分析 TCP 和 HTTP

(1) TCP。TCP 是为了在主机间实现高可靠性的数据交换的传输协议,它是面向连接的端到端的可靠协议,支持多种网络应用程序。TCP 的下层是 IP,TCP 可以根据 IP 提供的服务传送大小不定的数据,IP 负责对数据进行分段、重组,在多种网络中传送。

① TCP 报文格式。TCP 报文包括 TCP 报头和高层用户数据两部分,其格式如图 2-46 所示。

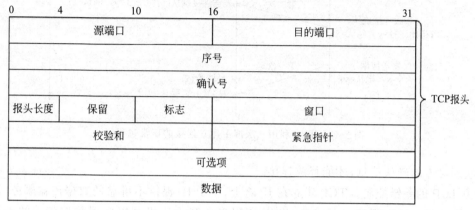

图 2-46 TCP 报文格式

各字段含义如下。

- 源端口:标识源进程的端口号。
- 目的端口:标识目的进程的端口号。
- 序号:发送报文包含的数据的第一个字节的序号。
- 确认号:接收方期望下一次接收的报文中数据的第一个字节的序号。
- 报头长度:TCP 报头的长度。
- 保留:保留为今后使用,目前置 0。
- 标志:用来在 TCP 双方间转发控制信息,包含 URG、ACK、PSH、RST、SYN 和 FIN 位。
- 窗口:用来控制发方发送的数据量,单位为字节。
- 校验和:TCP 计算报头、报文数据和伪头部(同 UDP)的校验和。
- 紧急指针:指出报文中的紧急数据的最后一个字节的序号。
- 可选项:TCP 只规定了一种选项,即最大报文长度。

② TCP 连接的建立和释放。TCP 是面向连接的协议,在数据传送之前需要先建立连接。为确保连接建立和释放的可靠性。TCP 使用了三次握手的方法,所谓三次握手就是在连接建立和释放过程中,通信双方需要交换三个报文。图 2-47 显示了 TCP 利用三次握手建立连接的正常过程。

在三次握手的第一次握手中,主机 A 向主机 B 发出连接请求,其中包含主机 A 选择的初始序列号 x;在第二次握手中,主机 B 收到请求,发回连接确认,其中包含主机 B 选择的初始序列号 y,以及主机 B 对主机 A 初始序列号 x 的确认;在第三次握手中,主机 A 向主机 B 发送数据,其中包含对主机 B 初始序列号 y 的确认。

在 TCP 中,连接的双方都可以发起释放连接的操作。为了保证在释放连接之前所有的数据都可靠地到达目的地,一方发出释放请求后并不立即释放连接,而是等待对方确认,

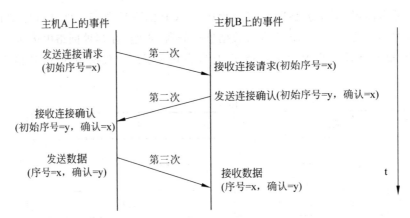

图 2-47　TCP 利用三次握手建立连接的正常过程

只有收到对方的确认信息,才能释放连接。

③ TCP 的差错控制。TCP 建立在 IP 之上,由于 IP 提供不可靠的数据传输服务,因此数据的出错甚至丢失可能经常发生,TCP 使用确认和重传机制以实现数据传输的差错控制。在 TCP 的差错控制中,如果接收方的 TCP 正确的收到一个数据报文,它要回发确认信息给发送方;若检测到错误,则丢弃该报文。发送方在发送数据时需要启动定时器,若在定时器到时前没有收到确认信息(可能因为数据出错或丢失),则发送方将重新发送数据。

④ TCP 的流量控制。TCP 使用窗口机制进行流量控制。当一个连接建立时,连接的每一端会分配一块缓冲区来存储接收到的数据。当接收方正确收到数据报文后,回发的每个确认信息中都会包含剩余的缓冲区大小,通常将其称为窗口通告。发送方可以根据窗口通告调整自己的传输流量,以避免其所发送的数据溢出接收方的缓冲空间。

(2) HTTP。目前主要的网站都会包含图像、文本、链接等,HTTP 主要用于管理 Web 浏览器和 Web 服务器之间的通信。

在 Cisco Packet Tracer 的 Event List 列表中,分别双击 HTTP 事件发生之前的 Last Device 为 PC0,At Device 为 Server0、Type 为 TCP 的事件,以及 Last Device 为 Server0、At Device 为 PC0、Type 为 TCP 的事件,单击相应的数据包图标,打开在客户机和服务器上传输的相应 TCP 数据信息。

【问题 10】　Server0 传输的 TCP 数据包信息中,Inbound PDU Details 是_____(PC0/Server0)发送给_____(PC0/Server0)的数据包信息,其传输层协议首部选项中,源端口为_____,目的端口为_____,序号为_____,确认号为_____,标志为_____。

【问题 11】　Server0 传输的 TCP 数据包信息中,Outbound PDU Details 是_____(PC0/Server0)发送给_____(PC0/Server0)的数据包信息,其传输层协议首部选项中,源端口为_____,目的端口为_____,序号为_____,确认号为_____,标志为_____。

【问题 12】　PC0 传输的 TCP 数据包信息中,Outbound PDU Details 是_____(PC0/Server0)发送给_____(PC0/Server0)的数据包信息,其传输层协议首部选项中,源端口为_____,目的端口为_____,序号为_____,确认号为_____,标志为_____。

【问题 13】　简述 PC0 和 Server0 之间建立 TCP 连接的基本过程。

在 Cisco Packet Tracer 的 Event List 列表中,双击 Last Device 为 PC0,At Device 为

Server0,Type 为 HTTP 的事件,单击相应的数据包图标,打开在服务器上传输的相应 HTTP 数据信息。

【问题 14】　HTTP 数据在应用层使用了_____协议进行封装,在传输层使用了_____协议进行封装,在网络层使用了_____协议进行封装,在数据链路层使用了_____协议进行封装。

【问题 15】　简述当 PC0 通过域名 www.abc.com 访问运行在 Server0 的 Web 服务器时,DNS、UDP、HTTP 与 TCP 等协议是如何协同工作的。

【任务拓展】

本任务只对 TCP/IP 中的部分常用协议进行了简单的分析,请利用 Internet 查阅相关资料,通过 Cisco Packet Tracer 或在计算机上运行数据包抓包与分析工具,对 TCP/IP 中其他常用协议进行分析,更好地理解 TCP/IP 的工作过程。

习　题　2

1. 简述 OSI 参考模型各层的基本功能。
2. 简述 IEEE 802 标准所描述的局域网参考模型与 OSI 参考模型的关系。
3. 什么是介质访问控制? 简述以太网的 CSMA/CD 的工作机制。
4. 什么是 MAC 地址?
5. 简述屏蔽双绞线与非屏蔽双绞线的主要差别。
6. 简述 5e 类、6 类、6A 类双绞线电缆的主要差别。
7. 简述单模光纤和多模光纤的差别。
8. 简述直通线和交叉线在制作和应用上的差别。
9. 简述 TCP/IP 模型与 OSI 参考模型的关系。
10. 简述 TCP/IP 各层的基本功能。
11. 在 Windows 系统中,网络组件分为哪些类型?
12. TCP/IP 模型的网络层主要有哪些协议?
13. 什么是 ARP? 简述该协议的作用。
14. ICMP 消息类型主要有哪几种?
15. 简述 TCP/IP 传输层协议 TCP 和 UDP 的主要特点。
16. 实现双机互联。

内容及操作要求:在两台 PC 上分别安装 Windows 10 或其他版本 Windows 操作系统,使两台 PC 都工作在工作组 Students 中。使用双绞线跳线实现这两台 PC 的互联,并使用 ping 命令测试两台 PC 之间的连通性。

准备工作:两台未安装操作系统的 PC,1 张 Windows 10 或其他版本 Windows 操作系统的安装光盘,3~5m 长的双绞线,RJ-45 连接器 2~4 个,RJ-45 压线钳,尖嘴钳,简易线缆测试仪。

考核时限:60min。

工作单元3 使用交换机组建小型局域网

以太网是目前占主导地位的局域网组网技术。早期的以太网使用总线型拓扑结构和以集线器为中心的星形拓扑结构,数据以广播方式发出会产生冲突。以太网交换机的广泛应用使以太网克服了冲突域的限制,以交换机为中心的星形或树形拓扑结构已成为以太网的基本结构。本单元的主要目标是熟悉常见的局域网组网技术,能够利用交换机组建小型局域网,了解二层交换机的基本配置和利用二层交换机划分 VLAN 的基本方法。

任务 3.1 选择局域网组网技术

【任务目的】

(1) 了解传统以太网组网技术。

(2) 熟悉快速以太网组网技术。

(3) 熟悉千兆位以太网组网技术。

(4) 了解万兆位以太网组网技术。

(5) 理解局域网的分层设计方法。

【任务导入】

以太网有多种标准,不同标准以太网的传输速度、设备部件、应用场景等各不相同。在规划和设计局域网时,组网技术的选择与网络规模和功能要求息息相关,对于大中型局域网通常会采用分层设计方法。图 3-1 给出了某公司总部办公网络的拓扑结构图,请分析该网络应采用什么样的设计思路和组网技术。另外,请根据实际条件,考察局域网典型工程案例,分析其所使用的组网技术,理解选择局域网组网技术的一般方法。

【工作环境与条件】

(1) 能正常运行的计算机网络实验室或机房。

(2) 能够接入 Internet 的 PC。

(3) 典型校园网或企业网的组网案例。

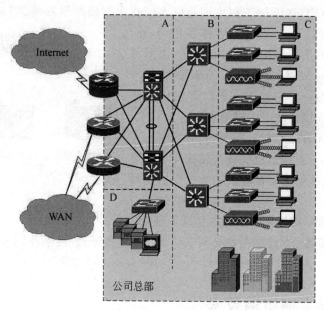

图 3-1　某公司总部办公网络拓扑结构图

【相关知识】

3.1.1　传统以太网组网技术

　　传统以太网技术是早期局域网广泛采用的组网技术，可以提供 10Mb/s 的传输速度。传统以太网存在多种组网方式，曾经广泛使用的有 10Base-5、10Base-2、10Base-T 和 10Base-F 等，它们的 MAC 子层和物理层中的编码/译码模块均相同，而物理层中的收发器及传输介质的连接方式有所不同。表 3-1 比较了传统以太网组网技术的物理性能。

表 3-1　传统以太网组网技术物理性能的比较

技术或设备	10Base-5	10Base-2	10Base-T	10Base-F
收发器	外置设备	内置芯片	内置芯片	内置芯片
传输介质	粗缆	细缆	3、5 类 UTP	单模或多模光缆
最长媒体段	500m	185m	100m	500m、1km 或 2km
拓扑结构	总线型	总线型	星形	星形
中继器/集线器	中继器	中继器	集线器	集线器
最大跨距/媒体段数	2.5km/5	925m/5	500m/5	4km/2
连接器	AUI	BNC	RJ-45	ST

　　注意　各种以太网技术在 IEEE 802.3 中都有相应的标准，如 10Base-T 对应 IEEE 802.3i 标准、100Base-TX 对应 IEEE 802.3u 标准、1000Base-T 对应 IEEE 802.3ab 标准等。习惯上一般会用 10Base-T 这种表示标准概要的别名来称呼它们。

在传统以太网中,10Base-T 以太网是以太网技术发展的里程碑,它采用了星形拓扑结构,是快速以太网、千兆位以太网等的基础。10Base-T 以太网的拓扑结构如图 3-2 所示,由图可知组建一个 10Base-T 以太网需要以下设备部件。

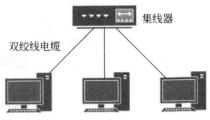

集线器

双绞线电缆

图 3-2   10Base-T 以太网

- 网卡:10Base-T 以太网中的计算机应安装带有 RJ-45 接口的以太网网卡。
- 集线器(HUB):10Base-T 以太网的中心连接设备,各节点通过双绞线与集线器实现星形连接,集线器会将接收到的数据广播到每一个接口。
- 双绞线电缆:可选用 3 类或 5 类非屏蔽双绞线。
- RJ-45 连接器:双绞线两端必须安装 RJ-45 连接器,以便插在网卡和集线器的 RJ-45 接口上。

3.1.2   快速以太网组网技术

快速以太网(fast Ethernet)的数据传输率为 100Mb/s,它保留着传统以太网的所有特征,即相同的帧格式、介质访问控制方法 CSMA/CD 和组网方法,不同之处只是把每个比特发送时间由 100ns 降低到 10ns。快速以太网可支持多种传输介质。表 3-2 对快速以太网的各种标准进行了比较。

表 3-2   快速以太网的各种标准的比较

类别	100Base-TX	100Base-T2	100Base-T4	100Base-FX
使用电缆	5 类 UTP 或 STP	3/5 类 UTP	3/5 类 UTP	单模或多模光缆
要求的线对数	2	2	4	2
发送线对数	1	1	3	1
距离/m	100	100	100	150/412/2000
全双工能力	有	有	无	有

在快速以太网中,100Base-TX 继承了 10Base-T 的 5 类非屏蔽双绞线的环境,在布线不变的情况下,只要将 10Base-T 设备更换成 100Base-TX 设备即可形成一个 100Mb/s 的以太网系统;同样 100Base-FX 继承了 10Base-F 的布线环境,使其可直接升级成 100Mb/s 的光纤以太网系统;对于较旧的一些只采用 3 类非屏蔽双绞线的布线环境,可采用 100Base-T4 和 100Base-T2 来实现升级。

注意   100Base-TX 与 100Base-FX 是使用更为普遍的快速以太网组网技术。

3.1.3   千兆位以太网组网技术

随着多媒体通信技术的应用,人们对网络带宽提出了更高的要求,千兆位以太网就是在这种背景下产生的。千兆位以太网使用与传统以太网相同的帧格式,因此可以对原有以太

网进行平滑的升级。千兆位以太网也可支持多种传输介质,常用的标准主要有:

1. 1000Base-CX

1000Base-CX 采用的传输介质是一种短距离屏蔽铜缆,最远传输距离为 25m。这种屏蔽铜缆不是标准的 STP,而是一种特殊规格的、带屏蔽的双绞线,它的特性阻抗为 150Ω,传输速率最高达 1.25Gb/s,传输效率为 80%。1000Base-CX 的短距离屏蔽铜缆适用于交换机之间的短距离连接,以及千兆主干交换机与主服务器的短距离连接,通常这种连接在机房的配线架柜上以跨线方式即可实现,不必使用长距离的铜缆或光缆。

2. 1000Base-LX

1000Base-LX 是一种在收发器上使用长波激光(LWL)作为信号源的媒体技术。这种收发器上配置了激光波长为 1270～1355nm(一般为 1300nm)的光纤激光传输器,可以驱动多模光纤。也可驱动单模光纤。1000Base-LX 使用的光纤规格有 62.5μm 和 50μm 的多模光纤,以及 9μm 的单模光纤。连接光缆时使用 SC 型光纤连接器,与快速以太网中 100Base-FX 使用的型号相同。对于多模光缆,在全双工模式下 1000Base-LX 的最远传输距离为 550m;对于单模光缆,在全双工模式下 1000Base-LX 的最远传输距离为 5km。

3. 1000Base-SX

1000Base-SX 是一种在收发器上使用短波激光(SWL)作为信号源的媒体技术,这种收发器上配置了激光波长为 770～860nm(一般为 800nm)的光纤激光传输器,它不支持单模光纤,仅支持 62.5μm 和 50μm 两种多模光纤,连接光缆时也使用 SC 型光纤连接器。对于 62.5μm 的多模光纤,在全双工模式下 1000Base-SX 的最远传输距离为 275m;对于 50μm 多模光缆,在全双工模式下 1000Base-SX 的最远传输距离为 550m。

4. 1000Base-T4

1000Base-T4 是一种使用 5 类 UTP 的千兆位以太网技术,最远传输距离与 100Base-TX 一样为 100m。与 1000Base-LX、1000Base-SX 和 1000Base-CX 不同,1000Base-T4 不支持 8B/10B 编码/译码方案,需要采用专门的更加先进的编码/译码机制。1000Base-T4 采用 4 对 5 类双绞线完成 1000Mb/s 的数据传送,每一对双绞线传送 250Mb/s 的数据流。

5. 1000Base-TX

1000Base-TX 基于 6 类双绞线电缆,以 2 对线发送数据,2 对线接收数据(类似于 100Base-TX)。由于每对线缆本身不进行双向的传输,线缆之间的串扰就大大降低了,同时其编码方式也相对简单。这种技术对网络接口的要求比较低,不需要非常复杂的电路设计,可以降低网络接口的成本。

3.1.4　万兆位以太网组网技术

万兆位以太网保留了与传统以太网相同的帧格式,通过不同的编码方式或波分复用提供了 10Gb/s 的传输速度。万兆位以太网不仅再度扩展了以太网的带宽和传输距离,而且使得以太网开始从局域网领域向城域网领域渗透。同以前的以太网标准相比,万兆位以太网有了很多不同之处,主要表现如下。

- 万兆位以太网可以提供广域网接口,可以直接在 SDH 等传输网上传送,这也意味着以太网技术将可以提供端到端的全程连接。

- 万兆位以太网的 MAC 子层只能以全双工方式工作，不再使用 CSMA/CD 的机制，只支持点对点全双工的数据传送。
- 万兆位以太网采用 64/66B 的线路编码，不再使用以前的 8/10B 编码，因为 8/10B 的编码开销达到 25%。如果仍采用这种编码，编码后传送速率要达到 12.5Gb/s，改为 64/66B 后，编码后数据速率只需 10.3125Gb/s。
- 万兆位以太网主要采用光纤作为传输介质，传送距离大大增加。

目前已经制定的万兆位以太网主要标准如表 3-3 所示。

表 3-3　万兆位以太网的主要标准

标　　准	传输介质	传输距离	应用领域
10GBase-SR	850nm 多模光纤	300m	局域网
10GBase-LR	1310nm 单模光纤	10 km	
10GBase-ER	1550nm 单模光纤	40 km	
10GBase-ZR	1550nm 单模光纤	80 km	
10GBase-LRM	1310nm 多模光纤	260m	
10GBase-LX4	1300nm 多模光纤	300m	
10GBase-LX4	1300nm 单模光纤	10km	
10GBase-CX4	4 根 Twinax 线缆	15m	
10GBase-T	6 类双绞线	55m	
10GBase-T	6A 类双绞线	100m	
10GBase-KX4	铜线（并行接口）	1m	背板以太网
10GBase-KR	铜线（串行接口）	1m	
10GBase-SW	850nm 多模光纤	300m	广域网
10GBase-LW	1310nm 单模光纤	10 km	
10GBase-EW	1550nm 单模光纤	40 km	
10GBase-ZW	1550nm 单模光纤	80 km	

3.1.5　局域网的分层设计

1. 分层网络模型

与其他网络设计相比较，分层设计网络更容易管理和扩展，排除故障也更迅速。分层网络设计需要将网络分成互相分离的层，每层提供特定的功能，这些功能界定了该层在整个网络中扮演的角色。通过对网络的各种功能进行分离，可以实现模块化的网络设计，这样有利于增加网络的可扩展性，提升性能。典型的分层网络模型将网络分为接入层、汇聚层和核心层 3 个层次，如图 3-3 所示。

- 接入层：主要包含交换机、无线访问接入点、宽带路由器、网桥和集线器等设备，负责连接终端设备（如 PC、智能手机等）。接入层主要为终端设备提供一种连接到网络，并控制其与网络上其他设备进行通信的方法。
- 汇聚层：负责汇聚接入层设备发送的数据，再将其传输到核心层，以发送到最终目

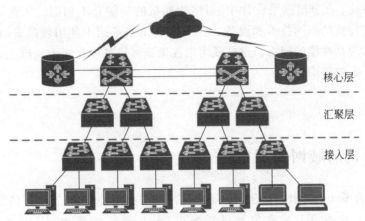

图 3-3 分层网络模型

的地。汇聚层可以使用相关策略控制网络的数据流。为确保可靠性,汇聚层设备通常会采用高性能、高可用性和具有高级冗余功能的交换机。

- 核心层:负责汇聚所有汇聚层设备发送的流量,也会包含一条或多条连接到企业边缘设备的链路,以接入广域网和 Internet。核心层是整个网络的高速主干,必须能够快速转发大量的数据,并具备高可用性和高冗余性。

注意 在小型局域网的设计中通常也会采用紧缩核心模型。紧缩核心模型可根据实际网络规模将核心层和汇聚层合二为一,或只保留一层。

2. 分层网络设计的优点

采用分层网络设计主要有以下优点。

- 可扩展性:模块化的设计使分层网络很容易计划和实施网络扩展。例如,如果设计模型为每 10 台接入层交换机配备 2 台汇聚层交换机,则只有当网络中添加的接入层交换机达到 10 台时,才需要向网络中添加新的汇聚层交换机。
- 冗余性:随着网络规模的不断扩大,网络的可用性变得越来越重要。利用分层网络可以方便地实现冗余,从而大幅提高可用性。例如,每台接入层交换机可连接到两台不同的汇聚层交换机上,每台汇聚层交换机也可以同时连接到两台或多台核心层交换机上,借以确保路径的冗余性。在分层网络设计中,唯一存在冗余问题的是接入层,如果接入层交换机出现故障,则连接到该交换机上的所有设备都会受到影响。
- 高性能:分层设计方法可以有效地将整个网络的通信问题进行分解,实现网络带宽的合理规划和分配。通过在各层之间采用链路聚合技术并采用高性能的核心层和汇聚层交换机可以使整个网络接近线速运行。
- 安全性:分层网络设计可以提高网络的安全性。例如,接入层交换机有各种接口安全选项可供配置,通过这些选项可以控制允许哪些设备连接到网络。在汇聚层可以灵活地选用更高级的安全策略,用来定义在网络上可以部署的通信协议以及允许传送的流量。
- 易于管理性:分层设计的每一层都执行特定的功能,并且整层执行的功能都相同。例如,如果更改了接入层某交换机的功能,则可在该网络中的所有接入层交换机上重复此更改,从而可以实现快速配置并使故障排除得以简化。

- 高性价比：在分层网络设计中，每层交换机的功能并不相同。因此，可以在接入层选择较便宜的组网技术和设备，而在汇聚层和核心层上使用较昂贵的组网技术和设备来实现高性能的网络。这样就可以在保证网络整体性能的基础上，将网络成本控制在一定的范围内。

【任务实施】

实训1　分析局域网典型案例

请认真分析图 3-1 给出的某公司总部办公网络拓扑结构图，回答以下问题。

【问题 1】　在图 3-1 所示的网络结构中，A 是分层结构的 _____ 层部分，B 是 _____ 层部分，C 是 _____ 层部分。数据包过滤、协议转换应在 _____（A/B/C）完成，_____（A/B/C）提供高速骨干线路，MAC 层过滤和 IP 地址绑定应在 _____（A/B/C）完成。

【问题 2】　在图 3-1 所示的网络采用的基本拓扑结构为 _____，其核心层采用了两台核心交换机，主要目的是 _____。

【问题 3】　在图 3-1 所示的网络中，如果用户的需求是百兆到桌面，本着获得最佳性价比的原则，则该网络的接入层通常应选择的组网技术为 _____（备选答案：A.100Base-T2　B.100Base-TX　C.10Base-T　D.1000Base-SX），该网络的接入层应使用的传输介质为 _____（备选答案：A.宽带同轴电缆　B.非屏蔽双绞线　C.多模光纤　D.单模光纤）。

【问题 4】　下面给出了 4 种不同类型的交换机的基本性能指标。在图 3-1 中，A 部分应采用 _____ 类型交换机，B 部分应采用 _____ 类型交换机，C 部分应采用 _____ 类型交换机，D 部分应采用 _____ 类型交换机。

A. 12 个固定千兆 RJ-45 接口，背板带宽 24Gbps，包转发率 18Mpps

B. 24 个千兆 SFP，背板带宽 192Gbps，包转发率 150Mpps

C. 模块化交换机，8 个业务插槽，支持电源冗余，背板带宽 1.8Tbps，包转发率 300Mpps

D. 24 个固定百兆 RJ-45 接口，1 个 GBIC 插槽，包转发率 7.6Mpps

实训2　参观局域网

请根据实际条件，考察局域网典型工程案例，根据所学的知识，分析其所使用的局域网组网技术，简要回答以下问题：

【问题 5】　你所参观的局域网是 _____。

【问题 6】　该网络中 _____（是/不是）采用了分层设计方法。该网络核心层采用的组网技术是 _____，使用的传输介质是 _____；该网络汇聚层采用的组网技术是 _____，使用的传输介质是 _____；该网络接入层采用的组网技术是 _____，使用的传输介质是 _____。

【问题 7】　请画出该网络的拓扑结构图，并列出该网络所使用的硬件清单。

【任务拓展】

根据实际条件,阅读校园网或企业网的设计方案,了解典型局域网设计方案的主要内容和书写方法。

任务 3.2　利用二层交换机连接网络

【任务目的】

(1) 了解交换机的类型和选购方法。

(2) 掌握使用二层交换机连接网络的方法。

【任务导入】

交换机是企业内部网络各个层次的核心设备。由于不同层次的功能需求和组网技术不同,其对交换机的性能要求也不相同。目前市场上交换机的类型很多,请了解主流网络设备厂商所生产的交换机产品,能够根据不同网络需求正确选择交换机产品,并利用交换机实现网络的连接和连通性测试。

【工作环境与条件】

(1) 交换机(本部分以 Cisco 系列产品为例,也可选用其他品牌型号的产品或使用 Cisco Packet Tracer 等网络模拟和建模工具)。

(2) 双绞线、RJ-45 压线钳及 RJ-45 连接器若干。

(3) 安装 Windows 操作系统的 PC。

【相关知识】

3.2.1　交换机的分类

计算机网络使用的交换机分为广域网交换机和局域网交换机两种。广域网交换机主要用于电信领域,提供数据通信的基础平台。局域网交换机用于将个人计算机、共享设备和服务器等网络应用设备连接成用户计算机局域网。局域网交换机可按以下方法进行分类。

1. 按照网络类型分类

按照支持的网络类型,局域网交换机可以分为以太网交换机、快速以太网交换机、千兆位以太网交换机和万兆位以太网交换机等。

注意　为适应分层网络的需要,很多局域网交换机会支持多种不同网络类型的接口。

2. 按照应用规模分类

按照应用规模,可将局域网交换机分为桌面交换机、工作组级交换机、部门级交换机和企业级交换机。

（1）桌面交换机。桌面交换机价格便宜，只具备最基本的交换机特性，支持的接口数量也比较少，被广泛用于家庭、一般办公室和小型机房等小型网络环境。

注意 桌面交换机通常不符合 19 英寸标准尺寸，不能安装于 19 英寸标准机柜。

（2）工作组级交换机。工作组级交换机主要用于局域网的接入层。与桌面交换机相比，工作组级交换机符合 19 英寸标准尺寸，配有数量较多的网络接口，具有一定的网络安全和管理能力，更适合于大中型企业网络环境。

（3）部门级交换机。部门级交换机比工作组级交换机具有更强的数据交换和管理能力，通常可作为小型局域网的核心交换机，或用于大中型局域网的汇聚层。低端的部门级交换机通常提供 8~16 个接口，高端的部门级交换机可以提供 48 个或更多的接口。

（4）企业级交换机。企业级交换机是功能最强的交换机，在大中型局域网中作为骨干设备使用，提供高速、高效、稳定和可靠的中心交换服务。企业级交换机除了支持冗余电源供电外，还支持许多不同类型的功能模块，并拥有强大的数据交换能力。用户选择企业级交换机时，可以根据需要选择万兆位以太网光纤通信模块、万兆位以太网双绞线通信模块和路由模块等。企业级交换机通常还有非常强大的管理功能，但其价格也比较昂贵。

3. 按照设备结构分类

按照设备结构特点，局域网交换机可分为机架式交换机、带扩展槽固定配置式交换机、不带扩展槽固定配置式交换机和可堆叠交换机等类型。

（1）机架式交换机。机架式交换机是一种插槽式的交换机，用户可以根据需求，选购不同的模块插入插槽中。这种交换机功能强大，扩展性较好，可支持不同的网络类型。像企业级交换机这样的高端产品大多采用机架式结构。机架式交换机使用灵活，但价格比较昂贵。

（2）带扩展槽固定配置式交换机。带扩展槽固定配置式交换机是一种配置固定接口并带有少量扩展槽的交换机。这种交换机可以通过在扩展槽插入相应模块来扩展网络功能，为用户提供了一定的灵活性，其价格相对适中。

（3）不带扩展槽固定配置式交换机。不带扩展槽固定配置式交换机仅支持单一的网络功能，产品价格便宜，在局域网的接入层中被广泛使用。

（4）可堆叠交换机。可堆叠交换机通常是指在固定配置式交换机上扩展了堆叠功能的设备。具备可堆叠功能的交换机可以像普通交换机那样按常规使用，当需要扩展接入时，可通过各自专门的堆叠端口，将若干台同样的物理设备"串联"起来作为一台逻辑设备使用。

4. 按照网络体系结构层次分类

按照网络体系的分层结构，交换机可以分为二层交换机、三层交换机、四层交换机和七层交换机。这里的层指的是 OSI 参考模型中的层，表示交换机是根据哪一层的信息去转发数据的。二层交换机是指工作于数据链路层的交换机，可以根据数据帧的相关信息（如以太网的 MAC 地址）进行数据帧的转发。三层交换机是工作于网络层的交换机，可以根据 IP 数据包的相关信息（如 IP 地址）进行数据包的转发。当然，由于不同层次交换机转发数据的依据不同，其具体能够实现的网络功能、系统配置及价格成本也各不相同。

注意 交换机常用的分类方法还有：按照可管理性，将交换机分为可网管交换机和不可网管交换机；按照在分层网络设计中的应用，将交换机分为核心层交换机、汇聚层交换机和接入层交换机。

3.2.2　交换机的选择

1. 交换机的技术指标

交换机的技术指标较多,全面反映了交换机的技术性能和功能,是选择产品时参考的重要数据依据。选择交换机产品时,应主要考察以下内容。

(1)系统配置情况。主要考察交换机所支持的最大硬件配置指标,如可以安插的最大模块数量、可以支持的最多接口数量、背板最大带宽、吞吐率或包转发率、系统的缓冲区空间等。

(2)所支持的协议和标准情况。主要考察交换机对国际标准化组织所制定的联网规范和设备标准支持情况,特别是对数据链路层、网络层、传输层和应用层各种标准和协议的支持情况。

(3)所支持的路由功能。主要考察路由的技术指标和功能扩展能力。

(4)对 VLAN 的支持。主要考察交换机实现 VLAN 的方式和允许的 VLAN 数量。对 VLAN 的划分可以基于接口、MAC 地址,还可以基于第 3 层协议或用户。IEEE 802.1Q 是定义 VLAN 的标准,不同厂商的设备只要都支持该标准,就可以共同进行 VLAN 的划分和互联。

(5)网管功能。主要考察交换机对网络管理协议的支持情况。利用网络管理协议,管理员能够对网络上的资源进行集中化管理操作,包括配置管理、性能管理、记账管理、故障管理等。交换机所支持的管理程度反映了该设备的可管理性及可操作性。

(6)容错功能。主要考察交换机的可靠性和抵御单点故障的能力。作为大中型局域网主干设备的交换机,特别是核心层交换机,不允许因为单点故障而导致整个网络瘫痪。

2. 选择交换机的一般原则

交换机的类型和品牌很多,通常在选择时应注意遵循以下原则。

- 尽可能选择在国内或国际网络建设中占有一定市场份额的主流产品。
- 尽可能选取同一厂商的产品,以便使用户从技术支持、价格等方面获得更多便利。
- 在网络的层次结构中,核心层设备通常应预留一定的能力,以便于将来扩展;接入层设备够用即可。
- 所选设备应具有较高的可靠性和性能价格比。如果是旧网改造项目,应尽可能保留可用设备,减少资金投入的浪费。

3.2.3　局域网的连接

1. 三台计算机的局域网连接

这种局域网的连接应采用双绞线作为传输介质,而且网卡是必不可少的。根据网络结构的不同可以有两种方式。

(1)采用双网卡网桥方式,就是在其中一台计算机上安装两块网卡,另外两台计算机各安装一块网卡,然后用双绞线跳线连接起来,再进行有关的系统配置即可。

(2)添加一台桌面交换机,组建星形结构网络,所有计算机都通过双绞线跳线与交换机相连。虽然这种方式的成本较前一种高些,但性能更好,实现起来也更简单。

2. 三台以上计算机的局域网连接

这种局域网的连接必须使用桌面交换机或工作组交换机组成星形结构的网络。如果当需要联网的计算机超过单一交换机所能提供的接口数量时,应通过级联、堆叠等方式实现交换机间的连接。

【任务实施】

实训3   认识二层交换机

(1)根据实际条件,现场考察典型校园网或企业网,记录该网络中使用的二层交换机的品牌、型号及相关技术参数,查看交换机各接口的连接与使用情况。

(2)访问交换机主流厂商的网站(如 Cisco、华为、锐捷、H3C 等),查看该厂商生产的接入层交换机和其他交换机产品,记录其型号、价格及相关技术参数。

【问题1】 你所考察的局域网是_____,该网络使用的二层交换机型号为_____,该交换机共提供了_____个接口,接口类型为_____。

【问题2】 你所考察的交换机主流厂商是_____,所考察的接入交换机产品型号是_____(列举一种),该交换机工作于_____(数据链路层/网络层),采用了_____(模块化/固定配置)结构,提供的固定接口有_____,包转发率为_____。

【问题3】 目前很多交换机支持 PoE 功能,PoE 是指_____,你所考察的交换机产品_____(支持/不支持)PoE 功能。

实训4   单一交换机实现网络连接

把所有计算机通过通信线路连接到单一交换机上,就可以组成一个小型局域网。在进行网络连接时应主要注意以下问题。

(1)交换机上的 RJ-45 接口可以分为普通接口(MDI-X 接口)和 Uplink 接口(MDI-Ⅱ接口),一般来说计算机应该连接到交换机的普通接口上,而 Uplink 接口主要用于交换机与交换机间的级联。

(2)在将计算机网卡上的 RJ-45 接口连接到交换机的普通接口时,双绞线跳线应该使用直通线,网卡的速度与通信模式应与交换机的接口相匹配。

【问题4】 若利用一台交换机连接了 3 台 PC,则使用的双绞线跳线类型为_____(直通线/交叉线),每台 PC 连接的交换机接口为_____(填写实际连接的交换机接口编号),每台 PC 的 IP 地址应设置为_____,子网掩码应设置为_____。

实训5   多交换机实现网络连接

当网络中的计算机位置比较分散,或超过单一交换机所能提供的接口数量时,需要进行多个交换机之间的连接。交换机之间的连接有三种:级联、堆叠和冗余连接。其中级联方式是最常规、最直接的扩展方式。

1. 通过 Uplink 接口进行交换机的级联

如果交换机有 Uplink 接口,则可直接采用这个接口进行级联。在级联时下层交换机使用专门的 Uplink 接口,通过双绞线跳线连入上一级交换机的普通接口,如图 3-4 所示。在这种级联方式中使用的级联跳线应为直通线。

2. 通过普通接口进行交换机的级联

如果交换机没有 Uplink 接口,可以利用普通接口进行级联,如图 3-5 所示,此时交换机和交换机之间的级联跳线应为交叉线。由于计算机在连接交换机时仍然接入交换机的普通接口,因此计算机和交换机之间的跳线仍然使用直通线。

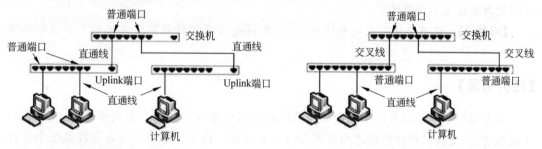

图 3-4　交换机通过 Uplink 接口级联　　　　图 3-5　交换机通过普通接口级联

注意　目前大多数交换机的接口都具有自适用功能,能够根据实际连接情况自动决定其为普通接口还是 Uplink 接口,因此,在很多交换机间进行级联时,既可使用直通线,也可使用交叉线。另外,交换机间的级联更多会采用光缆进行连接,交换机光纤模块及接口的类型较多,连接时应认真阅读产品手册。

【问题 5】　若利用一台交换机连接了 3 台 PC,另一台交换机连接了 2 台 PC,若要将两台交换机连接在一起并使所有 PC 相互可以通信,则连接两台交换机时使用的双绞线跳线类型为_____(直通线/交叉线),连接的接口为_____(填写实际连接的交换机接口编号),每台 PC 的 IP 地址应设置为_____,子网掩码应设置为_____。

实训 6　判断网络的连通性

1. 利用设备指示灯判断网络的连通性

无论是网卡还是交换机都提供 LED 指示灯,通过对这些指示灯的观察可以得到一些非常有帮助的信息,并解决一些简单的连通性故障。

(1) 观察网卡指示灯。在使用网卡指示灯判断网络是否连通时,一定要先打开交换机的电源,保证交换机处于正常工作状态。网卡有多种类型,不同类型网卡的指示灯数量及其含义并不相同,需注意查看网卡说明书。目前很多计算机的网卡集成在主板上,通常集成网卡只有两个指示灯:黄色指示灯用于表明连接是否正常;绿色指示灯用于表明计算机主板是否已经为网卡供电,使其处于待机状态。如果绿色指示灯亮而黄色指示灯没有亮,则表明发生了连通性故障。

（2）观察交换机指示灯。交换机的每个接口都会有一个 LED 指示灯,用于指示该接口是否处于工作状态。只有该接口所连接的设备处于开机状态,并且链路连通性完好的情况下,指示灯才会被点亮。

注意 交换机有多种类型,不同类型交换机的指示灯的作用并不相同,在使用时应认真阅读产品手册。

【问题 6】 你所使用的交换机型号为_____,该交换机的每个接口会对应_____个指示灯,其颜色及表示的含义为_____。

2. 利用 ping 命令测试网络的连通性

与双机互联网络相同,也可以使用 ping 命令测试利用交换机组建的网络的连通性,具体操作方法这里不再赘述。

【问题 7】 使用交换机实现网络连接后,用 ping 命令测试网络连通性的具体操作方法为_____。

【任务拓展】

大中型局域网普遍采用了综合布线系统进行网络布线。在综合布线系统中,交换机和交换机之间、交换机和计算机之间并不是直接相连的。图 3-6 所示为综合布线系统中计算机与交换机的典型连接示意图。

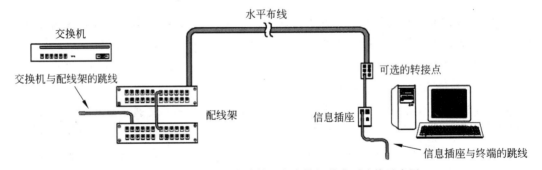

图 3-6　综合布线系统中计算机与交换机的典型连接示意图

请查阅相关资料,了解综合布线系统的基本结构,了解配线架和信息插座的作用,现场考察校园网或其他企业网络中计算机与交换机、交换机与交换机的物理连接情况。

任务 3.3　二层交换机的基本配置

【任务目的】

（1）理解二层交换机的功能和工作原理。

（2）理解网络设备的组成结构和连接访问方式。

（3）熟悉二层交换机的基本配置命令。

【任务导入】

交换机和路由器等网络设备是特殊的计算机,也由软件和硬件组成,其基本运行主要依靠操作系统和配置文件。然而与普通计算机不同,网络设备不包含直接的输入设备(如键盘和鼠标)和输出设备(如显示器),因此网络管理员必须通过 PC 连接并访问网络设备,才能对其进行配置和管理。在图 3-7 所示的网络中,计算机 PC0 的网卡与交换机 Switch0 的快速以太网接口 F0/1 相连,PC0 的串行口通过控制台电缆与交换机 Switch0 的 Console 接口相连,请为网络中的 PC 设置 IP 地址,并在 PC0 上对交换机 Switch0 进行以下配置:

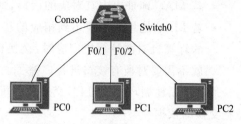

图 3-7　二层交换机基本配置示例

(1) 为二层交换机设置容易区分的主机名;

(2) 为交换机设置控制台口令和特权模式口令;

(3) 配置交换机 Switch0 的 MAC 地址表,使 PC1 在连接交换机 Switch0 时只能连接在其 F0/2 接口,否则无法与其他 PC 进行通信;

(4) 设置交换机 Switch0 与 PC1 的接口通信模式为全双工,速度为 100Mb/s。

【工作环境与条件】

(1) 二层交换机(本部分以 Cisco 系列产品为例,也可选用其他品牌型号的产品或使用 Cisco Packet Tracer 等网络模拟和建模工具)。

(2) Console 线缆和相应的适配器。

(3) 安装 Windows 操作系统的 PC。

(4) 组建网络所需的其他设备。

【相关知识】

3.3.1　二层交换机的功能和工作原理

在计算机网络中,交换概念的提出是对于共享工作模式的改进。集线器就是一种共享设备,本身不能识别目的地址,数据帧在以集线器为中心节点的网络上是以广播方式传输的,由每台终端设备通过验证数据帧的地址信息来确定是否接收。也就是说,在这种工作方式下,同一时刻网络上只能传输一组数据帧。因此用集线器连接的网络属于同一个冲突域,所有的节点共享网络带宽。

二层交换机工作于 OSI 参考模型的数据链路层,它可以识别数据帧中的 MAC 地址信息,并将 MAC 地址与其对应的接口记录在自己内部的 MAC 地址表中。二层交换机拥有一条很高带宽的背板总线和内部交换矩阵,所有接口都挂接在背板总线上。控制电路在收到数据帧后,会查找内存中的 MAC 地址表,并通过内部交换矩阵迅速将数据帧传送到目的接口。其具体的工作流程如下。

- 当二层交换机从某个接口收到一个数据帧,将先读取数据帧头中的源 MAC 地址,这样就可知道源 MAC 地址的计算机连接在哪个接口。
- 二层交换机读取数据帧头中的目的 MAC 地址,并在 MAC 地址表中查找该 MAC 地址对应的接口。
- 若 MAC 地址表中有对应的接口,则交换机将把数据帧转发到该接口。
- 若 MAC 地址表中找不到相应的接口,则交换机将把数据帧广播到所有接口,当目的计算机对源计算机回应时,交换机就可以知道其对应的接口,在下次传送数据时就不需要对所有接口进行广播了。

通过不断地循环上述过程,交换机就可以建立和维护自己的 MAC 地址表,并将其作为数据交换的依据。

通过对二层交换机工作流程的分析不难看出,二层交换机的每一个接口是一个冲突域,不同的接口属于不同的冲突域。因此二层交换机在同一时刻可进行多个接口对之间的数据传输,连接在每一接口上的设备独自享有全部的带宽,无须同其他设备竞争使用,同时由于交换机连接的每个冲突域的数据信息不会在其他接口上广播,也就提高了数据的安全性。二层交换机采用全硬件结构,提供了足够的缓冲器并通过流量控制来消除拥塞,具有转发延迟小的特点。当然由于二层交换机只提供最基本的二层数据转发功能,目前一般应用于小型局域网或大中型局域网的接入层。

3.3.2 网络设备的组成结构

交换机、路由器等网络设备的组成结构与计算机类似,由硬件和软件两部分组成。其软件部分主要包括操作系统(如 Cisco IOS)和配置文件,硬件部分主要包含 CPU、存储介质和接口。网络设备的 CPU 主要负责执行操作系统指令,如系统初始化、路由和交换功能等。网络设备的存储介质主要有 ROM(只读储存设备)、DRAM(动态随机存储器)、Flash(闪存)和 NVRAM(非易失性随机存储器)。

1. ROM

ROM 相当于 PC 中的 BIOS,Cisco 设备使用 ROM 来存储 bootstrap 指令、基本诊断软件和精简版 IOS。ROM 使用的是固件,即内嵌于集成电路中的一般不需要修改或升级的软件。如果网络设备断电或重新启动,ROM 中的内容不会丢失。

2. DRAM

DRAM 是一种可读写存储器,相当于 PC 的内存,其内容在设备断电或重新启动时将完全丢失。DRAM 用于存储 CPU 所需执行的指令和数据,主要包括操作系统、运行配置文件、ARP 缓存、数据包缓冲区等组件。

3. Flash(闪存)

Flash 是一种可擦写、可编程的 ROM,相当于 PC 中的硬盘,其内容在设备断电或重新启动时不会丢失。在大多数网络设备中,操作系统是永久性存储在 Flash 中的,在启动过程中才复制到 DRAM,然后由 CPU 执行。Flash 可以由 SIMM 卡或 PCMCIA 卡充当,可以通过升级增加其容量。

4. NVRAM

NVRAM 是用来存储启动配置文件(startup-config)的永久性存储器,其内容在设备断电或重新启动时也不会丢失。通常对网络设备的配置将存储于 DRAM 中的 running-config 文件,若要保存这些配置以防止网络设备断电或重新启动,则必须将 running-config 文件复制到 NVRAM,保存为 startup-config 文件。

3.3.3　网络设备的连接访问方式

由于网络设备没有自己的输入输出设备,所以其管理和配置要通过外部连接的计算机实现。网络设备的连接访问方式主要包括本地控制台登录方式和远程配置方式。

1. 本地控制台登录方式

通常网络设备上都提供了一个专门用于管理的接口(Console 接口),可使用专用线缆将其连接到计算机串行口,然后即可利用相应程序对该网络设备进行登录和配置。由于远程配置方式需要基于 TCP/IP 相关协议的网络通信来实现,而在初始状态下,网络设备并没有配置 IP 地址,所以其初始配置只能采用本地控制台登录方式。由于本地控制台登录方式不占用网络的带宽,因此也被称为带外管理。

2. 远程配置方式

网络设备的远程配置方式主要有以下几种。

(1) Telnet 远程登录方式。可以在网络中的其他计算机上通过 Telnet 协议来连接登录网络设备,从而实现远程配置。在使用 Telnet 进行远程配置前,应确认已经做好以下准备工作。

- 在用于配置的计算机上安装了 TCP/IP 协议,并设置好 IP 地址信息。
- 在被配置的网络设备上已经设置好 IP 地址信息。
- 在被配置的网络设备上已经建立了具有相应权限的用户。

(2) SSH 远程登录方式。Telnet 是以管理目的远程访问网络设备最常用的协议,但 Telnet 会话的一切通信都以明文方式发送,因此很多已知的攻击其主要目标就是捕获 Telnet 会话并查看会话信息。为了保证网络设备的安全和可靠,可以使用 SSH(secure Shell,安全外壳)协议来进行访问。SSH 使用 TCP 22 端口,利用强大的加密算法进行认证和加密。SSH 有两个版本:SSHv1 是 Telnet 的增强版,存在一些基本缺陷;SSHv2 是 SSHv1 的修缮和强化版本。

(3) HTTP 访问方式。目前很多网络设备都提供 HTTP 连接访问方式,只要在计算机浏览器的地址栏输入"http://网络设备的管理地址",并在相应界面中输入具有权限的用户名和密码,即可进入配置页面。在使用 HTTP 访问方式进行远程配置前,应确认已经做好以下准备工作。

- 在用于配置的计算机上安装 TCP/IP 协议,并设置好 IP 地址信息。
- 在用于配置的计算机上安装有支持 Java 的 Web 浏览器。
- 在被配置的网络设备上已经设置好 IP 地址信息。
- 在被配置的网络设备上已经建立了具有相应权限的用户。
- 被配置的网络设备支持 HTTP 服务,并且已经启用了该服务。

（4）SNMP 远程管理方式。SNMP 是一个应用广泛的网络管理协议,它定义了一系列标准,可以帮助计算机和网络设备之间交换管理信息。如果网络设备上设置好了 IP 地址信息并开启了 SNMP 协议,那么就可以利用安装了 SNMP 管理工具的计算机对该网络设备进行远程管理访问。

（5）辅助接口。有些网络设备带有辅助(Aux)接口。当没有任何备用方案和远程接入方式可以选择时,可以通过调制解调器连接辅助接口实现对网络设备的管理访问。

注意 在远程配置方式中,利用辅助接口的访问方式不会占用网络带宽,属于带外管理。Telnet、SSH、HTTP、SNMP 等都会占用网络带宽来传输配置信息,属于带内管理。

【任务实施】

实训 7 使用本地控制台登录交换机

本地控制台登录方式是连接和访问网络设备最基本的方法,网络管理员可通过该方式实现对网络设备的初始配置。使用本地控制台登录网络设备的基本操作步骤如下。

（1）通常购买网络设备时都会带有一根如图 3-8 所示的控制台电缆,将控制台电缆带有 RJ-45 连接器的一端与网络设备的 Console 接口相连,将带有 DB-9 连接器的一端与计算机的串行口(COM)相连。若计算机上没有串行口,则需要利用转接器将控制台电缆连接到计算机的 USB 接口,如图 3-9 所示。

图 3-8 连接串行口的控制台电缆　　　　图 3-9 连接 USB 接口的控制台电缆

（2）安装好 USB 接口转串行口的驱动程序后,在 Windows 系统"设备管理器"的"端口(COM 和 LPT)"中就可以看到其所对应的串行口编号,如图 3-10 所示。

（3）在计算机上运行终端仿真程序。常用的终端仿真程序有 Windows 系统自带的超级终端程序、SecureCRT、Putty 等。由于 Windows 7 之后的 Windows 操作系统不再直接集成超级终端程序,因此需自行下载和安装,具体安装方法这里不再赘述。

（4）若使用 SecureCRT,则运行该软件将自动弹出 Connect 对话框,如图 3-11 所示。

（5）在 Connect 对话框中单击 Quick Connect 按钮,打开 Quick Connect 对话框,将 Protocol 设置为 Serial,则可以使用串行口管理设备。将 Port 设置为在设备管理器中查看到的相应串行口编号,将 Band Rate(波特率)设置为 9600,如图 3-12 所示。

（6）单击 Quick Connect 对话框的 Connect 按钮,即可登录设备,打开网络设备电源,连续按 Enter 键,可显示系统启动界面。

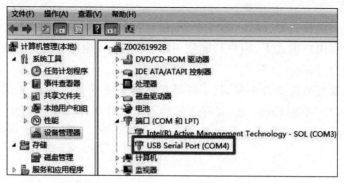

图 3-10　查看 USB 接口转串行口对应的编号

图 3-11　Connect 对话框

图 3-12　Quick Connect 对话框

注意　其他终端仿真程序的设置与 SecureCRT 基本相同,通常只有在第一次登录设备时才需要按上述步骤进行操作,之后则可使用已创建好的快捷方式快速登录。另外,不同的网络设备对波特率等参数的设置要求并不完全相同,设置前应注意查看产品手册。

【问题 1】　当用控制台电缆连接 PC 时,连接的串行口为＿＿＿＿＿。默认情况下,串行口属性设置中的每秒位数为＿＿＿＿＿,数据位为＿＿＿＿＿,奇偶校验为＿＿＿＿＿,停止位为＿＿＿＿＿。

【问题 2】　阅读交换机的系统启动信息,其所使用的操作系统版本为＿＿＿＿＿。

实训 8　切换命令行工作模式

Cisco IOS 提供了用户模式和特权模式两种基本的命令执行级别,同时还提供了全局配置和特殊配置等配置模式。其中特殊配置模式又分为接口配置、Line 配置和 VLAN 配置等多种类型,以允许用户对网络设备进行全面配置和管理。

1. 用户模式

当用户通过交换机的 Console 接口或 Telnet 会话连接并登录时,所处的命令执行模式就是用户模式。在用户模式下,用户只能使用很少的命令,并且不能对交换机进行配置。用户模式的提示符为"Switch>"。

注意 不同模式的提示符不同,提示符的第一部分是网络设备的主机名。在每一种模式下,可直接输入"?"并按 Enter 键,获得在该模式下允许执行的命令帮助。

【问题 3】 在 Cisco 设备中,路由器默认的主机名为_____,交换机默认的主机名为_____。

2. 特权模式

在用户模式下,执行 enable 命令,将进入特权模式。特权模式的提示符为"Switch#"。由用户模式进入特权模式的过程如下:

```
Switch>enable        //进入特权模式
Switch#              //特权模式提示符
```

【问题 4】 在特权模式下_____(能/不能)运行 show version 命令,该命令的主要作用是_____。

3. 全局配置模式

在特权模式下执行 configure terminal 命令,可进入全局配置模式。全局配置模式的提示符为"Switch(config)#"。该模式配置命令的作用域是全局性的,对整个设备起作用。由特权模式进入全局配置模式的过程如下:

```
Switch#configure terminal        //进入全局配置模式
Enter configuration commands, one per line.End with CNTL/Z.
Switch(config)#                  //全局配置模式提示符
```

【问题 5】 在特权模式下_____(能/不能)通过输入 conf t 命令进入全局配置模式,在全局配置模式中_____(能/不能)运行 show version 命令,系统给出的提示信息为_____。

4. 全局配置模式下的配置子模式

在全局配置模式,还可进入接口配置、Line 配置等子模式。例如,在全局配置模式下,可以通过 interface 命令进入接口配置模式,在该模式下可对选定的接口进行配置。由全局配置模式进入接口配置模式的过程如下:

```
Switch(config)#interface fastethernet 0/1 //对交换机 0/1 号快速以太网接口进行配置
Switch(config-if)#                         //接口配置模式提示符
```

【问题 6】 如果要对交换机的快速以太网接口 F0/15 进行设置,则应在全局配置模式下输入_____命令进入相应的接口配置模式。

5. 模式的退出

从子模式返回全局配置模式,可执行 exit 命令;从全局配置模式返回特权模式,可执行 exit 命令;若要退出任何配置模式,直接返回特权模式,可执行 end 命令或按 Ctrl+Z 组合键。以下是模式退出的过程：

```
Switch(config-if)#exit          //退出接口配置模式,返回全局配置模式
Switch(config)#exit             //退出全局配置模式,返回特权模式
Switch#configure terminal
Enter configuration commands, one per line.End with CNTL/Z.
Switch(config)#interface fastethernet 0/1
Switch(config-if)#end           //退出接口配置模式,返回特权模式
Switch#disable                  //退出特权模式
Switch>                         //用户模式提示符
```

【问题7】　若刚刚为交换机的快速以太网接口 F0/3 设置完通信模式,现要查看交换机的系统版本信息,则可在当前模式中运行_____命令直接返回_____模式。

实训 9　配置交换机的基本信息

1. 配置交换机主机名

默认情况下,交换机会使用出厂时默认的主机名。当网络中使用了多个交换机时,为了以示区别,通常应根据交换机的应用场地,为其设置一个具体的主机名。在图 3-7 所示的网络中,如果要将二层交换机的主机名设置为 SW0,则操作方法为：

```
Switch>enable                   //进入特权模式
Switch#configure terminal       //进入全局配置模式
Enter configuration commands, one per line.End with CNTL/Z.
Switch(config)#hostname SW0     //设置主机名为 SW0
SW0(config)#
```

【问题8】　IOS 设备所用的主机名_____(能/不能)保留字母的大小写状态。在 IOS 系统中要消除某命令的影响,可以在该命令前添加 no 关键字。如果要删除所设置的交换机的主机名,可以在全局配置模式下输入_____命令,此时交换机主机名为_____。

2. 设置口令

IOS 可以通过不同的口令来提供不同的设备访问权限,通常应为这些权限级别分别采用不同的身份验证口令。

(1) 设置控制台口令。网络设备 Console 接口的编号为 0,为了安全起见,应为该接口的设置登录口令,操作方法为：

```
SW0(config)#line console 0           //进入 Console 接口的 line 配置模式
SW0(config-line)#password 1234abcd+  //设置登录口令为 1234abcd+
SW0(config-line)#login               //使口令生效
```

注意　在实际的企业网络中应尽量使用不容易被破解的复杂口令。复杂口令通常应大于 8 个字符,组合使用数字、大写字母、小写字母及特殊符号。

【问题9】　设置控制台口令后,如果重新通过本地控制台连接并访问网络设备,此时屏幕上会出现的提示信息是_____。输入控制台口令时_____(能/不能)显示输入的

89

字符。

(2) 设置使能口令和使能加密口令。设置从用户模式进入特权模式的口令,可以使用以下两种配置命令:

```
SW0(config)#enable password cdef4567+      //设置使能口令为 cdef4567+
SW0(config)#enable secret cdef4567+        //设置使能加密口令为 cdef4567+
```

两者的区别为:使能口令是以明文的方式存储的,在 show running-config 命令中可见;使能加密口令是以密文的方式存储的,在 show running-config 命令中不可见。

注意 如果未设置使能口令或使能加密口令,则 IOS 将不允许用户通过 Telnet 连接访问特权模式。

【问题 10】 若为交换机设置使能加密口令 abc123+,则当重新从用户模式输入 enable 命令进入特权模式时,系统给出的提示信息是_____,输入使能加密口令时_____(能/不能)显示输入的字符。进入特权模式后,如果运行 show running-config 命令,可以看到该口令在运行配置文件中存储为_____。如果同时设置了使能口令和使能加密口令,那么在进入特殊模式时应输入_____。

3. 保存配置文件

对网络设备的所有设置会保存在运行配置文件(running-config)中,由于运行配置文件存储在内存中,如果网络设备断电或重新启动,未保存的配置更改都会丢失。因此在配置好网络设备后,必须将相关配置保存在 NVRAM 中,即保存在配置文件 startup-config 中。保存配置文件的操作方法为:

```
SW0#show running-config                     //查看运行配置文件
Building configuration...
Current configuration : 712 bytes
!
version 12.4
……(以下省略)
SW0#copy running-config startup-config      //保存配置信息
Destination filename[startup-config]?       //输入目标文件名,通常直接按 Enter 键即可
Building configuration...
[OK]
```

实训 10　配置 MAC 地址表

交换机内维护着一个 MAC 地址表,不同型号的交换机,允许保存的 MAC 地址数目不同。MAC 地址表用于存放交换机接口与所连设备 MAC 地址的对应信息,是交换机正常工作的基础。

1. 查看交换机 MAC 地址表

要查看交换机 MAC 地址表,可在特权模式运行 show mac-address-table 命令,此时将显示 MAC 地址表中的所有 MAC 地址信息。在交换机上查看 MAC 地址表的过程为:

```
SW0#show mac-address-table                    //显示交换机 MAC 地址表
Mac Address Table
-------------------------------------------------------
Vlan    Mac Address       Type       Ports
----    -----------       --------   -----
   1    0030.a3ca.d8a0    DYNAMIC    Fa0/2
   1    00d0.5800.ea00    DYNAMIC    Fa0/1
```

【问题 11】   在图 3-7 所示网络中,初始状态下交换机 Switch0 的 MAC 地址表中
_____(有/没有)表项。如果在 PC0 上向 PC1 运行 ping 命令,则在交换机 Switch0 的
MAC 地址表中会增加_____条表项,表项类型为_____,PC0 的 MAC 地址为
_____,对应接口为_____,PC1 的 MAC 地址为_____,对应接口为_____。

2. 设置静态 MAC 地址

如果要指定静态的 MAC 地址,可以使用以下命令:

```
SW0(config)#mac-address-table static 0030.a3ca.d8a0 vlan 1 interface fa 0/2
//指定静态 MAC 地址 0030.a3ca.d8a0 连接于交换机 F0/2 快速以太网接口
```

【问题 12】   在图 3-7 所示网络中,若指定了 PC1 的 MAC 地址静态连接于交换机
Switch0 的 F0/2 接口,则在特权模式查看 MAC 地址表,PC1 的 MAC 地址对应表项的类型
为_____,该表项_____(会/不会)被交换机自动删除。若此时将 PC1 重新连接到交
换机的 F0/3 接口,则在 PC0 上向 PC1 运行 ping 命令的结果为_____,原因是_____。

实训 11   配置交换机接口

1. 选择交换机接口

对于使用 IOS 的交换机,交换机接口(interface)也称为端口(port),由接口类型、模块
号和接口号共同进行标识。例如,Cisco 2960-24 交换机只有一个模块,模块编号为 0,该模
块有 24 个快速以太网接口,若要选择第 2 号接口,则配置命令为:

```
SW0(config)#interface fa 0/2
```

使用 IOS 的很多交换机都可以使用 range 关键字来指定接口范围,从而同时选择多个
接口,并对其进行统一配置。配置命令为:

```
SW0(config)#interface range fa 0/1-24    //选择交换机的第 1 至第 24 口的快速以太网接口
SW0(config-if-range)#                      //交换机多接口配置模式提示符
```

2. 启用或禁用接口

可以根据需要启用或禁用正在工作的交换机接口。例如,若发现连接在某一接口的
计算机因感染病毒正大量向外发送数据包,则可立即禁用该接口。启用或禁用接口的方
法为:

```
SW0(config)#interface fa 0/2
SW0(config-if)#shutdown        //禁用接口
SW0(config-if)#no shutdown     //启用接口
```

3. 配置接口通信模式

默认情况下,交换机的接口通信模式为 auto(自动协商),此时链路的两个端点将协商选择双方都支持的最大速度、单工或双工通信模式。在图 3-7 所示网络中,若 PC1 与交换机 Switch0 的 F0/2 接口相连,则配置该接口通信模式的方法为:

```
SW0(config)#interface fa 0/2
SW0(config-if)#duplex full
//将该接口设置为全双工模式,half 为半双工,auto 为自动协商
SW0(config-if)#speed 100
//将该接口的传输速度设置为 100Mb/s,10 为 10Mb/s,auto 为自动协商
```

【问题 13】 在 Windows 系统中,网卡默认的通信模式为_____(全双工/半双工/自动协商)。在图 3-7 所示网络中,如果在交换机 Switch0 上将其与 PC1 相连接口的通信模式设置为全双工,速度为 100Mb/s,此时 PC1 和网络中的其他计算机_____(能/不能)正常通信,原因是_____。

【任务拓展】

利用 Telnet,网络管理员可以通过网络对交换机等网络设备进行访问和配置,以利于网络设备的故障排除和监控。请查阅交换机的配置手册以及相关资料,在图 3-7 所示的网络中开启交换机 Switch0 的 Telnet 功能,并验证你的设置是否生效。

任务 3.4　划分虚拟局域网

【任务目的】

(1) 理解 VLAN 的作用。
(2) 熟悉在二层交换机上划分 VLAN 的方法。

【任务导入】

默认情况下,二层交换机所有的接口都在同一个广播域,不具有隔离广播帧的能力。因此使用二层交换机连接的网络规模不能太大,否则会大大降低二层交换机的效率,甚至导致广播风暴。为了克服这种广播域(网段)的限制,目前很多二层交换机都支持 VLAN 功能,通过划分 VLAN,可以实现广播帧的隔离。在图 3-13 所示的某公司网络中,建筑物 A 中的计算机都连接到了交换机 Switch0 上,建筑物 B 中的计算机都连接到了交换机 Switch1 上,两台交换机之间通过 F0/24 接口相连。公司的研发部和销售部在两栋建筑物中各有一个办公室,研发部办公室 1 的计算机连接在交换机 Switch0 的 F0/1 接口,销售部办公室 1 的

计算机连接在交换机 Switch0 的 F0/2 接口,研发部办公室 2 的计算机连接在交换机 Switch1 的 F0/1 接口,销售部办公室 2 的计算机连接在交换机 Switch1 的 F0/2 接口。请对该网络进行配置,以部门为单位对网络中的计算机进行逻辑分组,以实现各部门计算机间的相对隔离并便于进行安全设置及带宽控制。

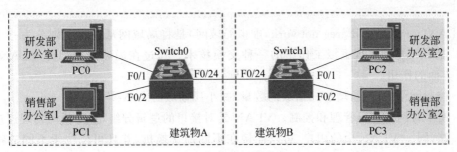

图 3-13　划分虚拟局域网示例

【工作环境与条件】

(1) 二层交换机(本部分以 Cisco 系列产品为例,也可选用其他品牌型号的产品或使用 Cisco Packet Tracer 等网络模拟和建模工具)。

(2) Console 线缆和相应的适配器。

(3) 安装 Windows 操作系统的 PC。

(4) 组建网络所需的其他设备。

【相关知识】

3.4.1　广播域

为了让网络中的每一台主机都收到某个数据帧,主机必须采用广播的方式发送该数据帧,这个数据帧被称为广播帧。网络中能接收广播帧的所有设备的集合称为广播域。由于广播域内的所有设备都必须监听所有广播帧,因此如果广播域太大,包含的设备过多,就需要处理太多的广播帧,从而延长网络响应时间。当网络中充斥着大量广播帧时,网络带宽将被耗尽,会导致网络正常业务不能运行,甚至彻底瘫痪,这就发生了广播风暴。

二层交换机可以通过自己的 MAC 地址表转发数据帧,但每台二层交换机的接口都只支持一定数目的 MAC 地址,也就是说二层交换机的 MAC 地址表的容量是有限的。当二层交换机接收到一个数据帧,只要其目的站的 MAC 地址不存在于该交换机的 MAC 地址表中,那么该数据帧会以广播方式发向交换机的每个接口。另外当二层交换机收到的数据帧其目的 MAC 地址全为 1 时,这种数据帧的接收端为广播域内所有的设备,此时二层交换机也会把该数据帧以广播方式发向每个接口。

从上述分析可知,虽然二层交换机的每一个接口是一个冲突域,但在默认情况下,其所有的接口都在同一个广播域,不具有隔离广播帧的能力。因此使用二层交换机连接的网络规模不能太大,否则会大大降低二层交换机的效率,甚至导致广播风暴。为了克服这种广播域的限制,目前的二层交换机大都支持 VLAN 功能,以实现广播帧的隔离。

注意 习惯上也会把广播域称为网段,不同的广播域就是不同的网段。

3.4.2 VLAN 的作用

VLAN(virtual local area network,虚拟局域网)是将局域网从逻辑上划分为一个个的网段(广播域),从而实现虚拟工作组的一种交换技术。通过在局域网中划分 VLAN,可起到以下方面的作用。

- 控制网络的广播,增加广播域的数量,减小广播域的大小。
- 便于对网络进行管理和控制。VLAN 是对接口的逻辑分组,不受任何物理连接的限制,同一 VLAN 中的用户,可以连接在不同的交换机,并且可以位于不同的物理位置,增加了网络连接、组网和管理的灵活性。
- 增加网络的安全性。默认情况下,VLAN 间是相互隔离的,不能直接通信。管理员可以通过应用 VLAN 的访问控制列表,来实现 VLAN 间的安全通信。

3.4.3 VLAN 的实现

从实现方式上看,所有 VLAN 都是通过交换机软件实现的,从实现的机制或策略来划分,VLAN 可以分为静态 VLAN 和动态 VLAN。

1. 静态 VLAN

静态 VLAN 就是明确指定各接口所属 VLAN 的设定方法,通常也称为基于接口的VLAN,其特点是将交换机的接口进行分组,每一组定义为一个 VLAN,属于同一个 VLAN的接口,可来自一台交换机,也可来自多台交换机,即可以跨越多台交换机设置 VLAN。如图 3-13 所示。静态 VLAN 是目前最常用的 VLAN 划分方式,配置简单,网络的可监控性较强。但该种方式需要逐个接口进行设置,当要设定的接口数目较多时,工作量会比较大。另外当用户在网络中的位置发生变化时,必须由管理员重新配置交换机的接口。因此,静态VLAN 通常适合于用户或设备位置相对稳定的网络环境。

注意 在图 3-14 所示的网络中,节点 A 和节点 C 所连接的接口属于不同的 VLAN,而不同的 VLAN 是不同的广播域,因此节点 C 无法收到节点 A 发出的广播。而 ARP 是基于广播的,因此节点 A 无法通过 ARP 获得节点 C 的 MAC 地址,也就无法与节点 C 直接通信。要实现不同 VLAN 设备间的通信,需要通过三层设备进行中转。

2. 动态 VLAN

动态 VLAN 是根据每个接口所连的计算机的情况,动态设置接口所属 VLAN 的方法。动态 VLAN 通常有以下几种实现方式。

- 基于 MAC 地址的 VLAN:根据接口所连计算机的网卡 MAC 地址决定其所属的VLAN。
- 基于子网的 VLAN:根据接口所连计算机的 IP 地址决定其所属的 VLAN。
- 基于用户的 VLAN:根据接口所连计算机的登录用户决定其所属的 VLAN。

动态 VLAN 的优点在于只要用户的应用性质不变,或者其所使用的主机不变(如网卡

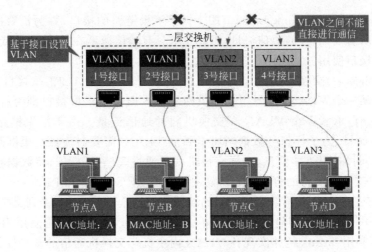

图 3-14　基于接口的 VLAN

不变或 IP 地址不变），则用户在网络中移动时，并不需要对网络进行额外配置或管理。但动态 VLAN 需要使用 VLAN 管理软件建立和维护 VLAN 数据库，工作量会比较大。

3.4.4　Trunk

在实际应用中，通常需要跨越多台交换机划分 VLAN。VLAN 内的主机彼此间应可以自由通信，当 VLAN 成员分布在多台交换机上时，可以在交换机上各拿出一个接口，专门用于提供该 VLAN 内主机跨交换机的相互通信。有多少个 VLAN，就对应地需要占用多少个接口，如图 3-15 所示。

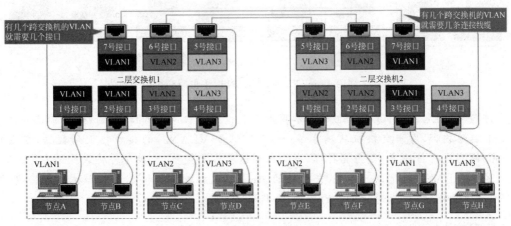

图 3-15　VLAN 内主机跨交换机的通信

图 3-15 所示方法虽然实现了 VLAN 内主机间跨交换机的通信，但每增加一个 VLAN，就需要在交换机间添加一条链路，这是一种严重的浪费，而且扩展性和管理效率都很差。为了避免这种低效率的连接方式，人们想办法让交换机间的互联链路汇集到一条链路上，让该链路允许各个 VLAN 的数据流经过。这条用于实现各 VLAN 在交换机间通信的链路，称

为汇聚链路或主干链路(Trunk Link)。用于提供汇聚链路的接口,称为汇聚接口。由于汇聚链路承载了所有 VLAN 的通信流量,因此要求只有通信速度在 100Mb/s 或以上的接口,才能作为汇聚接口使用。

引入汇聚链路后,交换机的接口就分为了访问(Access)接口和汇聚接口(Trunk)。访问端口只属于某一个 VLAN,主要用于提供网络接入服务。汇聚接口则为所有 VLAN 或部分 VLAN 共有,承载多个 VLAN 在交换机间的通信流量。由于汇聚链路承载了多个 VLAN 的通信流量,为了标识各数据帧属于哪个 VLAN,需要对流经汇聚链路的数据帧进行打标封装,以附加 VLAN 信息,这样交换机就可通过 VLAN 标识,将数据帧转发到对应的 VLAN 中。交换机支持的打标封装协议主要有 IEEE 802.1Q 和 ISL。ISL 是 Cisco 独有的协议,与 IEEE 802.1Q 互不兼容。如果局域网使用的全部是 Cisco 系列交换机,可以使用 ISL 也可以使用 IEEE 802.1Q;如果使用了多个厂商的交换机,则应使用 IEEE 802.1Q。图 3-16 给出了利用 Trunk 链路实现各 VLAN 内主机跨交换机通信的基本过程。

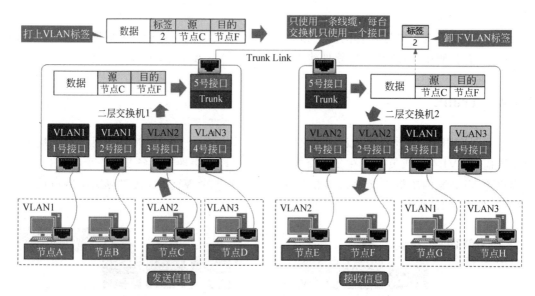

图 3-16　利用 Trunk 实现各 VLAN 内主机跨交换机的通信

注意　IEEE 802.1Q 和 ISL 的基本用途是保证交换机间的 VLAN 通信,其标记只用于 Trunk 链路内部,即当交换机从属于某一 VLAN(如 VLAN2)的接口接收到数据,在送往 Trunk 链路进行传输前,会为其打标,当数据到达对方交换机,交换机会将该标记去掉,只发送到属于 VLAN2 的接口。另外,交换机的 Access 端口以本机格式发送和接收数据流,不进行 VLAN 标记,若收到标记过的数据,会将其丢弃。

【任务实施】

实训 12　划分 VLAN

在图 3-13 所示的网络中,可以通过将同一部门的计算机划分到同一 VLAN 的方法实现网络的逻辑分组,从而实现各部门计算机间的相对隔离并便于进行安全设置及带宽控制。

具体操作方法如下。

1. 创建 VLAN

由于同一部门的计算机连接在不同的交换机上,因此应在两台交换机上创建相同标识的 VLAN。在交换机 Switch0 上的配置过程为:

```
SW0#vlan database              //进入 VLAN 配置模式
SW0(vlan)#vlan 10 name RDD     //创建 ID 为 10,名称为 RDD 的 VLAN
SW0(vlan)#vlan 20 name SD      //创建 ID 为 20,名称为 SD 的 VLAN
SW0(vlan)#exit
```

在交换机 Switch1 上的配置过程为:

```
SW1#vlan database              //进入 VLAN 配置模式
SW1(vlan)#vlan 10 name RDD     //创建 ID 为 10,名称为 RDD 的 VLAN
SW1(vlan)#vlan 20 name SD      //创建 ID 为 20,名称为 SD 的 VLAN
SW1(vlan)#exit
```

注意　Cisco 系列交换机的 VLAN ID 有两种范围,普通范围包括 1~1005,扩展范围包含 1006~4094,其中 1 和 1002~1005 是保留 ID。

2. 将交换机接口加入 VLAN

在交换机 Switch0 上的配置过程为:

```
SW0#configure terminal
SW0(config)#interface fa 0/1
SW0(config-if)#switchport mode access
//设置接口的工作模式为 Access,默认情况下可不运行该配置命令
SW0(config-if)#switchport access vlan 10           //将 F0/1 接口加入 VLAN 10
SW0(config-if)#interface fa 0/2
SW0(config-if)#switchport mode access
SW0(config-if)#switchport access vlan 20           //将 F0/2 接口加入 VLAN 20
```

在交换机 Switch1 上的配置过程为:

```
SW1#configure terminal
SW1(config)#interface fa 0/1
SW1(config-if)#switchport mode access
SW1(config-if)#switchport access vlan 10
SW1(config-if)#interface fa 0/2
SW1(config-if)#switchport mode access
SW1(config-if)#switchport access vlan 20
```

3. 配置 Trunk

由于交换机之间的链路要承载各 VLAN 之间的数据流量,因此该链路对应的交换机接口应工作于 Trunk 模式。在交换机 Switch0 上的配置过程为:

```
SW0(config)#interface fa 0/24
SW0(config)#swithport mode trunk            //将端口设置为汇聚接口
```

在交换机 Switch1 上的配置过程为:

```
SW1(config)#interface fa 0/24
SW1(config)#swithport mode trunk
```

注意 有的 Cisco 交换机(如 2960 系列)只支持 IEEE 802.11Q。而有的 Cisco 交换机(如 3560 系列)既支持 IEEE 802.11Q,也支持 ISL,此时在配置 Trunk 时需要选择打标协议,命令为: switchport trunk encanpsulation dot1q(isl)。

实训 13　查看与测试 VLAN

1. 查看 VLAN 配置情况

VLAN 划分完成后,可以在交换机上使用 show vlan 或者 show vlan brief 命令查看本交换机的 VLAN 信息。在交换机 Switch0 上查看 VLAN 配置情况的方法为:

```
SW0#show vlan brief                                            //查看 VLAN 配置
VLAN     Name                 Status          Ports
----     -----------------    -------------   ---------
1        default              active          Fa0/3, Fa0/4, Fa0/5, Fa0/6
                                              Fa0/7, Fa0/8, Fa0/9, Fa0/10
                                              Fa0/11, Fa0/12, Fa0/13, Fa0/14
                                              Fa0/15, Fa0/16, Fa0/17, Fa0/18
                                              Fa0/19, Fa0/20, Fa0/21, Fa0/22
                                              Fa0/23, Gig0/1, Gig0/2
10       RDD                  active          Fa0/1
20       SD                   active          Fa0/2
1002     fddi-default         active
1003     token-ring-default   active
1004     fddinet-default      active
1005     trnet-default        active
SW0#show interfaces fa0/24 switchport                          //查看 F0/24 接口信息
Name: Fa0/24
Switchport: Enabled
Administrative Mode: trunk
Operational Mode: trunk
Administrative Trunking Encapsulation: dot1q
Operational Trunking Encapsulation: dot1q
Negotiation of Trunking: On
......
```

2. 测试 VLAN 的连通性

VLAN 划分完成后,可以为每台计算机分配 IP 地址信息,并利用 ping 命令测试该计算机与网络其他计算机的连通性。

【问题 1】 图 3-10 所示的网络中,在划分 VLAN 之前,若将 PC0～PC3 的 IP 地址分别设置为 192.168.1.1～192.168.1.4,子网掩码为 255.255.255.0,则 PC0～PC3 _____(能/不能)正常通信。在正确划分 VLAN 后,PC0 和 PC1 之间_____(能/不能)正常通信,

PC0 和 PC2 之间_____(能/不能)正常通信,原因是_____。

【问题2】 如果已经将交换机的 F0/1 接口加入 VLAN 10,那么若在交换机的 F0/1 接口配置中输入 no switchport access vlan,则交换机的 F0/1 接口将_____(不属于任何 VLAN/属于 VLAN1/属于其他 VLAN)。

【问题3】 当交换机的接口设置为 Trunk 工作模式时,默认情况下可以承载所有 VLAN 的数据流量,若要限制其承载的 VLAN 流量,可以在该接口的配置模式下运行 switchport trunk allowed 命令。在图 3-13 所示的网络中,如果两台交换机之间只允许传送来自研发部和销售部计算机的流量,则配置方法为_____。

【问题4】 交换机的接口除了可以设置为 Access 和 Trunk 模式外,还可以设置为 dynamic auto 和 dynamic desirable。对于 dynamic auto 模式的接口。若邻接的接口为 Trunk 或 dynamic desirable 模式,则将自动工作于 Trunk 模式,否则将工作于 Access 模式。对于 dynamic desirable 模式的接口,若邻接的接口为 Trunk、dynamic auto 或 dynamic desirable 模式,则将自动工作于 Trunk 模式,否则将工作于 Access 模式。Cisco 2960 交换机接口默认的模式为_____,若两台 Cisco 2960 交换机相连,默认情况下其直连链路的实际模式为_____。

【任务拓展】

在图 3-17 所示的网络中,交换机 Switch1 和 Switch2 分别通过其 F0/24 接口与交换机 Switch0 的 F0/23 与 F0/24 接口相连,计算机 PC0~PC5 分别连接在 3 台交换机的 F0/1 和 F0/2 接口。请构建该网络并划分为 3 个 VLAN:使计算机 PC0 和 PC2 属于一个 VLAN,PC1 和 PC5 属于一个 VLAN,PC3 和 PC4 属于一个 VLAN。为网络中的所有计算机设置 IP 地址并使用 ping 命令测试计算机之间的连通性。

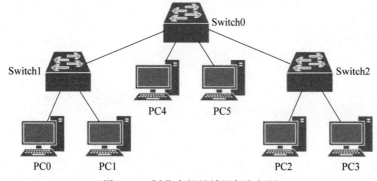

图 3-17 划分虚拟局域网任务拓展

习 题 3

1. 10Base-T 以太网采用了什么样的拓扑结构?组成该网络需要哪些设备?
2. 千兆位以太网有哪几种组网方式?分别使用何种传输介质?

3. 典型的分层网络模型将网络分成了哪些层次？简述每个层次的功能。

4. 按照网络体系的分层结构，可以把交换机分为哪些类型？

5. 简述二层交换机转发数据的基本工作机制。

6. 网络设备主要有哪几种存储介质？分别用来存储什么内容？

7. 网络设备的连接访问方式主要有哪几种？

8. 什么是广播域？

9. 什么是 VLAN？简述在局域网中划分 VLAN 的作用。

10. 试比较静态 VLAN 和动态 VLAN 的优缺点。

11. 利用二层交换机组建小型局域网。

内容及操作要求：使用一台二层交换机连接 10 台 PC，采用 100Base-TX 组网技术组建小型局域网，网络连接后完成以下操作。

- 配置交换机的主机名为 LAN0SW0，为交换机设置控制台口令和特权模式口令；
- 禁用交换机未连接计算机的接口；
- 在交换机上创建 3 个 VLAN，其中 VLAN100 中包括 3 台 PC，VLAN200 中包括 3 台 PC，VLAN 300 中包括 4 台 PC；
- 为网络中的设备设置 IP 地址信息，并使用 ping 命令测试 PC 之间的连通性。

准备工作：10 台安装 Windows 操作系统的 PC，1 台二层交换机，15～25m 长的双绞线，RJ-45 连接器 20～25 个，RJ-45 压线钳，尖嘴钳，简易线缆测试仪；Console 线缆和相应的适配器；组建网络所需的其他设备。

考核时限：90min。

工作单元 4 规划与分配 IP 地址

在 OSI 参考模型中,数据链路层(如以太网)可以确保同一网段(广播域)中的节点能够彼此相连,而若要将各个不同的网段连接起来,则要在网络层实现。为此,TCP/IP 要求在网络层进行 IP 数据包封装,并在 IP 包头中添加了大量的信息,其中最重要的是发送端和接收端的 IP 地址。TCP/IP 目前有 Internet 协议版本 4(TCP/IPv4)和 Internet 协议版本 6(TCP/IPv6)两个版本,其分别规定了 IPv4 和 IPv6 两种版本的网络层地址。本单元的主要目标是熟悉 IPv4 地址的相关知识,掌握规划和分配 IPv4 地址的方法;了解 IPv6 地址的基本知识和设置方法。

任务 4.1 规划和分配 IPv4 地址

【任务目的】

(1) 理解 IPv4 地址的概念和分类。

(2) 理解子网掩码的作用。

(3) 理解 IPv4 地址的分配原则。

(4) 掌握在网络中规划与分配 IPv4 地址的方法。

【任务导入】

不同于固化在以太网网卡上的 MAC 地址,IP 地址是 TCP/IP 为识别网段和主机而规定的网络层地址。在目前的计算机网络中,IPv4 地址的使用仍然非常广泛。在图 4-1 所示的网络中,公司总部的 PC 通过交换机连接到路由器 Router0 的快速以太网接口 F0/0,分支机构的 PC 通过交换机连接到路由器 Router1 的快速以太网接口 F0/0,路由器 Router0 和 Router1 通过各自的串行接口 S1/0 直接相连。请根据实际需求,为该网络规划与分配 IPv4 地址。

注意 习惯上人们所说的 IP 地址是 IPv4 地址,除特别声明外,本书中所说的 IP 地址主要指 IPv4 地址。

【工作环境与条件】

(1) 安装好 Windows 操作系统的 PC。

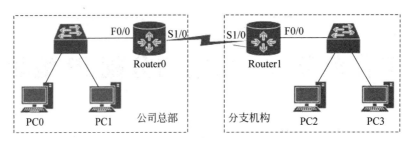

图 4-1　规划和分配 IPv4 地址示例

（2）网络模拟和建模工具 Cisco Packet Tracer。

【相关知识】

4.1.1　IPv4 地址的结构和分类

1. IPv4 地址的结构

根据 Internet 协议版本 4（TCP/IPv4）的规定，IPv4 地址由 32 位二进制数组成，而且在网络上是唯一的，如 11001010 01100110 10000110 01000100。很明显，这些数字对于人来说不好记忆。为了方便记忆，可以将组成 IPv4 地址的 32 位二进制数分成 4 个字节，每字节 8 位，中间用小数点隔开，然后将每个字节转换成十进制数，这样就得到了 IPv4 地址的十进制形式，如上述 IPv4 地址的十进制形式为 202.102.134.68，显然 IPv4 地址中的每一个十进制数不会超过 255。

2. IPv4 地址的分类

IPv4 地址是网络层地址，为标识不同的网段以实现跨网段的通信，IPv4 地址通常由两部分组成：前一部分用以标明具体的网段，称为网络标识（net-id）；后一部分用以标明具体的主机，称为主机标识（host-id）。同一网段上所有主机 IP 地址的网络标识应相同，主机标识应不同；若两台主机处于不同网段，则其 IP 地址的网络标识应不同。在早期的 Internet 中，人们按照网络规模的大小，把 IPv4 地址设成五种定位的划分方式，分别对应为 A 类、B 类、C 类、D 类、E 类地址，如图 4-2 所示。

（1）A 类 IPv4 地址。A 类 IPv4 地址由 1 个字节的网络标识和 3 个字节的主机标识组成，IPv4 地址的最高位必须是 0。A 类 IPv4 地址中的网络标识长度为 7 位，主机标识的长度为 24 位。A 类地址的网络标识数量较少，可以用于主机数达 1600 多万台的大型网络。

（2）B 类 IPv4 地址。B 类 IPv4 地址由 2 个字节的网络标识和 2 个字节的主机标识组成，IPv4 地址的最高位必须是 10。B 类 IPv4 地址中的网络标识长度为 14 位，主机标识的长度为 16 位。B 类网络地址适用于中等规模的网络，每个网络所能容纳的主机数为 6 万多台。

（3）C 类 IPv4 地址。C 类 IPv4 地址由 3 个字节的网络标识和 1 个字节的主机标识组成，IPv4 地址的最高位必须是 110。C 类 IPv4 地址中的网络标识长度为 21 位，主机标识的长度为 8 位。C 类网络地址数量较多，适用于小规模的网络，每个网络最多只能包含 254 台主机。

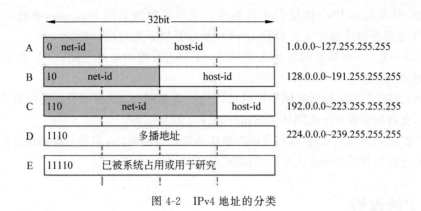

图 4-2　IPv4 地址的分类

（4）D 类 IPv4 地址。D 类 IPv4 地址第 1 个字节以 1110 开始，是专门保留用于组播的地址，并不指向特定的网络。组播地址用来一次寻址一组主机，它标识共享同一协议的一组主机。

（5）E 类 IPv4 地址。E 类 IPv4 地址以 11110 开始，本为保留地址，目前已被系统占用或用于研究。

4.1.2　特殊的 IPv4 地址

1. 特殊用途的 IPv4 地址

有一些 IPv4 地址是具有特殊用途的，通常不能分配给具体的设备，在使用时需要特别注意。表 4-1 列出了常见的一些具有特殊用途的 IPv4 地址。

表 4-1　特殊用途的 IPv4 地址

net-id	host-id	源地址	目的地址	含　　义
0	0	可以	不可	本网络的本主机
0	host-id	可以	不可	本网络的某个主机
net-id	0	不可	不可	网络地址，代表一个网段
全 1	全 1	不可	可以	有限广播地址，对同一网段中的所有主机广播，主要用于不知道本机 IP 地址或网络的情况
net-id	全 1	不可	可以	直接广播地址，对 net-id 对应网段中的所有主机广播
127	任何数	可以	可以	环回地址，用于环回测试，Windows 系统中自动设为 127.0.0.1

注意　由表 4-1 可知，主机标识全是 0 或全是 1 的 IPv4 地址是不能分配给具体设备的，在做 IPv4 地址规划时必须注意这一点。例如，在分配 C 类的 IPv4 地址时，虽然其主机标识为 8 位，但最多可以分配给主机的地址数量为 $2^8-2=254$ 个。

2. 私有 IPv4 地址

私有 IPv4 地址是和公有 IPv4 地址相对的，是只能在局域网中使用的 IPv4 地址。当局域网通过路由设备与广域网连接时，路由设备不会将带有私有 IPv4 地址信息的数据包路由到公有网络，因此即使在两个局域网中分别使用了相同的私有 IPv4 地址，也不会发生地址冲突。当然,使用私有 IPv4 地址的主机也可以通过局域网访问 Internet,不过需要借助地址映射或代理服务器才能完成。私有 IPv4 地址包括以下地址段。

(1) 10.0.0.0/8:该私有网络是 A 类网络,24 位可分配的地址空间(24 位主机标识),允许的有效地址范围从 10.0.0.0～10.255.255.255。

(2) 172.16.0.0/12:该私有网络可以被认为是 B 类网络,20 位可分配的地址空间(20 位主机标识),允许的有效地址范围从 172.16.0.0～172.31.255.255。

(3) 192.168.0.0/16:该私有网络可以被认为是 C 类网络,16 位可分配的地址空间(16 位主机标识),允许的有效地址范围从 192.168.0.0～192.168.255.255。

4.1.3 子网掩码

通常在设置 IPv4 地址时,必须同时设置子网掩码,子网掩码只有一个作用,就是将其对应的 IPv4 地址划分成网络标识和主机标识两部分。与 IPv4 地址相同,子网掩码也是 32 位二进制数,前一部分是"1",对应 IPv4 地址的网络标识部分,后一部分是 0,对应 IPv4 地址的主机标识部分。图 4-3 给出了 IPv4 地址 168.10.20.160 与其子网掩码"255.255.255.0"的二进制对应关系。默认情况下 A 类 IPv4 地址对应的子网掩码为 255.0.0.0,B 类 IPv4 地址对应的为 255.255.0.0;C 类 IPv4 地址对应的为 255.255.255.0。

图 4-3 IPv4 地址与子网掩码二进制比较

注意 在目前绝大部分的网络应用中,IPv4 地址网络标识和主机标识的划分都是由其对应的子网掩码决定的,显然,对于同一个 IPv4 地址来说,若对应的子网掩码不同,则其网络标识和主机标识的划分是不同的。

4.1.4 IPv4 地址的分配方法

在规划好 IPv4 地址之后,需要将其分配给网络中的相关设备,目前 IPv4 地址的分配方法主要有以下几种。

1. 静态分配 IPv4 地址

静态分配 IPv4 地址就是将 IPv4 地址及相关信息设置到每台设备中,计算机及相关设备在每次启动时从自己的存储设备获得的 IPv4 地址及相关信息始终不变。

2. 使用 DHCP 分配 IPv4 地址

DHCP(dynamic host configuration protocol,动态主机配置协议)专门设计用于使客户机可以从服务器接收 IPv4 地址及相关信息。DHCP 采用客户机/服务器模式,网络中有一台 DHCP 服务器,每个客户机选择"自动获得 IPv4 地址"选项,就可以得到服务器提供的 IPv4 地址及相关信息。通常客户机与 DHCP 服务器要在同一个网段,要实现 DHCP 服务,必须分别完成 DHCP 服务器和客户机的设置。

3. 自动专用寻址

如果网络中没有 DHCP 服务器,但是客户机还选择了"自动获得 IPv4 地址"选项,那么操作系统会自动为客户机分配一个 IPv4 地址,该地址为 169.254.0.1～169.254.255.254 中的一个地址,对应的子网掩码为 255.255.0.0。

注意　如果 DHCP 客户机使用自动专用寻址配置了它的网络接口,客户机会在后台每隔 5 分钟查找一次 DHCP 服务器。如果后来找到了 DHCP 服务器,客户端会放弃它的自动配置信息,然后使用 DHCP 服务器提供的地址来更新配置。

【任务实施】

实训 1　无子网的 IPv4 地址分配

在计算机网络中分配 IPv4 地址一般应遵循以下原则:

- 通常计算机和路由器的接口需要分配 IPv4 地址;
- 处于同一个广播域(网段)的主机或路由器的 IPv4 地址的网络标识必须相同;
- 用交换机互联的网络是同一个广播域,如果在交换机上划分了虚拟局域网,那么不同的 VLAN 是不同的广播域;
- 路由器不同的接口连接的是不同的广播域,路由器依靠路由表,连接不同广播域;
- 路由器总是拥有两个或两个以上的 IPv4 地址,并且 IPv4 地址的网络标识不同。

在图 4-1 所示的网络中,如果可用的 IPv4 地址段为 192.168.1.0/24、192.168.2.0/24 和 192.168.3.0/24,请在不划分子网的情况下为网络中的相关设备分配 IPv4 地址。

注意　192.168.1.0/24 为 CIDR(classless inter-domain routing,无类别域间路由)地址,CIDR 地址中包含标准的 32 位 IP 地址和有关网络标识部分位数的信息,表示方法为:A.B.C.D / n(A.B.C.D 为 IP 地址,n 表示网络标识的位数)。

【问题 1】　图 4-1 所示的网络共包括了_____个广播域,各广播域通过_____(路由器/交换机)相连。

【问题 2】　路由器 Router0 接口 F0/0 的 IPv4 地址为_____,子网掩码为_____;接口 S1/0 的 IPv4 地址为_____,子网掩码为_____。路由器 Router1 接口 F0/0 的 IPv4 地址为_____,子网掩码为_____;接口 S1/0 的 IPv4 地址为_____,子网掩码为_____。

【问题 3】　公司总部 PC0 的 IPv4 地址为_____,子网掩码为_____,默认网关为_____。公司总部 PC1 的 IPv4 地址为_____,子网掩码为_____,默认网关为_____。分支机构 PC2 的 IPv4 地址为_____,子网掩码为_____,默认网关为_____。

注意　通常计算机的默认网关应为与其直接相连的路由器接口的 IPv4 地址。

实训 2 用子网掩码划分子网

传统的分类编址虽然易于理解,但在实际应用中会带来地址浪费等很多问题。例如,一个 C 类地址段一共有 254 个可以分配的 IPv4 地址,如果一个网段中只有 30 台主机,那么在使用 C 类地址时,会有 224 个地址被浪费掉。解决上述问题的一种办法是在 IPv4 地址中增加一个"子网标识字段",使两级的 IPv4 地址变成三级的 IPv4 地址。这种做法叫作划分子网。用子网掩码划分子网的一般步骤为:

(1) 确定子网的数量 m,每个子网应包括尽可能多的主机地址,当 m 满足公式 $2^{n-1} \leqslant m \leqslant 2^n$ 时,n 就是子网标识的位数。

(2) 按照 IPv4 地址的类型写出其默认子网掩码。

(3) 将默认子网掩码中主机标识的前 n 位对应的位置置 1,其余位置置 0。

(4) 写出各子网的子网标识和相应的 IPv4 地址。

在图 4-1 所示的网络中,如果可用的 IPv4 地址段为 192.168.1.0/24,请为网络中的相关设备分配 IPv4 地址。

【问题 4】 图 4-1 所示的网络需要划分_____个子网,子网标识的位数为_____,主机标识的位数为_____,每个子网可以有_____台主机。

【问题 5】 192.168.1.0/24 地址段默认的子网掩码为_____,其二进制形式为_____。将默认子网掩码中相应的子网标识位置 1 后,其二进制形式为_____,转换成十进制为_____。

【问题 6】 192.168.1.0 的二进制形式为 11000000101010000000000100000000,第 1 个可用子网网络标识的二进制形式为_____,转换为十进制为_____;该子网可分配给主机的第一个 IPv4 地址的二进制形式为_____,转换为十进制为_____;最后一个 IPv4 地址的二进制形式为_____,转换为十进制为_____;广播地址的二进制形式为_____,转换为十进制为_____。第 2 个可用子网网络标识的二进制形式为_____,转换为十进制为_____;该子网可分配给主机的第一个 IPv4 地址的二进制形式为_____,转换为十进制为_____;最后一个 IPv4 地址的二进制形式为_____,转换为十进制为_____;广播地址的二进制形式为_____,转换为十进制为_____。最后一个可用子网网络标识的二进制形式为_____,转换为十进制为_____;该子网可分配给主机的第一个 IPv4 地址的二进制形式为_____,转换为十进制为_____;最后一个 IPv4 地址的二进制形式为_____,转换为十进制为_____;广播地址的二进制形式为_____,转换为十进制为_____。

【问题 7】 路由器 Router0 接口 F0/0 的 IPv4 地址为_____,子网掩码为_____;接口 S1/0 的 IPv4 地址为_____,子网掩码为_____。路由器 Router1 接口 F0/0 的 IPv4 地址为_____,子网掩码为_____;接口 S1/0 的 IP 地址为_____,子网掩码为_____。

【问题 8】 公司总部 PC0 的 IPv4 地址为_____,子网掩码为_____,默认网关为_____。公司总部 PC1 的 IPv4 地址为_____,子网掩码为_____,默认网关为_____。分支机构 PC2 的 IPv4 地址为_____,子网掩码为_____,默认网关

为 _____。

实训 3　使用 VLSM 细分子网

在用子网掩码划分子网的过程中，子网标识的位数是确定的，每个子网的可用地址数量也相同。当每个子网中的主机数量大致相同时，这种划分方法是适当的。然而在图 4-1 所示的网络中，两台路由器之间的链路所在子网只需要 2 个 IPv4 地址，在用子网掩码划分子网的方法中，这不但会造成地址的浪费，还会减少可用子网的数量，从而限制网络的扩展。

VLSM(variable length subnet mask，可变长子网掩码)允许在一个网络中使用不同的子网掩码，通过不同的子网掩码，网络管理员可以把网络地址段分割为不同大小的部分，更好的避免 IPv4 地址的浪费。在图 4-1 所示的网络中，如果公司总部需要 58 个主机地址，分支机构需要 20 个主机地址，网络可用的 IPv4 地址段为 192.168.2.0/24，请利用 VLSM 为该网络中的相关设备分配 IPv4 地址，尽量避免地址的浪费。

利用 VLSM 分配 IPv4 地址始终应从最大的地址需求着手，可按照以下步骤对该网络中的 IPv4 地址进行分配。

(1) 该网络的最大地址需求为公司总部，共需 58 个主机地址，IPv4 地址的主机标识至少应为 6 位($2^5-2 \leqslant 58 \leqslant 2^6-2$)才能满足该地址需求。此时子网标识为 2 位，通过子网划分可将网络分为 4 个子网，网络标识分别为 192.168.2.0/26、192.168.2.64/26、192.168.2.128/26、192.168.2.192/26。

【问题 9】　若公司总部选择 4 个子网中第 1 个子网的 IPv4 地址段，则该网段中可分配给主机的第一个 IPv4 地址为 _____，最后一个 IPv4 地址的为 _____，子网掩码为 _____。路由器 Router0 接口 F0/0 的 IPv4 地址为 _____，子网掩码为 _____。公司总部 PC0 的 IPv4 地址为 _____，子网掩码为 _____，默认网关为 _____。公司总部 PC1 的 IPv4 地址为 _____，子网掩码为 _____，默认网关为 _____。

(2) 该网络的分支机构只需要 20 个主机地址，如果给其分配的子网与总部相同，显然会造成地址的浪费。由于 $2^4-2 \leqslant 20 \leqslant 2^5-2$，因此 IPv4 地址的主机标识只需要 5 位就可以满足分支机构的要求，此时子网标识为 3 位。如果公司总部已经选择了 192.168.2.0/26 地址段，那么应该从下一个地址段 192.168.2.64 着手分配该机构的地址段。其对应的网络标识应为 192.168.2.64/27，该地址段共有 2^5-2 共 30 个可用的 IPv4 地址，第一个可分配的地址为 192.168.2.65/27，最后一个可分配的地址为 192.168.2.94/27，广播地址为 192.168.2.95/27。

【问题 10】　路由器 Router1 接口 F0/0 的 IPv4 地址为 _____，子网掩码为 _____。分支机构 PC2 的 IPv4 地址为 _____，子网掩码为 _____，默认网关为 _____。分支机构 PC3 的 IPv4 地址为 _____，子网掩码为 _____，默认网关为 _____。

(3) 该网络两台路由器之间的串口链路只需要 2 个主机地址，由于 $2^1-2 \leqslant 2 \leqslant 2^2-2$，因此 IPv4 地址的主机标识只需要 2 位就可以满足路由器之间串口链路的要求，此时子网标识为 6 位。由于公司总部已经选择了 192.168.2.0/26 地址段，分支机构选择了 192.168.2.64/27 地址段，那么应该从下一个地址段 192.168.2.96 着手分配该机构的地址段。其对应的网络标识应为 192.168.2.96/30，该地址段共有 2^2-2 共 2 个可用的 IPv4 地址，分别为 192.168.2.97/30

和 192.168.2.98/30。

【问题 11】 路由器 Router0 接口 S1/0 的 IP 地址为_____,子网掩码为_____。路由器 Router1 接口 S1/0 的 IP 地址为_____,子网掩码为_____。

注意 由于 VLSM 可以使网络特定的区域使用连续的 IPv4 地址段,从而可轻松地对网络进行汇总,最大限度地减少路由选择协议通告的路由更新,降低路由器的处理负担。因此即使在 IPv4 地址资源非常充足的情况下,也会使用 VLSM 的方式进行编址。

【任务拓展】

在图 4-4 所示的网络中,网络 A、网络 B 和网络 C 通过各自路由器的串行接口直接相连,各网络中未划分 VLAN。网络 A 需要 54 个主机地址,网络 B 需要 25 个主机地址,网络 C 需要 18 个主机地址,请为该网络中的相关设备分配 IPv4 地址,尽量避免地址的浪费。

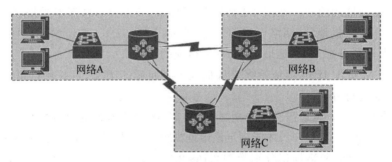

图 4-4 规划和分配 IPv4 地址拓展练习

任务 4.2 设置 IPv6 地址

【任务目的】

(1) 了解 IPv6 的特点。

(2) 了解 IPv6 地址表示方法和类型。

(3) 熟悉 IPv6 地址的配置方法。

【任务导入】

IPv4 地址的最大问题是地址资源有限,目前 IPv4 地址已被分配完毕。虽然利用 NAT 技术可以缓解 IPv4 地址短缺的问题,但也会破坏端到端应用模型,影响网络性能并阻碍网络安全的实现,在这种情况下,IPv6 应运而生。请组建双机互联网络,在该网络中启用 IPv6 协议并设置 IPv6 地址实现网络的连通。

【工作环境与条件】

(1) 安装好 Windows 操作系统的 PC。

(2) 组建网络的其他设备(也可以使用 Cisco Packet Tracer 等网络模拟和建模工具)。

【相关知识】

4.2.1　IPv6 的新特性

与 IPv4 相比,IPv6 主要有以下新特性。

- 巨大的地址空间:IPv4 中规定地址长度为 32,理论上最多有 2^{32} 个地址,而 IPv6 中规定地址的长度为 128,理论上最多有 2^{128} 个地址。
- 数据处理效率提高:IPv6 使用了新的数据包头格式。IPv6 包头分为基本头部和扩展头部,基本头部长度固定,去掉了 IPv4 数据包头中的包头长度、标识符、特征位、片段偏移等诸多字段,一些可选择的字段被移到扩展包头中。因此路由器在处理 IPv6 数据包头时无须处理不必要的信息,极大提高了路由效率。另外,IPv6 数据包头的所有字段均为 64 位对齐,可以充分利用新一代的 64 位处理器。
- 良好的扩展性:由于 IPv6 增加了扩展包头,因此 IPv6 可以很方便地实现功能扩展,IPv4 数据包头中的选项最多可支持 40 个字节,而 IPv6 扩展包头的长度只受到 IPv6 数据包长度的制约。
- 路由选择效率提高:IPv6 的地址分配一开始就遵循聚类的原则,这使得路由器能在路由表中用一条记录表示一片子网,大大减小了路由器中路由表的长度,提高了路由器转发数据包的速度。
- 支持自动配置和即插即用:在 IPv6 中,主机支持 IPv6 地址的无状态自动配置。也就是说 IPv6 节点可以根据本地链路上相邻的 IPv6 路由器发布的网络信息,自动配置 IPv6 地址和默认路由。这种方式不需要人工干预,也不需要架设 DHCP 服务器,简单易行,减低了网络成本,从而使移动电话、家用电器等终端也可以方便地接入 Internet。
- 更好的服务质量:IPv6 数据包头使用了流量类型字段,传输路径上的各个节点可以利用该字段来区分和识别数据流的类型和优先级。IPv6 还通过增加流标签字段、提供永久连接、防止服务中断等方法来改善服务质量。
- 内在的安全机制:IPv4 本身不具有安全性。IPv6 将 IPSec(IP 安全协议)作为其自身的完整组成部分,从而具有内在的安全机制,可以实现端到端的安全服务。
- 增强了对移动 IP 的支持:IPv6 采用了路由扩展包头和目的地址扩展包头,使其具有内置的移动性。
- 增强的组播支持:IPv6 中没有广播地址,广播地址的功能被组播地址所替代。

4.2.2　IPv6 地址的表示

1. IPv6 地址的文本格式

IPv6 地址的长度是 128 位,可以使用以下 3 种格式将其表示为文本字符串。

(1) 冒号十六进制格式。这是 IPv6 地址的首选格式,格式为 $n:n:n:n:n:n:n:n$。每个 n 由 4 位十六进制数组成,对应 16 位二进制数。例如,3FFE:FFFF:7654:FEDA:1245:

0098:3210:0002。

注意 IPv6 地址的每一段中的前导 0 是可以去掉的,但至少每段中应有一个数字。例如可以将上例的 IPv6 地址表示为 3FFE:FFFF:7654:FEDA:1245:98:3210:2。

(2) 压缩格式。在 IPv6 地址的冒号十六进制格式中,经常会出现一个或多个段内的各位全为 0 的情况,为了简化对这些地址的写入,可以使用压缩格式。在压缩格式中,一个或多个各位全为 0 的段可以用双冒号符号(::)表示。此符号只能在地址中出现一次。例如,未指定地址 0:0:0:0:0:0:0:0 的压缩形式为"::";环回地址 0:0:0:0:0:0:0:1 的压缩形式为"::1";单播地址 3FFE:FFFF:0:0:8:800:20C4:0 的压缩形式为 3FFE:FFFF::8:800:20C4:0。

注意 使用压缩格式时,不能将一个段内有效的 0 压缩掉。例如,不能将 FF02:40:0:0:0:0:0:6 表示为 FF02:4::6,而应表示为 FF02:40::6。

(3) 内嵌 IPv4 地址的格式。这种格式组合了 IPv4 和 IPv6 地址,是 IPv4 向 IPv6 过渡过程中使用的一种特殊表示方法。具体地址格式为 $n:n:n:n:n:n:d.d.d.d$,其中每个 n 由 4 位十六进制数组成,对应 16 位二进制数;每个 d 都表示 IPv4 地址的十进制值,对应 8 位二进制数。内嵌 IPv4 地址的 IPv6 地址主要有以下两种:

- IPv4 兼容 IPv6 地址,例如,0:0:0:0:0:0:192.168.1.100 或::192.168.1.100。
- IPv4 映射 IPv6 地址,例如,0:0:0:0:0:FFFF:192.168.1.100 或::FFFF:192.168.1.100。

2. IPv6 地址前缀

IPv6 中的地址前缀(Format Prefix,FP)类似于 IPv4 中的网络标识。IPv6 前缀通常用来作为路由和子网的标识,但在某些情况下仅仅用来表示 IPv6 地址的类型。例如,IPv6 地址前缀"FE80::"表示该地址是一个链路本地地址。在 IPv6 地址表示中,表示地址前缀的方法与 IPv4 中的 CIDR 表示方法相同,即用"IPv6 地址/前缀长度"来表示。例如,若某 IPv6 地址为 3FFE:FFFF:0:CD30:0:0:0:5/64,则该地址的前缀是 3FFE:FFFF:0:CD30::。

3. URL 中的 IPv6 地址表示

在 IPv4 中,对于一个 URL,当需要使用 IPv4 地址加端口号的方式来访问资源时,可以采用形如 http://51.151.52.63:8080/cn/index.asp 的表示形式。由于 IPv6 地址中含有":",因此为了避免歧义,当 URL 中含有 IPv6 地址时应使用"[]"将其包含起来,表示形式为 http://[2000:1::1234:EF]:8080/cn/index.asp。

4.2.3 IPv6 地址的类型

与 IPv4 地址类似,IPv6 地址可以分为单播地址、组播地址和任播地址等类型。

1. 单播地址

单播地址是只能分配给一个节点上的一个接口的地址,也就是说寻址到单播地址的数据包最终会被发送到唯一的接口。和 IPv4 单播地址类似,IPv6 单播地址通常可分为子网前缀和接口标识两部分,子网前缀用于表示接口所属的网段,接口标识用以区分连接在同一链路的不同接口。根据作用范围,IPv6 单播地址可分为以下类型。

注意 在 IPv6 网络中,节点指任何运行 IPv6 的设备;链路指以路由器为边界的一个或多个局域网段;站点指由路由器连接起来的两个或多个子网。

(1) 可聚合全球单播地址。可聚合全球单播地址类似于 IPv4 中可以应用于 Internet 的公有地址,该类地址由 IANA(互联网地址分配机构)统一分配。可聚合全球单播地址的结构如图 4-5 所示。各字段的含义如下。

	n bits	m bits	128-n-m bits
001	全球可路由前缀	子网ID	接口ID

图 4-5 可聚合全球单播地址的结构

- 全球可路由前缀(global routing prefix):该部分的前 3 位固定为 001,其余部分由 IANA 的下属组织分配给 ISP 或其他机构。该部分有严格的等级结构,可区分不同的地区、不同等级的机构,以便于路由聚合。
- 子网 ID(subnet ID):用于标识全球可路由前缀所代表的站点内的子网。
- 接口 ID(interface ID):用于标识链路上的不同接口,可以手动配置也可由设备随机生成。

注意 可聚合全球单播地址的前 3 位固定为 001,该部分地址可表示为 2000::/3。根据 RFC 3177 的建议,全球可路由前缀(包括前 3 位)的长度最长为 48 位(可以以 16 位为段进行分配),子网 ID 的长度应为固定 16 位(IPv6 地址左起的第 49~64 位),接口 ID 的长度应为固定的 64 位。

(2) 链路本地地址。当一个节点启用 IPv6 协议时,该节点的每个接口会自动配置一个链路本地地址。这种机制可以使得连接到同一链路的 IPv6 节点不需做任何配置就可以通信。链路本地地址的结构如图 4-6 所示。由图 4-6 可知,链路本地地址使用了特定的链路本地前缀 FE80::/64,其接口 ID 的长度为固定 64 位。链路本地地址在实际的网络应用中是受限制的,只能在连接到同一本地链路的节点之间使用,通常用于邻居发现、动态路由等需在邻居节点进行通信的协议。

10 bits	54 bits	64 bits
1111111010	0	接口ID

图 4-6 链路本地地址的结构

注意 链路本地地址的接口 ID 通常会使用 IEEE EUI-64 接口 ID。EUI-64 接口 ID 是通过接口的 MAC 地址映射转换而来的,可以保证其唯一性。

(3) 唯一本地地址。唯一本地地址类似于 IPv4 中的私有地址,支持在整个站点内通信,可路由到多个本地网络,但不能被路由到 Internet。唯一本地地址基本上是全局唯一的,不太可能重复使用,这就可以避免产生像 IPv4 私有地址泄漏到公网而造成的问题。唯一本地地址的结构如图 4-7 所示,各字段的含义如下。

- 固定前缀:前 7 位固定为 1111110,即固定前缀为 FC00::/7。
- L:表示地址的范围,取值为 1 则表示本地范围。

7 bits		40 bits	16 bits	64 bits
1111110	L	全球 ID	子网 ID	接口 ID

图 4-7　唯一本地地址的结构

- 全球 ID：全球唯一前缀，随机方式生成。
- 子网 ID：划分子网时使用的子网 ID。

唯一本地地址主要具有以下特性。

- 该地址与 ISP 分配的地址无关，任何人都可以随意使用。
- 该地址具有固定前缀，边界路由器很容易对其过滤。
- 该地址具有全球唯一前缀（有可能出现重复但概率极低），一旦出现路由泄漏，不会与 Internet 路由产生冲突。
- 可用于构建 VPN。
- 上层协议可将其作为全球单播地址来对待，简化了处理流程。

（4）特殊地址。特殊地址主要包括未指定地址和环回地址。

- 未指定地址：该地址为 0:0:0:0:0:0:0:0（::），可由尚未对其分配地址的 IPv6 主机使用，作为发送数据包时的源地址。
- 环回地址：该地址为 0:0:0:0:0:0:0:1（::1），与 IPv4 地址中的 127.0.0.1 的功能相同，主要用于向自身发送数据包。

2. 组播地址

（1）组播地址的结构。组播是指一个源节点发送的数据包能够被特定的多个目的节点收到。在 IPv6 网络中组播地址由固定的前缀 FF::/8 来标识，其地址结构如图 4-8 所示。各字段的含义如下。

8 bits	4 bits	4 bits	112 bits
11111111	标志	范围	组 ID

图 4-8　组播地址的结构

- 固定前缀：前 8 位固定为 11111111，即固定前缀为 FF::/8。
- 标志：目前只使用了最后一位（前 3 位置 0），当该位为 0 时表示当前组播地址为 IANA 分配的永久地址；当该位为 1 时表示当前组播地址为临时组播地址。
- 范围：用来限制组播数据流的发送范围。该字段为 0001 时为节点本地范围，为 0010 时为链路本地范围，为 0011 时为站点本地范围，为 1110 时为全球范围。
- 组 ID：该字段用以标识组播组。

（2）被请求节点组播地址。这是一种具有特殊用途的地址，主要用来代替 IPv4 中的广播地址，其使用范围为链路本地，用于重复地址检测和获取邻居节点的物理地址。被请求节点组播地址由前缀 FF02:0:0:0:0:1:FF00::/104 和单播地址的最后 24 位组成，如图 4-9 所示。对于节点上配置的每个单播地址和任播地址，都会自动启用一个对应的被请求节点组播地址。

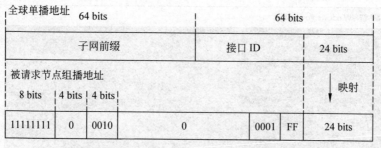

图 4-9 被请求节点组播地址的结构

（3）众所周知的组播地址。与 IPv4 类似，IPv6 有一些众所周知的组播地址，这些地址具有特殊的含义。表 4-2 列出了部分众所周知的组播地址。

表 4-2 部分众所周知的组播地址

组播地址	范 围	含 义
FF01∷1	节点	在本地接口范围的所有节点
FF01∷2	节点	在本地接口范围的所有路由器
FF02∷1	链路本地	在本地链路范围的所有节点
FF02∷1	链路本地	在本地链路范围的所有路由器
FF02∷5	链路本地	在本地链路范围的所有 OSPF 路由器
FF05∷2	站点	在一个站点范围内的所有路由器

3. 任播地址

任播地址是 IPv6 特有的地址类型，用来标识一组属于不同节点的网络接口。任播地址适合于一对多的通信场合，接收方只要是一组接口的任意一个即可。例如对于移动用户就可以利用任播地址，根据其所在地理位置的不同，与距离最近的接收站进行通信。任播地址是从单播地址空间中分配的，使用单播地址格式，仅通过地址本身，节点无法区分其是任播地址还是单播地址，因此必须对任播地址进行明确配置。

注意 可将单个任播地址分配给多个接口，任播地址仅被用作目的地址。

【任务实施】

实训 4 查看链路本地地址

若计算机安装的是 Windows 7 以上的 Windows 系统，则默认情况下会自动安装 Internet 协议版本 6（TCP/IPv6）并配置链路本地地址。可在 Windows PowerShell 或"命令提示符"窗口中输入 ipconfig 或 ipconfig /all 命令查看其配置信息，如图 4-10 所示。由图可知，该计算机链路本地地址为 fe80∷fd9d:4423:5706:fac5％17，其中％17 为该网络连接在 IPv6 协议中对应的索引号。

注意 若系统未安装 IPv6 协议，则应先安装该协议，协议安装后会自动配置链路本地地址。

113

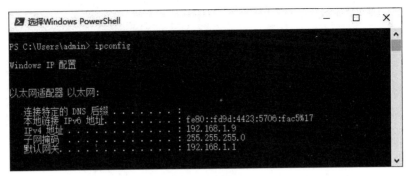

图 4-10　查看计算机的链路本地地址

在安装 IPv6 协议后，Windows 系统会创建一些逻辑接口。可以在 Windows PowerShell 窗口中先输入 netsh 命令进入 netsh 界面，再进入 interface ipv6 上下文，然后利用 show interface 命令查看系统接口的信息，如图 4-11 所示。

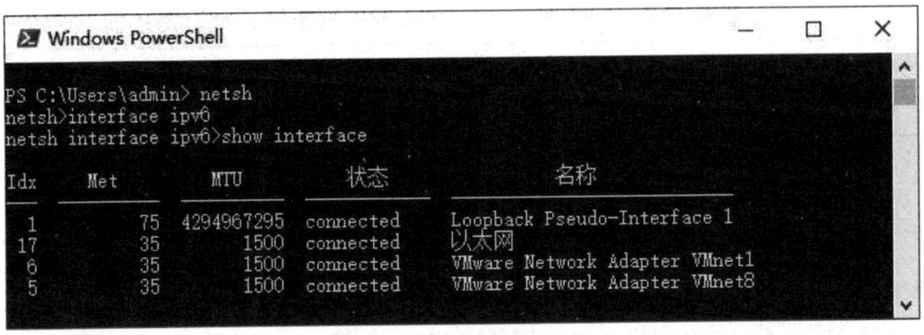

图 4-11　查看计算机的逻辑接口

注意　netsh 是一个用来查看和配置网络参数的工具。可以在 netsh interface ipv6 提示符下，利用 show address 17 命令查看"以太网"接口的详细地址信息；也可以利用 add address 17 fe80::2 为该接口手动增加一个链路本地地址，其中 17 为接口对应的索引号。netsh 其他的相关命令及使用方法请查阅 Windows 帮助文件。

若两台同网段的计算机都安装了 IPv6 协议并配置了链路本地地址，那么可以在计算机上直接利用 ping 命令测试其与另一台计算机的连通性，如图 4-12 所示。需要注意的是，计算机上可能有多个链路本地地址，因此在运行 ping 命令时，如果目的地址为链路本地地址，则需要在地址后加"%接口索引号"，该索引号为源主机发送 ping 命令数据包所用接口的索引号，以告之系统发出数据包的源地址。

【问题 1】　组建双机互联网络并安装 IPv6 协议后，两台计算机的本地链路地址分别为_____和_____，在计算机上利用 ping 命令测试连通性时，输入的命令为_____，测试结果为_____（连通/不连通）。

【问题 2】　在 Windows 系统中可以在 Windows PowerShell 或"命令提示符"窗口使用 ping 127.0.0.1 命令测试 IPv4 协议是否安装正确，若要测试 IPv6 协议是否安装正确。可以在"命令提示符"窗口运行_____命令。

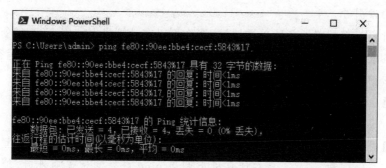

图 4-12　利用 ping 命令测试连通性

实训 5　配置全球单播地址

在 Windows 系统中配置可聚合全球单播地址的基本操作过程为：在网络连接"属性"对话框的"此连接使用下列项目"列表框中选择"Internet 协议版本 6（TCP/IPv6）"选项，单击"属性"按钮，打开"Internet 协议版本 6（TCP/IPv6）属性"对话框，如图 4-13 所示。选择"使用以下 IPv6 地址"单选框，输入分配该网络连接的全球单播地址和前缀，单击"确定"按钮即可。

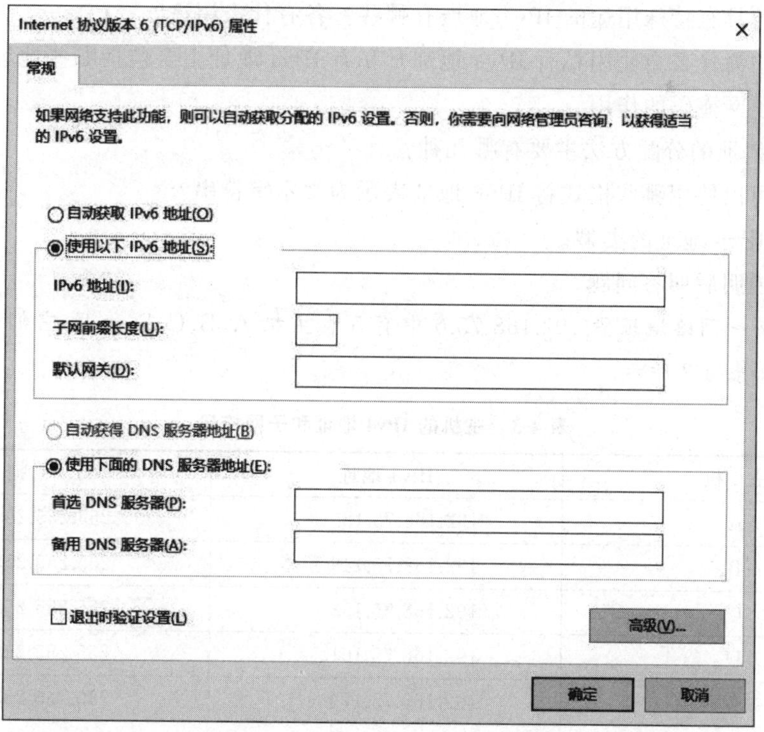

图 4-13　"Internet 协议版本 6（TCP/IPv6）属性"对话框

注意　同一网段的计算机其全球单播地址的前缀部分应相同。另外，也可以在 netsh interface ipv6 提示符下利用 add address 17 2000:aaaa::1 命令设置全球单播地址，其中 17

为接口对应的索引号。

若两台计算机都配置了全球单播地址,那么可以在计算机上利用 ping 命令测试其与另一台计算机的连通性。需要注意的是,由于使用的是全球单播地址,因此在运行 ping 命令时无须输入接口索引号。

【问题 3】 在 Windows 系统中为网络连接配置全球单播地址后,该网络连接还_____(有/没有)链路本地地址。

【问题 4】 组建双机互联网络并安装 IPv6 协议后,你为两台计算机的设置的全球单播地址分别为_____和_____,在计算机上利用 ping 命令测试连通性时,输入的命令为_____,测试结果为_____(连通/不连通)。

【任务拓展】

IPv6 地址的规划和分配原则与 IPv4 地址基本相同。请为图 4-1 所示网络规划与分配 IPv6 全球单播地址。

习 题 4

1. 常见的具有特殊用途的 IPv4 地址有哪些?各有什么用途?
2. 网络中为什么会使用私有 IPv4 地址?私有 IPv4 地址主要包括哪些地址段?
3. 简述子网掩码的作用。
4. IPv4 地址的分配方法主要有哪几种?
5. 通常可以使用哪些格式将 IPv6 地址表示为文本字符串?
6. 简述 IPv6 地址的类型。
7. 阅读说明后回答问题。

说明 某一网络地址段 192.168.75.0 中有 5 台主机 A、B、C、D 和 E,它们的 IPv4 地址和子网掩码如表 4-3 所示。

表 4-3 主机的 IPv4 地址和子网掩码

主 机	IPv4 地址	子 网 掩 码
A	192.168.75.18	255.255.255.240
B	192.168.75.146	255.255.255.240
C	192.168.75.158	255.255.255.240
D	192.168.75.161	255.255.255.240
E	192.168.75.173	255.255.255.240

(1) 这 5 台主机分别属于几个网段?哪些主机位于同一网段?利用哪些设备或技术可以实现网段的划分?

(2) 主机 D 的网络地址是多少?

（3）若要加入第 6 台主机 F,使它能与主机 A 属于同一网段,其可分配的 IPv4 地址有哪些?

（4）若在网络中加入另一台主机,其 IPv4 地址设为 192.168.75.164,子网掩码为 255.255.255.240,如果该主机要向其所在的网段发送广播,则广播地址应为多少? 有哪些主机能够收到其所发送的广播包?

工作单元 5　实现网际互联

在默认情况下,使用二层交换机连接的所有计算机属于一个网段(广播域),网络规模不能太大。虽然通过 VLAN 技术可以实现广播域的隔离,但不同 VLAN 的主机之间并不能进行通信。随着计算机网络规模的不断扩大,在组建网络时必须实现不同网段之间的互联。而网际互联必须在 OSI 参考模型的网络层,借助 IP 协议实现。目前常用的可用于实现网际互联的设备主要是路由器和三层交换机。本单元的主要目标是理解 IP 路由的概念,学会查看和阅读路由表;认识路由器和三层交换机并了解其基本配置方法。

任务 5.1　查看计算机路由表

【任务目的】

(1) 理解路由的基本原理。

(2) 理解路由表的结构和作用。

(3) 熟悉在 Windows 系统中查看和设置计算机路由表的方法。

(4) 熟悉在 Windows 系统中测试计算机之间的路由的方法。

【任务导入】

在通常的术语中,路由就是在不同网段之间转发数据包的过程。对于基于 TCP/IP 的网络,路由是网际协议(IP)与其他网络协议结合使用提供的在不同网段主机之间转发数据包的能力。这个基于 IP 协议传送数据包的过程叫作 IP 路由。路由选择是 TCP/IP 中非常重要的功能,它确定了数据包到达目的主机的最佳路径,是 TCP/IP 得到广泛使用的主要原因。请利用 Windows 操作系统查看计算机路由表,分别测试本地计算机到同网段某计算机、外网段某计算机之间的路由,结合本地计算机路由表,理解路由表的结构和作用,并思考数据的传输过程。

【工作环境与条件】

(1) 安装 Windows 操作系统的 PC。

(2) 能够接入 Internet 的 PC。

【相关知识】

5.1.1 路由的基本原理

二层交换机是根据 MAC 地址表来转发数据帧的。与之类似,路由器、三层交换机和计算机等在网络层是依据路由表来转发 IP 数据包的。路由表(routing table)由目标网络、下一跳 IP 地址、转发接口等多种信息组成。在图 5-1 所示的网络中,路由器 Router0 和 Router1 连接了 3 个不同的网段,网络中各设备的 IP 地址和路由表如图所示。下面以 PC1 向 PC2 发送数据包的过程为例,看一下数据包是如何在网络中路由的。

当主机要发送 IP 数据包给另一台主机时,会首先查询自己的路由表。如果目标主机与其在同一网段,它可以直接通过 ARP 获取对方的 MAC 地址,并把该数据包送给目标主机;如果目标主机与其不在同一网段,则需要选择一个能够到达目标主机所在网段的路由器,由路由器完成数据包的转发。通常在主机上都会配置默认网关(default gateway),它是与主机连接在同一网段的某路由器接口的 IP 地址。如果在主机路由表中没有专门为相应网段设置转发路由器的接口地址,则主机发往不同网段的数据包都会送往默认网关对应的路由器接口。在图 5-1 所示的网络中,由于 PC1 和 PC2 属于不同的网段,因此在 PC1 向 PC2 发送数据包时,该数据包会送往 PC1 配置的默认网关,即路由器 Router0 的 F0/0 接口。

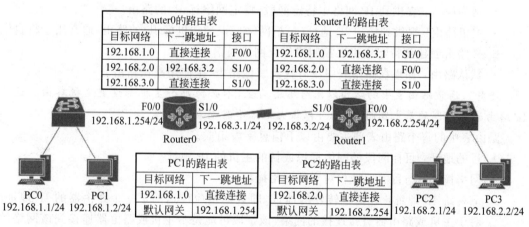

图 5-1 路由基本过程示例

路由器通常会有多个接口,不同的接口会连接不同的网段。路由器在转发数据包时会根据数据包的目的 IP 地址和路由表,选择合适的转发接口。同主机一样,路由器也要判断该转发接口与目标主机是否在同一网段,如果是,路由器可以直接通过 ARP 把数据包发往目标主机,否则将把数据包送往另一个路由器继续转发。路由表中的下一跳 IP 地址就是能够到达目标网段,且与当前路由器直接相连的另一个路由器接口的 IP 地址。当然,在路由器上也可以设置自己的默认路由和默认网关,用来传送不知道该由哪个接口转发的 IP 数据包。如果在路由器的路由表中没有去往目标主机或网段的路由信息,而且也没有设置默认路由,那么路由器会将该数据包丢弃。在图 5-1 所示的网络中,当路由器 Router0 通过 F0/0

接口收到 PC1 向 PC2 发送的数据包后,会查看自己的路由表。根据路由器 Router0 的路由表,PC2 对应的 192.168.2.0/24 网段并未与路由器 Router0 直接相连,该数据包应从路由器 Router0 的 S1/0 接口发出,发往 IP 地址为 192.168.3.2 的路由器接口,即路由器 Router1 的 S1/0 接口。路由器 Router1 通过 S1/0 接口收到数据包后,会查看自己的路由表。根据路由器 Router1 的路由表,PC2 对应的 192.168.2.0/24 网段与路由器 Router1 的 F0/0 接口直接相连,路由器 Router1 可以在 F0/0 接口直接通过 ARP 获得 PC2 的 MAC 地址,将数据包发送给 PC2。

注意 路由器的以太网接口除具有 IP 地址外还具有 MAC 地址,可以成为以太网数据帧的发送方和接收方。在数据的传输过程中,IP 地址和 MAC 地址是通过 ARP 彼此协作、共同发挥作用的。数据帧中的源 MAC 地址和目的 MAC 地址只在同一网段中有效,当需要跨网段进行数据发送时,需要更换为相应路由器接口的 MAC 地址,以保证数据的中转。而 IP 数据包中的源 IP 地址和目的 IP 地址则能够跨网段,以确保数据的源主机和目标主机始终不变。

5.1.2 路由表的结构

路由表由多个路由表项组成,路由表中的每一个表项都被看作是一条路由,路由表项可以分为以下几种类型。

- 网络路由:提供到 IP 网络中特定网段(特定网络标识)的路由。
- 主机路由:提供到特定 IP 地址(包括网络标识和主机标识)的路由,通常用于将自定义路由创建到特定主机以控制或优化网络通信。
- 默认路由:如果在路由表中没有找到其他路由,则使用默认路由。

注意 通常路由表中的路由以网络路由为主,不必为每个主机都设置主机路由。这是 IP 路由选择机制的基本属性,从而可以极大地缩小路由表的规模。

路由表中的每个路由表项主要由以下信息字段组成。

- 目的地址:目标网段的网络标识或目的主机的 IP 地址。
- 网络掩码:与目的地址相对应的网络掩码。
- 下一跳 IP 地址:数据包转发的地址,即数据包应传送的下一个路由器的 IP 地址。对于主机或路由器直接连接的网络,该字段可能是本主机或路由器连接到该网络的接口地址。
- 转发接口:将数据包转发到目的地址时所使用的路由器接口,该字段可以是一个接口号或其他类型的逻辑标识符。

注意 不同设备路由表中的信息字段并不相同。在 Cisco 设备的路由表中还会包含路由信息的来源(直连路由、静态路由或动态路由)、管理距离(路由的可信度)、量度值(路由的可到达性)、路由的存活时间等信息字段。

路由设备在转发 IP 数据包时主要遵循以下规则。

- 搜索路由表,寻找能与目的 IP 地址完全匹配的表项,如果找到,则把 IP 数据包由该表项指定的接口转发,发送给指定的下一个路由器或直接连接的网络接口。
- 搜索路由表,寻找能与目的 IP 地址网络标识匹配的表项,如果找到,则把 IP 数据包由该表项指定的接口转发,发送给指定的下一个路由器或直接连接的网络接口。若存在多个表项,则选用网络掩码最长的那条路由。

* 按照路由表的默认路由转发,若无默认路由则将 IP 数据包丢弃。

5.1.3　路由的生成方式

路由表是 IP 数据包转发的依据,因此如何建立路由表就是实现网际互联的关键。路由表中路由的生成方式有以下几种。

1. 直连路由

直连路由是路由设备自动添加的与其直接相连的网段的路由。由于直连路由反映的是路由设备各接口直接连接的网段,因此具有较高的可信度。

2. 静态路由

静态路由是由管理员手工配置的路由。静态路由在默认情况下是私有的,不会传递给其他的路由设备。当然,管理员也可以通过设置使之共享。静态路由一般适用于比较简单的网络环境,在这样的环境中,管理员可以清楚地了解网络的拓扑结构,便于设置正确的路由信息。大型和复杂的网络环境通常不宜采用静态路由。一方面,管理员很难全面了解整个网络的拓扑结构;另一方面,当网络的拓扑结构和链路状态发生变化时,路由设备中的静态路由信息需要大范围地调整,这一工作的难度和复杂程度非常高。

3. 动态路由

动态路由是各个路由设备利用路由协议动态交换各自的路由信息,然后按照一定的算法优化出来的路由,并且这些路由可以在一定时间间隙里不断更新。当网络拓扑结构发生变化,或网络某个节点或链路发生故障时,与之相邻的路由设备会重新计算路由,并向外发送路由更新新息,从而引发所有路由设备重新计算和调整其路由表,以适应网络的变化。与静态路由相比,动态路由可以大大减轻大型网络的管理负担,但其对路由设备的性能要求较高,会占用网络的带宽,并且存在一定的安全隐患。

注意　在同一路由设备中,可以同时配置静态路由和一种或多种动态路由。它们各自维护的路由表项之间可能会发生冲突,这种冲突可通过配置各路由表项的可信度来解决。

5.1.4　路由协议

要通过动态路由实现网际互联,需要网络中的路由设备运行相同的路由协议。根据控制范围,路由协议可分为 IGP(interior gateway protocol,内部网关协议)和 EGP(exterior gateway protocol,外部网关协议)。IGP 是控制 AS(autonomous system,自治系统)内部的路由协议,EGP 则是控制 AS 之间的路由协议。在常见的路由协议中,RIP、OSPF 等属于 IGP,而 BGP 则属于 EGP。

注意　可以将 AS 简单理解为组织,如 ISP、企业、研究机构等。

1. RIP

RIP(routing information protocol,路由信息协议)是一种分布式的基于距离矢量的路由选择协议,是 Internet 的标准内部网关协议。RIP 要求网络中的每个路由设备都要维护从它自己到每个目标网络的距离记录。对于距离,RIP 有如下定义:路由设备到与其直接连接的网络距离定义为 1;路由设备到与其非直接连接的网络距离定义为所经过的路由设备数加 1。RIP 认为好的路由就是距离最短的路由。RIP 允许一条路由最多包含 15 个路由器,即距离最大值为 16。由此可见 RIP 只适合于小型互联网络。图 5-2 ~ 图 5-4 展示了在一个使用 RIP 的自治系统内,各路由器是如何完善和更新各自路由表的。

- 在未启动 RIP 的初始状态下,路由器将首先发现与其自身直连的网络,并将直连路由添加到路由表中。路由表的初始状况,如图 5-2 所示。路由器启动 RIP 后,每个配置了 RIP 的接口都会发送请求消息,要求所有 RIP 邻居路由器发送完整的路由表。

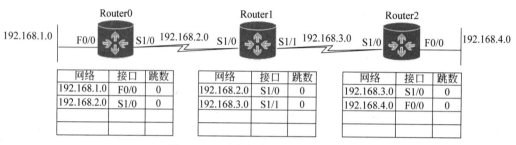

图 5-2　RIP 的启动和运行过程(1)

- 路由器收到邻居路由器的响应消息后会检查更新,从中找出新信息,任何当前路由表中没有的路由都将被添加到路由表中。在图 5-2 所示的网络中,路由器 Router0 会将 192.168.1.0 网络的更新从 S1/0 接口发出,将 192.168.2.0 网络的更新从 F0/0 接口发出,同时 Router0 会接收来自路由器 Router1 并且跳数为 1 的 192.168.3.0 网络的更新,并将该网络信息添加到路由表中。路由器 Router1、Router2 也将进行类似的更新过程。更新后的路由表如图 5-3 所示。

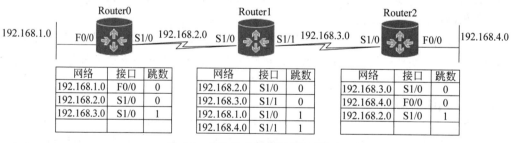

图 5-3　RIP 的启动和运行过程(2)

- 通过第一轮交换更新后,每台路由器都将获知其邻居路由器的直连网络,其路由表也随之变化。路由器随后将从所有启用了 RIP 的接口发出包含其自身路由表的触发更新,以便邻居路由器能够获知新路由。每台路由器再次检查更新并从中找出新信息。通过不断地交换更新,各路由器会获得所有网络的信息,形成最终路由表,如图 5-4 所示。

2. OSPF

OSPF(open shortest path first,开放式最短路径优先)是一种典型的链路状态路由协

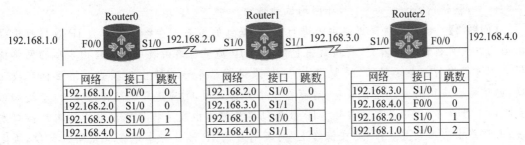

图 5-4 RIP 的启动和运行过程(3)

议。在 AS 内,所有的 OSPF 路由设备都维护一个相同的数据库,该数据库中存放着 AS 相应链路的状态信息,OSPF 路由设备正是通过这个链路状态数据库计算出其 OSPF 路由表的。与 RIP 相比,OSPF 的主要优点在于快捷的收敛速度和适合应用于大型网络的可扩展性。

【任务实施】

实训 1 查看 Windows 路由表

计算机本身也存在着路由表,根据路由表进行 IP 数据包的传输。在 Windows 系统中可以在 Windows PowerShell 或"命令提示符"窗口中使用 route print 命令查看本地计算机的路由表,如图 5-5 所示。

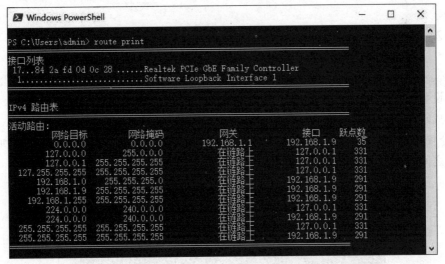

图 5-5 使用 route print 命令查看本地计算机路由表

注意 根据 IP 协议的版本,IP 路由表可分为 IPv4 路由表和 IPv6 路由表,本单元内容只涉及 IPv4 路由表。

【问题 1】 通过使用 route print 命令查看到的路由表,可以得到本地计算机的 IP 地址、默认网关、环回测试地址等信息。由图 5-5 所示的路由表可知该计算机的 IP 地址为

_____，默认网关为_____，环回测试地址为_____。

【问题2】 计算机将根据路由表进行 IP 数据包的传输。在路由表中为 IP 数据包选择路由的方法可以简单理解为，将该数据包的目的 IP 地址与路由表中每条路由表项的网络掩码字段进行按位相与运算(二进制形式)。如果运算结果与该路由表项的网络目标字段相同，则该路由表项为可选路由表项；若存在多个可选表项，则应选择网络掩码最长(二进制形式 1 的个数最多)的那条路由表项。IP 数据包将从该路由表项接口字段对应的本地接口发出，若该路由表项网关字段为"在链路上"则表明目的 IP 地址与本地接口在同一网段，否则数据包将发往网关字段 IP 地址对应的下一跳路由器，由其对数据包进行下一步转发。根据图 5-5 所示的路由表，若该计算机要发送 IP 数据包给目标主机 192.168.1.7，则该路由表中有_____条可选路由表项，分别是_____(写出路由表项对应的网络目标和网络掩码字段)，应选择的路由表项为_____，IP 数据包应从_____(写出直接发送数据包的接口的 IP 地址)发出，发往_____(写出直接接收数据包的接口的 IP 地址)。若该计算机要发送 IP 数据包给目标主机 202.102.128.68，则该路由表中有_____条可选路由表项，分别是_____(写出路由表项对应的网络目标和网络掩码字段)，应选择的路由表项为_____，IP 数据包应从_____(写出直接发送数据包的接口的 IP 地址)发出，发往_____(写出直接接收数据包的接口的 IP 地址)。

【问题3】 若路由表项的网络掩码字段为 0.0.0.0，则任何 IP 地址与其进行按位相与运算的结果都为 0.0.0.0，因此网络目标和网络掩码字段都为 0.0.0.0 的路由表项对于任何 IP 数据包都是可选路由(即默认路由)，该路由表项对应的网关即默认网关。请查看你当前计算机的路由表，该计算机的默认路由为_____(写出路由表项对应的所有字段)，默认路由中的网关与在网络连接属性中设置的默认网关_____(相同/不相同)。

实训 2 测试主机之间的路由

Tracert 是路由跟踪实用程序，可以探测显示数据包从本地计算机到目标主机会经过哪些路由设备的中转，以及到达每个路由设备所需的时间，如果数据包不能到达目标主机，则会显示成功转发数据包的最后一个路由器。在 Windows 系统中可在 Windows PowerShell 或"命令提示符"窗口中使用"tracert 目标主机 IP 地址或域名"命令测试本地计算机与某目标主机之间的路由，如图 5-6 所示。

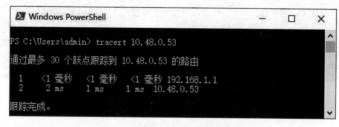

图 5-6 tracert 命令的运行过程

注意 与 ping 命令类似，tracert 命令也是一个基于 ICMP 的网络程序。目前很多的设备都可能拒绝 ICMP 数据包的传输，因此在利用 tracert 命令测试路由时，应对测试结果进行综合考虑。

【问题 4】　请利用 tracert 测试本地计算机到同网段某计算机的路由。本地计算机的 IP 地址为_____，目标计算机的 IP 地址为_____，两台计算机之间经过了_____个路由器的中转。如果在本地计算机用 ping 命令测试与目标计算机之间的连通性,则测试结果中的 TTL 值为_____。请结合本地计算机路由表思考数据的传输过程。

【问题 5】　请利用 tracert 测试本地计算机到外网段某计算机的路由。本地计算机的 IP 地址为_____,目标计算机的 IP 地址为_____,两台计算机之间经过了_____个路由器的中转。如果在本地计算机用 ping 命令测试与目标计算机之间的连通性,则测试结果中的 TTL 值为_____。请结合本地计算机路由表思考数据的传输过程。

【任务拓展】

在 Windows 系统中可以利用 route add 命令在路由表中添加路由,利用 route delete 命令在路由表中删除路由。请查阅 Windows 帮助文件,了解在计算机路由表中添加和删除路由的方法。

任务 5.2　认识和配置路由器

【任务目的】

（1）理解路由器的作用。
（2）了解路由器的类型和用途。
（3）熟悉路由器的基本配置操作与相关的配置命令。

【任务导入】

路由器工作于网络层,是 Internet 的主要节点设备,具有判断网络地址和选择路径的功能,它能在多网络互联环境中,建立灵活的连接,可用完全不同的数据分组和介质访问方法连接各个网段。在图 5-7 所示的网络中,交换机 Switch0 和 Switch1 分别与路由器 Router0 的 F0/0、F0/1 快速以太网接口相连。请为该网络中的设备分配 IP 地址信息并进行基本配置,实现网络的连通。

【工作环境与条件】

（1）路由器和交换机（本部分以 Cisco 系列产品为例,也可选用其他品牌型号的产品或使用 Cisco Packet Tracer 等网络模拟和建模工具）。

（2）Console 线缆和相应的适配器。

（3）安装 Windows 操作系统的 PC。

（4）组建网络所需的其他设备。

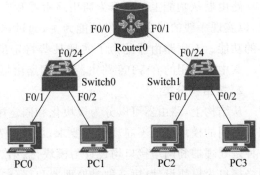

图 5-7　认识和配置路由器示例

【相关知识】

5.2.1 路由器的作用

路由器的作用主要有以下 5 个方面。

1. 网络的互联

路由器可以真正实现网络(网段)互联,它不仅可以实现不同类型局域网的互联,而且可以实现局域网与广域网的互联以及广域网间的互联。在通过路由器实现的多网络互联环境中,各网络可以使用不同的硬件设备,但要遵循相同的网络层协议。

2. 路由选择

路由器的主要工作是为经过它的每个数据包寻找一条最佳的传输路径,并将该数据包有效地送达目标主机。由此可见,如何选择最佳路由即路由算法是路由器的关键所在。为了完成这项工作,路由器中保存着载有各种传输路径相关数据的路由表,供路由选择时使用。

3. 拆包/打包

路由器在转发数据包的过程中,为了便于在网络间传送数据包,可按照预定的规则把大的数据包分解成适当大小的数据包,到达目的地后再把分解的数据包封装成原有形式。

4. 网络隔离

路由器可以根据网络标识、数据类型等来监控、拦截和过滤信息,因此路由器具有一定的网络隔离能力。这种隔离能力不仅可以避免广播风暴,而且有利于提高网络的安全性。目前许多网络安全管理工作是在路由器上实现的,如可以在路由器上实现防火墙技术。

5. 流量控制

路由器具有很强的流量控制能力,可以采用优化的路由算法来均衡网络负载,从而有效地控制拥塞,避免因拥塞而使网络性能下降。

5.2.2 路由器的分类

1. 按功能分类

路由器从功能上可以分为通用路由器和专用路由器。通用路由器在网络系统中最为常见,以实现一般的路由和转发功能为主,通过选配相应的模块和软件,也可以实现专用路由器的功能。专用路由器是为了实现某些特定的功能而对其软件、硬件、接口等做了专门设计。其中较常用的有 VPN 路由器、访问路由器、语音网关路由器等。

2. 按结构分类

从结构上,路由器可以分为模块化和固定配置两类。模块化路由器配置灵活,可以通过配置不同的模块满足不同规模的要求,此类产品价格较贵。模块化路由器又分为三种:第一种是处理器和网络接口均设计为模块化;第二种是处理器是固定配置(随机箱一起提供),网络接口为模块设计;第三种是处理器和部分常用接口为固定配置,其他接口为模块化。固定配置的路由器常见于低端产品,价格低、易于安装调试。

注意　为了连接不同类型的网络设备,路由器支持以太网的接口类型较多。

3. 按在网络中所处的位置分类

按在网络中所处的位置,可以把路由器分为以下类型。

- 接入路由器:也称宽带路由器,用于家庭或小型企业客户与运营商网络的连接。
- 企业级路由器:处于企业级网络中心位置,对外接入公共网络,对内连接各分支机构。该类路由器能够提供对各种路由协议和网络接口的广泛支持,还支持防火墙、包过滤、VLAN 以及大量的管理和安全策略。
- 电信骨干路由器:一般常用于城域网,承担大吞吐量的网络服务。骨干路由器必须保证其速度和可靠性,通常都支持热备份、双电源、双数据通路等技术。

注意　为满足不同的应用场景,家庭网络中广泛使用的接入路由器(如有无线接入功能,则可称为无线路由器)与企业网络中使用的企业级路由器在结构、功能和价格等方面都有很大的不同。除特别声明外,本书中所说的路由器主要指企业级路由器。

【任务实施】

实训 3　认识路由器

(1) 根据实际条件,现场考察典型校园网或企业网,记录该网络中使用的路由器的品牌、型号及相关技术参数,查看路由器各接口的连接与使用情况。

(2) 访问路由器主流厂商的网站(如 Cisco、华为、锐捷、H3C 等),查看该厂商生产的企业级路由器产品,记录其型号、价格及相关技术参数。

【问题 1】　你所考察的局域网是＿＿＿＿＿＿＿,该网络使用的路由器型号为＿＿＿＿＿＿＿,该路由器共提供了＿＿＿＿＿＿个接口,接口类型为＿＿＿＿＿＿＿。

【问题 2】　你所考察的路由器主流厂商是＿＿＿＿＿＿＿,所考察的企业级路由器产品型号是＿＿＿＿＿＿＿(列举一种),该路由器采用了＿＿＿＿＿＿＿(模块化/固定配置)结构,提供的固定接口有＿＿＿＿＿＿＿,包转发率为＿＿＿＿＿＿＿。

实训 4　配置路由器基本信息

路由器的基本配置命令与交换机相同,这里不再赘述。以下给出在图 5-7 所示的网络中,路由器 Router0 的部分基本配置命令:

```
Router>enable
Router#configure terminal
Router(config)#hostname RT0
RT0(config)#enable secret abcdef123+
RT0(config)#line console 0
RT0(config-line)#password con123456+
RT0(config-line)#login
```

```
RT0(config-line)#end
RT0#show version
RT0#show running-config
```

注意 Cisco 路由器开机后,如果在 NVRAM 中没有找到启动配置文件(如刚刚出厂的路由器),而且没有配置为在网络上进行查找,此时系统会提示用户选择进入 Setup 模式。在 Setup 模式下,系统会显示配置对话的提示问题,并在很多问题后面的方括号内显示默认的答案,用户按 Enter 键就能使用这些默认值。通过 Setup 模式可以为无法从其他途径找到配置文件的路由器快速建立一个最小配置。

【问题 3】 在默认情况下,如果路由器的接口连接了交换机或其他设备,则该接口的状态为_____(连通/不连通)。

实训 5 配置路由器接口

在图 5-7 所示的网络中,交换机 Switch0 和 Switch1 分别与路由器 Router0 的 F0/0、F0/1 快速以太网接口相连。由于路由器的每个接口连接的是一个网段,并可以作为相应网段的网关,因此要实现网络的连通,必须对路由器相关接口进行配置,基本操作方法如下。

1. 规划与分配 IP 地址

根据 IP 地址的分配原则,路由器的每个接口连接一个网段,连接在路由器同一接口的主机的 IP 地址应具有相同的网络标识,连接在路由器不同接口的主机应具有不同的网络标识。因此,可为路由器 F0/0 接口所联网段选择 192.168.1.0/24 地址段的地址,如 PC0 的 IP 地址可设置为 192.168.1.1/24,PC1 的 IP 地址可设置为 192.168.1.2/24,路由器 F0/0 接口的 IP 地址可设置为 192.168.1.254/24;可为路由器 F0/1 接口所联网段选择 192.168.2.0/24 地址段的地址,如 PC2 的 IP 地址可设置为 192.168.2.1/24,PC3 的 IP 地址可设置为 192.168.2.2/24,路由器 F0/1 接口的 IP 地址可设置为 192.168.2.254/24。

2. 配置路由器接口

在路由器 Router0 上的配置过程为:

```
RT0(config)#interface fa 0/0
RT0(config-if)#ip address 192.168.1.254 255.255.255.0
//配置路由器 F0/0 接口的 IP 地址为 192.168.1.254,子网掩码为 255.255.255.0
RT0(config-if)#no shutdown
RT0(config-if)#interface fa 0/1
RT0(config-if)#ip address 192.168.2.254 255.255.255.0
RT0(config-if)#no shutdown
```

3. 配置计算机接口

通常路由器接口的 IP 地址就是其对应网段内各计算机的默认网关,因此 PC0 和 PC1 的默认网关应设置为 192.168.1.254,PC2 和 PC3 的默认网关应设置为 192.168.2.254。为每台计算机设置相应的 IP 地址、子网掩码和默认网关后,各计算机之间就可以相互通信了。

【问题 4】 如果将路由器的快速以太网接口与交换机相连,则通常应使用的双绞线跳线类型为_____（直通线/交叉线）；如果将路由器的快速以太网接口与计算机直接相连，则通常应使用的双绞线跳线类型为_____（直通线/交叉线）。

【问题 5】 网络配置完成后，如果在 PC0 上运行 ping 命令测试其与 PC1 的连通性，系统显示的 TTL 值为_____；如果在 PC0 上运行 ping 命令测试其与 PC2 的连通性，系统显示的 TTL 值为_____，说明_____。如果要查看 PC0 与 PC2 之间的路由，可以在 PC0 上运行_____命令，其运行结果为_____。

【问题 6】 在路由器 Router0 上运行 show ip route 命令可以查看该路由器的路由表，查看结果为_____，该路由表中路由表项的类型为_____。请结合计算机和路由器的路由表，说明 PC0 与 PC2 之间的数据传输过程。

实训 6   利用单臂路由实现 VLAN 互联

对于没有路由功能的二层交换机，若要实现 VLAN 间的相互通信，可借助外部的路由器实现。由于路由器的以太网接口数量较少（2～4 个），因此通常采用单臂路由解决方案。在单臂路由解决方案中，路由器只需要通过一个以太网接口和交换机连接，交换机的接口需设置为 Trunk 模式，而在路由器上应创建多个子接口和不同的 VLAN 连接。

注意 子接口可以理解为建立在路由器物理接口上的逻辑接口。

在图 5-7 所示的网络中，若在交换机 Switch1 的 F0/3 和 F0/4 接口增加 2 台计算机 PC4 和 PC5，现要求在交换机 Switch1 上创建 2 个 VLAN，使 PC2 和 PC3 属于一个 VLAN，PC4 和 PC5 属于另一个 VLAN，并利用路由器实现各网段的互联。基本操作方法如下。

1. 规划与分配 IP 地址

增加 PC 并划分 VLAN 后，网络中共有 3 个网段。路由器 F0/0 接口所联网段保持不变，仍使用 192.168.1.0/24 地址段的地址。路由器 F0/1 接口所连交换机 Switch1 上划分的两个 VLAN 是两个不同的网段，其中一个 VLAN 可以使用 192.168.2.0/24 地址段的地址，如 PC2 的 IP 地址可设置为 192.168.2.1/24，PC3 的 IP 地址可设置为 192.168.2.2/24，路由器 F0/1 相应子接口的 IP 地址可设置为 192.168.2.254/24；另一个 VLAN 可以使用 192.168.3.0/24 地址段的地址，如 PC4 的 IP 地址可设置为 192.168.3.1/24，PC5 的 IP 地址可设置为 192.168.3.2/24，路由器 F0/1 相应子接口的 IP 地址可设置为 192.168.3.254/24。

2. 在交换机上划分 VLAN

在交换机 Switch1 上的配置过程为：

```
SW1#vlan database
SW1(vlan)#vlan 2 name VLAN2
SW1(vlan)#vlan 3 name VLAN3
SW1(vlan)#exit
SW1#configure terminal
SW1(config)#interface fa 0/1
SW1(config-if)#switchport access vlan 2
SW1(config-if)#interface fa 0/2
SW1(config-if)#switchport access vlan 2
```

```
SW1(config-if)#interface fa 0/3
SW1(config-if)#switchport access vlan 3
SW1(config-if)#interface fa 0/4
SW1(config-if)#switchport access vlan 3
SW1(config-if)#interface fa 0/24
SW1(config-if)#switchport mode trunk
```

3. 配置路由器子接口

在路由器 Router0 上的配置过程为:

```
RT0(config)#interface fa 0/1            //选择配置路由器的 Fa0/1 端口
RT0(config)#no ip address               //删除原来设置的 IP 地址
RT0(config-if)#no shutdown
RT0(config-if)#interface fa 0/1.1        //创建子接口
RT0(config-subif)#encapsulation dot1q 2
                                        //指明子接口承载 VLAN2 的流量,并定义封装类型
RT0(config-subif)#ip address 192.168.2.254 255.255.255.0
                                        //配置子接口的 IP 地址为 192.168.2.254/24,该
子接口为 VLAN2 的网关
RT0(config-subif)#interface fa 0/1.2
RT0(config-subif)#encapsulation dot1q 3
RT0(config-subif)#ip address 192.168.3.254 255.255.255.0
                                        //配置子接口的 IP 地址为 192.168.3.254/24,该
子接口为 VLAN3 的网关
RT0(config-subif)#end
RT0#show ip route                        //查看路由表
```

4. 配置计算机接口

路由器的子接口是其对应 VLAN 中计算机的默认网关,因此 PC2 和 PC3 的默认网关应设为 192.168.2.254,PC4 和 PC5 的默认网关应设为 192.168.3.254。为每台计算机设置相应的 IP 地址、子网掩码和默认网关后,各计算机之间就可以相互通信了。

【问题7】 配置完成后,在 PC2 上运行 ping 192.168.3.1 命令测试其与 PC4 的连通性,测试结果为_____,PC2 与 PC4 之间的数据包传输路径为_____(写出数据包所经的所有设备和具体接口)。在 PC0 上运行 ping 192.168.3.1 命令测试其与 PC4 的连通性,测试结果为_____。

【问题8】 在路由器 Router0 上运行 show ip route 命令查看路由器路由表的结果为_____。

【任务拓展】

在图 5-7 所示的网络中,若要求将交换机 Switch0 连接的计算机划分为 3 个 VLAN,其中 F0/1~F0/10 接口连接的计算机属于一个 VLAN,F0/11~F0/15 接口连接的计算机属于一个 VLAN,其他接口连接的计算机属于一个 VLAN。同时要求将交换机 Switch1 连接的计算机划分为 2 个 VLAN,其中 F0/1~F0/12 接口连接的计算机属于一个 VLAN,其他接口连接的计算机属于一个 VLAN。请对该网络进行相应配置,并实现全网的连通。

任务 5.3　认识和配置三层交换机

【任务目的】

(1) 理解三层交换机的作用。

(2) 熟悉三层交换机的基本配置操作与相关配置命令。

【任务导入】

出于安全和管理方便的考虑,特别是为了减少广播风暴的危害,必须把大型局域网按功能或地域等因素划分为一个个网段,各网段之间的通信需要经过路由器,在网络层完成转发。然而由于路由器的接口数量有限,而且路由速度较慢,因此如果单纯使用路由器来实现网段间的访问,必将使网络的规模和访问速度受到限制。三层交换机是具备网络层路由功能的交换机,其接口可以实现基于网络层寻址的数据包转发。在图 5-8 所示的网络中,两台二层交换机 Switch1 和 Switch2 分别通过其 F0/24 接口,与三层交换机 Switch0 的 F0/23 和 F0/24 接口相连。请对该网络进行配置,利用三层交换机实现网段的划分和互联。

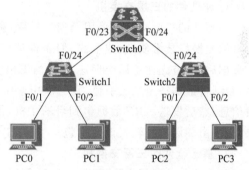

图 5-8　认识和配置三层交换机示例

【工作环境与条件】

(1) 路由器和交换机(本部分以 Cisco 系列产品为例,也可选用其他品牌型号的产品或使用 Cisco Packet Tracer 等网络模拟和建模工具)。

(2) Console 线缆和相应的适配器。

(3) 安装 Windows 操作系统的 PC。

(4) 组建网络所需的其他设备。

【相关知识】

5.3.1　三层交换机的作用

三层交换机的主要作用是加快大型局域网内部的数据交换,其所具有的路由功能也是为这一目的服务。三层交换机在对第一个数据包进行路由后,将会产生 MAC 地址与 IP 地址的映射表,当同样的数据包再次通过时,将根据该映射表进行直接交换,从而消除了路由器进行路由选择而造成的网络延迟,提高了数据包的转发效率。

三层交换机可以实现路由器的部分功能,但路由器一般是通过微处理器执行数据包转发(软件实现路由),而三层交换机则主要通过硬件执行数据包转发。因此与三层交换机相比,路由器的功能更强大,其 NAT、VPN、传输层网络管理等能力是三层交换机不具备的,而且三层交换机也不具备同时处理多个协议的能力,不能实现异构网络的互联。因此三层交换机并不等于路由器,也不可能完全取代路由器。在企业网络的构建中,通常内部各网段的互联,可以使用三层交换机来实现,但若要实现企业网络与广域网或 Internet 的互联,则路由器是不可缺少的。

5.3.2 三层交换机的分类

根据处理数据方式的不同,可以将三层交换机分为纯硬件的三层交换机和基于软件的三层交换机两种类型。

1. 纯硬件的三层交换机

纯硬件的三层交换机采用 ASIC 芯片,利用硬件方式进行路由表的查找和刷新。这种类型的交换机技术复杂、成本高,但是性能好,负载能力强。其基本工作过程为:交换机接收数据后,将首先在二层交换芯片中查找相应的目的 MAC 地址,如果查到,则进行二层转发,否则将数据送至三层引擎;在三层引擎中,ASIC 芯片根据相应的目的 IP 地址查找路由表信息,然后发送 ARP 数据包到目的主机,得到该主机的 MAC 地址,将 MAC 地址发到二层芯片,由二层芯片转发该数据包。

2. 基于软件的三层交换机

基于软件的三层交换机通过 CPU 利用软件方式查找路由表。这种类型的交换机技术较简单,但由于低价 CPU 处理速度较慢,因此不适合作为核心交换机使用。其基本工作过程为:当交换机接收数据后,将首先在二层交换芯片中查找相应的目的 MAC 地址,如果查到则进行二层转发,否则将数据送至 CPU;CPU 根据相应的目的 IP 地址查找路由表信息,然后发送 ARP 数据包到目的主机,得到该主机的 MAC 地址,将 MAC 地址发到二层芯片,由二层芯片转发该数据包。

【任务实施】

实训 7 认识三层交换机

(1)根据实际条件,现场考察典型校园网或企业网,记录该网络中使用的三层交换机的品牌、型号及相关技术参数,查看三层交换机各接口的连接与使用情况。

(2)访问三层交换机主流厂商的网站(如 Cisco、华为、锐捷、H3C 等),查看该厂商生产的三层交换机产品,记录其型号、价格及相关技术参数。

【问题 1】 你所考察的局域网是_____,该网络使用的三层交换机型号为_____,该三层交换机共提供了_____个接口,接口类型为_____。

【问题 2】 你所考察的三层交换机主流厂商是_____,所考察的三层交换机产品型号是_____(列举一种),该路由器采用了_____(模块化/固定配置)结构,提供的固定接口有_____,包转发率为_____。

实训 8　配置三层交换机接口

三层交换机的基本配置方法与二层交换机相同,这里不再赘述。对于三层交换机应重点注意其接口配置。三层交换机的接口,既可用作数据链路层的交换接口,也可用作网络层的路由接口。如果作为交换接口,则其功能与基本配置方法与二层交换机的接口相同。如果作为路由接口,该接口连接的将为一个独立的网段,应为其配置 IP 地址,该地址将成为其所联网段内其他设备的网关地址。在图 5-8 所示的网络中,如果使三层交换机 Swicth0 的 F0/23 和 F0/24 接口作为网络层的路由接口,则即可将该网络划分为 2 个网段,三层交换机可以像路由器一样实现网段的划分与互联。基本操作方法如下。

1. 规划与分配 IP 地址

三层交换机的接口作为路由接口时,其功能与路由器接口相同。因此,可为三层交换机 Swicth0 的 F0/23 接口所联网段选择 192.168.1.0/24 地址段的地址,如 PC0 的 IP 地址可设置为 192.168.1.1/24,PC1 的 IP 地址可设置为 192.168.1.2/24,三层交换机 Swicth0 的 F0/23 接口 IP 地址可设置为 192.168.1.254/24;可为三层交换机 Swicth0 的 F0/24 接口所联网段选择 192.168.2.0/24 地址段的地址,如 PC2 的 IP 地址可设置为 192.168.2.1/24,PC3 的 IP 地址可设置为 192.168.2.2/24,三层交换机 Swicth0 的 F0/24 接口 IP 地址可设置为 192.168.2.254/24。

2. 配置三层交换机接口

在三层交换机 Swtich0 上的配置过程为:

```
Switch(config)#hostname L3SW
L3SW(config)#interface fa 0/23
L3SW(config-if)#no switchport
//将接口设置为路由接口,默认为交换接口
L3SW(config-if)#ip address 192.168.1.254 255.255.255.0
L3SW(config-if)#no shutdown
L3SW(config-if)#interface fa 0/24
L3SW(config-if)#no switchport
L3SW(config-if)#ip address 192.168.2.254 255.255.255.0
L3SW(config-if)#no shutdown
L3SW(config-if)#exit
L3SW(config)#ip routing          //开启三层交换机路由功能
```

3. 配置计算机接口

通常三层交换机路由接口的 IP 地址就是其对应网段内各计算机的默认网关。为每台计算机设置相应的 IP 地址、子网掩码和默认网关后,各计算机之间就可以相互通信了。

【问题 3】　默认情况下,三层交换机的接口工作于_____(数据链路层/网络层),图 5-8 所示网络中的所有设备处于_____个网段。

【问题 4】　配置三层交换机接口后,如果在 PC0 上运行 ping 命令测试其与 PC1 的连通性,系统显示的 TTL 值为_____,如果在 PC0 上运行 ping 命令测试其与 PC2 的连通性,系统显示的 TTL 值为_____,说明_____。

实训 9　三层交换机的 VLAN 配置

与二层交换机相同,在三层交换机上同样可以创建 VLAN,作为交换接口的三层交换机接口可以加到不同的 VLAN 中,从而实现基于接口的 VLAN 划分。由于三层交换机具有网络层的路由功能,因此在三层交换机上可以为每个 VLAN 创建逻辑接口并设置 IP 地址,实现各 VLAN 间的路由。在图 5-8 所示的网络中,若要使 PC0 和 PC2 属于一个网段,PC1 和 PC3 属于一个网段,则可以在交换机上划分 VLAN,并通过三层交换机实现 VLAN 间的相互通信。基本操作方法如下。

1. 规划与分配 IP 地址

由于不同的 VLAN 是不同的网段,因此可为 PC0 和 PC1 所在 VLAN 选择 192.168.10.0/24 地址段的地址,为 PC2 和 PC3 所在 VLAN 选择 192.168.20.0/24 地址段的地址,在三层交换机上可以为每个 VLAN 的虚拟接口设置 IP 地址,作为每个 VLAN 的网关。

2. 创建 VLAN

在三层交换机 Swtich0 上的配置过程为:

```
L3SW#vlan database
L3SW(vlan)#vlan 10 name VLAN10
L3SW(vlan)#vlan 20 name VLAN20
```

在二层交换机 Swtich1、Swtich2 上的配置与 Swtich0 相同,这里不再赘述。

3. 配置 Trunk

在三层交换机 Swtich0 上的配置过程为:

```
L3SW(config)#interface fa 0/23
L3SW(config-if)#switchport
L3SW(config-if)#swithport trunk encapsulation dot1q
                                        //设置打标封装协议为 802.1Q
L3SW(config-if)#swithport mode trunk
L3SW(config-if)#interface fa 0/24
L3SW(config-if)#switchport
L3SW(config-if)#swithport trunk encapsulation dot1q
L3SW(config-if)#swithport mode trunk
```

在二层交换机 Swtich1 上的配置过程为:

```
SW1(config)#interface fa 0/24
SW1(config-if)#swithport mode trunk
```

在二层交换机 Swtich2 上的配置与 Swtich1 相同,这里不再赘述。

4. 将交换机的端口划入 VLAN

在二层交换机 Swtich1 上的配置过程为:

```
SW1(config)#interface fa 0/1
SW1(config-if)#switchport access vlan 10
SW1(config-if)#interface fa 0/2
SW1(config-if)#switchport access vlan 20
```

在二层交换机 Swtich2 上的配置与 Swtich1 相同,这里不再赘述。

5. 配置 VLAN 间路由

在三层交换机 Swtich0 上的配置过程为:

```
L3SW(config)#interface vlan 10
L3SW(config-if)#ip address 192.168.10.254 255.255.255.0
L3SW(config-if)#no shutdown
L3SW(config-if)#interface vlan 20
L3SW(config-if)# ip address 192.168.20.254 255.255.255.0
L3SW(config-if)#no shutdown
L3SW(config-if)#exit
L3SW(config)#ip routing
```

6. 配置计算机接口

通常三层交换机每个 VLAN 虚拟接口的 IP 地址就是其对应网段内各计算机的默认网关。为每台计算机设置相应的 IP 地址、子网掩码和默认网关后,各计算机之间就可以相互通信了。

【问题 5】　在 Cisco 3560 系列三层交换机上,如果对某接口不设置打标封装协议,则_____(能/不能)设置其工作于 Trunk 模式,系统给出的提示信息是_____。Cisco 2960 系列二层交换机_____(需要/不需要)设置打标封装协议,其封装协议为_____。

【问题 6】　配置完成后,如果在 PC0 上运行 ping 命令测试其与 PC2 的连通性,测试结果为_____,PC0 与 PC2 之间的数据包传输路径为_____。如果在 PC0 上运行 ping 命令测试其与 PC1 的连通性,测试结果为_____,PC0 与 PC1 之间的数据包传输路径为_____。

【问题 7】　在三层交换机上运行 show ip route 命令可以查看其路由表,查看结果为_____。

实训 10　实现三层交换机与路由器互联

当网络中的所有网段都连接在同一个路由设备上时,路由设备的路由表中就会自动生成去往所有网段的直连路由,从而实现各网段间的互联。如果网络中存在两个以上的路由设备,不同的网段连接在不同的路由设备上,那么就必须利用静态路由或动态路由在各路由设备的路由表中添加去往非直联网段的路由表项。在图 5-9 所示的网络中,二层交换机 Switch1、Switch2 和 Switch3 分别通过 F0/24 接口与三层交换机 Switch0 和路由器 Router0 相连,三层交换机 Switch0 通过 F0/22 接口与路由器 Router0 的 F0/0 接口相连。若要求将 Switch1 和 Switch2 连接的所有计算机划分为 2 个 VLAN,并利用静态路由实现三层交换机与路由器的互联,则基本操作方法如下。

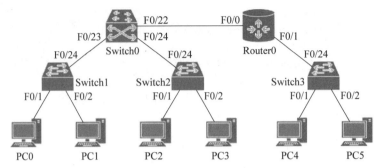

图 5-9　利用静态路由实现三层交换机与路由器互联示例

1. 规划与分配 IP 地址

由于每个 VLAN 是一个网段，路由器的每个接口连接的也是一个网段。若使 Switch1 和 Switch2 连接的所有计算机分别属于 VLAN 10 和 VLAN 20，则可按照表 5-1 所示的 TCP/IP 参数配置相关设备的 IP 地址信息。

表 5-1　利用静态路由实现三层交换机与路由器互联示例中的 TCP/IP 参数

设　备	接　口	IP 地址	子网掩码	网　关
VLAN 10 的计算机	NIC	192.168.10.1～192.168.10.253	255.255.255.0	192.168.10.254
VLAN 20 的计算机	NIC	192.168.20.1～192.168.20.253	255.255.255.0	192.168.20.254
Switch3 连接的计算机	NIC	192.168.30.1～192.168.30.253	255.255.255.0	192.168.30.254
路由器	Fa0/1	192.168.30.254	255.255.255.0	
	Fa0/0	10.1.1.1	255.255.255.252	
三层交换机 Switch0	Fa0/22	10.1.1.2	255.255.255.252	
	VLAN 10 接口	192.168.10.254	255.255.255.0	
	VLAN 20 接口	192.168.20.254	255.255.255.0	

2. 划分 VLAN

在三层交换机 Switch0 和二层交换机 Switch1、Switch2 上划分 VLAN 并实现 VLAN 互联的方法与上例相同，这里不再赘述。

3. 配置路由接口

在路由器 Router0 上的配置过程为：

```
RT0(config)#interface fa0/1
RT0(config-if)#ip address 192.168.30.254 255.255.255.0
RT0(config-if)#no shutdown
RT0(config-if)#interface fa0/0
RT0(config-if)#ip address 10.1.1.1 255.255.255.252
RT0(config-if)#no shutdown
```

在三层交换机 Switch0 上的配置过程为:

```
L3SW(config)#interface fa 0/24
L3SW(config-if)#no switchport
L3SW(config-if)#ip address 10.1.1.2 255.255.255.252
```

4. 配置静态路由

在路由器 Router0 上的配置过程为:

```
RT0(config)#ip route 192.168.10.0 255.255.255.0 10.1.1.2
//配置静态路由,把去往 192.168.10.0/24 网络的数据包转发给下一跳 10.1.1.2
RT0(config)#ip route 192.168.20.0 255.255.255.0 10.1.1.2
//配置静态路由,把去往 192.168.20.0/24 网络的数据包转发给下一跳 10.1.1.2
```

在三层交换机 Switch0 上的配置过程为:

```
L3SW(config)#ip route 192.168.30.0 255.255.255.0 10.1.1.1
//配置静态路由,把去往 192.168.30.0/24 网络的数据包转发给下一跳 10.1.1.1
```

5. 配置计算机接口

为每台计算机设置相应的 IP 地址、子网掩码和默认网关后,各计算机之间就可以相互通信了。

【问题 8】　若在三层交换机 Switch0 上运行 show ip route 命令查看路由表,可以看到路由表中共有＿＿＿＿条路由表项,其中直连路由＿＿＿＿条,静态路由＿＿＿＿条。

【问题 9】　在配置静态路由后,若在路由器 Router0 上运行 show ip route 命令查看路由表,可以看到路由表中增加了＿＿＿＿条路由表项,其生成方式为＿＿＿＿。若路由器 Router0 要将数据包发送给 PC4,该数据包将直接从 Router0 的＿＿＿＿接口发出。若路由器 Router0 要将数据包发送给 PC0,则该数据包将送往下一跳 IP 地址＿＿＿＿,应从 Router0 的＿＿＿＿接口发出,路由器根据下一跳 IP 地址确定转发接口的依据是＿＿＿＿。

【问题 10】　若在 PC0 上运行 tracert 命令测试其与 PC4 的连通性和路由,则测试结果为＿＿＿＿,PC0 与 PC4 之间数据传输的基本过程为＿＿＿＿。

【任务拓展】

在图 5-10 所示的网络中,二层交换机 Switch1、Switch2 和 Switch3 分别通过其 F0/24 接口与三层交换机 Switch0 的 F0/22、F0/23 和 F0/24 接口相连。现要求将该网络划分为 4 个网段,其中各二层交换机连接的计算机分别属于一个网段,直接连接在三层交换机 Switch0 上的计算机属于另一个网段。请对网络中的相关设备进行配置并实现网络的连通。

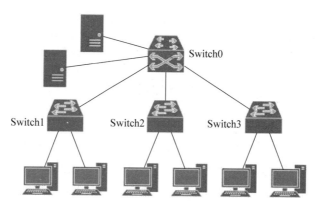

图 5-10　认识和配置三层交换机任务拓展

习　题　5

1. 简述路由表的结构和作用。
2. 简述静态路由与动态路由的区别。
3. 简述路由器的作用。
4. 按在网络中所处的位置,可以把路由器分为哪些类型?
5. 简述三层交换机和二层交换机的区别。
6. 简述三层交换机和路由器的区别。
7. 网段的划分与互联。

内容及操作要求:请按照如图 5-11 所示的拓扑结构连接网络,要求每台二层交换机连接两台计算机,分别使用路由器和三层交换机将该网络划分为 3 个网段,为网络中的计算机设置 IP 地址信息,实现网段互联并对网络的连通情况进行验证。

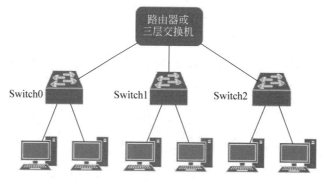

图 5-11　网段的划分与互联操作练习

准备工作:3 台二层交换机,1 台三层交换机,1 台路由器,6 台安装 Windows 操作系统的计算机,Console 线缆及其适配器若干,制作好的双绞线跳线若干,组建网络所需的其他设备。

考核时限:50min。

工作单元 6　组建小型无线局域网

对用户移动接入网络的支持是目前计算机网络建设的基本需求,实现这种移动性的基础架构有许多,但在家庭及企业网络环境中最重要的是 WLAN(wireless local area network,无线局域网)。无线局域网已经成为计算机网络建设的重要组成部分,是有线网络的必要补充。本单元的主要目标是了解常用的无线局域网技术和设备,熟悉无线局域网的组网方法,能够利用相关设备组建小型无线局域网。

任务 6.1　认识无线局域网

【任务目的】

(1) 了解常用的无线局域网技术标准。
(2) 认识组建无线局域网所需的常用设备。

【任务导入】

无线局域网是计算机网络与无线通信技术相结合的产物。简单地说,无线局域网就是在不采用传统电缆线的情况下,提供有线局域网的所有功能。无线局域网能够减少网络布线的工作量,适用于不便于架设线缆的网络环境,可以满足用户自由接入网络的需求。请根据具体的条件,选择一项无线局域网应用的具体实例,对该网络所使用的组网技术和相关设备进行分析。

【工作环境与条件】

(1) 能够接入 Internet 的 PC。
(2) 典型的无线局域网组网案例。

【相关知识】

6.1.1　无线局域网的技术标准

最早的无线局域网产品运行在 900MHz 的频段上,速度只有 1~2Mb/s。1992 年,工作在 2.4GHz 频段上的产品问世,之后的大多数无线局域网产品也都在此频段上运行。无线局域网常用的技术标准有 IEEE 802.11 系列标准、HiperLAN2 协议、Bluetooth(蓝牙)等,其中 IEEE 802.11 系列标准应用最为广泛,常说的 WLAN 指的就是符合 IEEE 802.11 系列标准的无线局域网技术。1997 年 6 月,IEEE 推出了第一代无线局域网标准——IEEE 802.11。该标准定义了物理层和介质访问控制子层(MAC)的协议规范,任何 LAN 应用、网络操作系统或协议在遵守 IEEE 802.11 标准的 WLAN 上运行时,就像它们运行在以太网上一样。为了支持更高的数据传输速度,IEEE 802.11 系列标准定义了多样的物理层标准,主要包括以下几种。

1. IEEE 802.11b

IEEE 802.11b 标准对 IEEE 802.11 标准进行了修改和补充,规定无线局域网的工作频段为 2.4～2.4835GHz,一般采用直接系列扩频(direct sequence spread spectrum,DSSS)和补偿编码键控(complementary code keying,CCK)调制技术,在数据传输速率方面可以根据实际情况在 11 Mb/s、5.5 Mb/s、2 Mb/s、1 Mb/s 的不同速率间自动切换。

注意 通常符合 IEEE 802.11 标准的产品都可以在移动时,根据其与无线接入点的距离自动进行速率切换,而且在进行速率切换时不会丢失连接,也无须用户干预。

2. IEEE 802.11a

IEEE 802.11a 标准规定的工作频段为 5.15～5.825GHz,采用了正交频分复用(orthogonal frequency division multiplexing,OFDM)的独特扩频技术,数据传输速率可达到 54 Mb/s,并可根据实际情况自动切换到 48 Mb/s、36 Mb/s、24 Mb/s、18 Mb/s、12 Mb/s、9 Mb/s、6 Mb/s。需要注意的是,IEEE 802.11a 与工作在 2.4GHz 频率上的 IEEE 802.11b 互不兼容。

3. IEEE 802.11g

IEEE 802.11g 标准可以视作对 IEEE 802.11b 标准的升级,该标准仍采用 2.4GHz 频段,数据传输速率可达到 54Mb/s。IEEE 802.11g 支持两种调制方式,包括 IEEE 802.11a 中采用的 OFDM 与 IEEE 802.11b 中采用的 CCK。IEEE 802.11g 与 IEEE 802.11b 完全兼容,遵循这两种标准的无线设备之间可相互访问。

4. IEEE 802.11n

IEEE 802.11n 标准被 Wi-Fi 联盟命名为 Wi-Fi4,该标准可以工作在 2.4GHz 和 5GHz 两个频段,实现与 IEEE 802.11b/g 以及 IEEE 802.11a 标准的向下兼容。IEEE 802.11n 标准使用 MIMO(multiple-input multiple-output,多输入多输出)天线技术和 OFDM 技术,其数据传输速率可达 300Mb/s 以上,理论速率最高可达 600Mb/s。

注意 为了方便普通用户辨别设备的先进性,Wi-Fi 联盟对 IEEE 802.11 系列标准进行了命名,其官方命名从 Wi-Fi4 开始。

5. IEEE 802.11ac

IEEE 802.11ac 标准被 Wi-Fi 联盟命名为 Wi-Fi5,其核心技术主要基于 802.11a,工作于 5GHz 频段,采用并扩展了源自 802.11n 的空中接口概念,包括更宽的带宽、更多的 MIMO 空间流、更高阶的调制等,其数据传输速率理论上可达 1Gb/s 以上。IEEE 802.11ac 标准包括 2013 年推出的 802.11ac Wave1 和 2016 年推出的 802.11ac Wave2,其中 802.11ac Wave2 使用了 MU-MIMO(multi-user multiple input multiple output,多用户多输入多输

出)技术,突破了无线接入点同时只能和一个用户通信的限制,从而可以更充分地利用频谱资源,带来了更高的网络性能。

6. IEEE 802.11ax

IEEE 802.11ax 标准被 Wi-Fi 联盟命名为 Wi-Fi6,该标准工作于 2.4GHz 和 5GHz 频段,向下兼容 IEEE 802.11b/g/a/n/ac 等标准。与之前的标准不同,IEEE 802.11ax 标准通过引入提供更高阶的编码组合(QAM-1024)、上行 MU-MIMO、OFDMA(orthogonal frequency division multiple access,正交频分多址)技术等可以更好地适应密集用户环境的应用场景,理论速率最高可以达到 9.6Gb/s。

6.1.2　无线局域网的频段划分

IEEE 802.11 标准主要使用 2.4GHz 和 5GHz 两个频段发送数据,这两个频段都属于 ISM(industrial scientific medical,工业、科学和医用)频段,主要对工业、科学和医学行业开放使用,没有使用授权的限制。ISM 频段在各国的规定并不相同,其中 2.4GHz 频段为各国共同的 ISM 频段。

1. 2.4GHz 频段的划分

2.4GHz 频段规定的工作频率范围为 2.4～2.4835GHz,该频率范围共定义了 14 个信道,每个信道的频宽为 22MHz,相邻两个信道的中心频率之间相差 5MHz。即信道 1 的中心频率为 2.412GHz,信道 2 的中心频率为 2.417GHz,信道 13 的中心频率为 2.472 GHz。这 14 个信道在各个国家开放的情况不同,其中在美国、加拿大等北美地区开放的范围是 1～11,而在我国及欧洲大部分地区开放的范围是 1～13。图 6-1 给出了 2.4GHz 频段的划分。由图可知,信道 1 在频谱上与信道 2、3、4、5 都有重叠的地方,这就意味着如果有两个无线设备同时工作,且其工作的信道分别为信道 1 和信道 3,则它们发出的无线信号会互相干扰。因此,为了最大限度地利用频率资源,减少信道之间的干扰,通常应使用 1、6、11,2、7、12,3、8、13,4、9、14 这 4 组互不干扰的信道来进行无线覆盖。

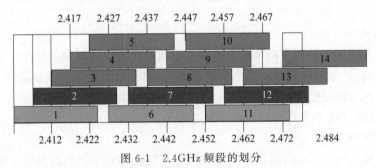

图 6-1　2.4GHz 频段的划分

注意　由于只有部分国家开放了信道 12～14,因此通常都使用 1、6、11 这 3 个信道来部署无线网络。另外,在 IEEE 802.11b 中每个信道占用 22MHz,而在 IEEE 802.11g/n 中每个信道占用 20MHz。

2. 5GHz 频段的划分

根据 IEEE 802.11 系列标准的规定,无线局域网可使用 4 个 5GHz 频段传输数据,分别

为 $5.150\sim5.250\text{GHz}$(UNII-1)、$5.250\sim5.350\text{GHz}$(UNII-2)、$5.470\sim5.600\text{GHz}$ 和 $5.660\sim$ 5.725GHz(UNII-2e)、$5.725\sim5.825\text{GHz}$(UNII-3),其中 UNII-1、UNII-2、UNII-3 频段各包括 4 个互不重叠的信道,信道中心频率之间的间隔是 20MHz,UNII-2e 扩展频段包括 11 个互不重叠的信道,信道中心频率之间的间隔也是 20MHz,如图 6-2 所示。

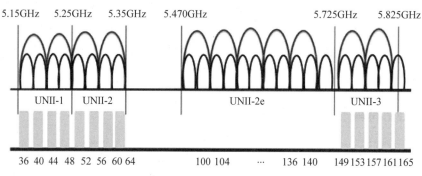

图 6-2　5GHz 频段的划分

注意　由于 5GHz 频段的信道编号 $n=$(信道中心频率-5)$\times1000\div5$,所以其信道编号是不连续的。另外我国的 5.8GHz 频段内有 5 个互不重叠的信道,比 UNII-3 增加了中心频率为 5.825GHz 的 165 信道。

3. 信道绑定

为了扩大信道可用的频谱范围,提高传输速率,IEEE 802.11n 开始支持信道绑定。所谓信道绑定就是将相邻的两个 20MHz 信道捆绑在一起以达到 40MHz 的频宽,从而使传输速率成倍提高。在 IEEE 802.11 系列标准中,IEEE 802.11n 可以支持 20MHz 和 40MHz 两种信道频宽,IEEE 802.11ac 和 IEEE 802.11ax 可以支持 20MHz、40MHz、80MHz、80+80MHz(不连续,非重叠)和 160MHz 等多种信道频宽。

6.1.3　无线局域网的硬件设备

1. 无线网卡

无线网卡在无线局域网中的作用相当于有线网卡在有线局域网中的作用。无线网卡主要包括网卡单元、扩频通信机和天线三个功能模块,网卡单元属于数据链路层,通过扩频通信机和天线实现无线电信号的发射与接收。目前很多计算机的主板都集成了无线网卡,也可以使用 USB 接口或 PCI-E 接口的独立无线网卡。

2. 无线访问接入点

无线访问接入点(access point,AP)是在无线局域网环境中进行数据发送和接收的集中设备,相当于有线网络中的集线器,如图 6-3 所示。通常,一个 AP 能够在几十至几百米的范围内连接多个无线用户。AP 可以通过标准的以太网电缆与有线网络相连,从而可以作为无线网络和有线网络的连接点。AP 还可以执行一些安全功能,可以为无线客户端及通过无线网络传输的数据进行认证和加密。由于无线电波在传播过程中会不断衰减,因此 AP 的通信范围会被限定在一定的范围内,这个范围被称作蜂窝。如果采用多个 AP,并使它们的蜂窝互相有一定范围的重合,当用户在整个无线局域网覆盖区域内移动时,无线网卡能够自动发现附近信号强度最大的 AP,并通过这个 AP 收发数据,保持不间断的网络连接,这被称为无线漫游。

3. 无线局域网控制器

无线局域网控制器(wireless LAN controller,WLC)可以是单独的硬件设备,也可以作为一个模块集成到路由器或交换机中,如图 6-4 所示。AP 的功能可以分为实时进程和管理进程两个部分,发送和接收数据帧、数据加密等实时进程必须在距离客户端最近的 AP 硬件中完成,而用户认证、信道选择等管理进程可以集中管理。通常,人们会把只执行实时进程的 AP 称为瘦 AP,把执行全部进程的 AP 称为胖 AP。当使用瘦 AP 组网,其管理进程需要由其所关联的无线局域网控制器来执行。在目前企业级的无线局域网建设中,无线局域网控制器和瘦 AP 是最基本的硬件设备。

图 6-3　无线访问接入点

图 6-4　无线局域网控制器

注意　一个无线局域网控制器可以执行多个与其关联的瘦 AP 的管理进程。

4. 无线路由器

无线路由器(wireless router)是将无线访问接入点和宽带路由器合二为一的扩展型产品,它具备宽带路由器的所有功能,如内置多端口交换机、内置 PPPoE 虚拟拨号、支持防火墙、支持 DHCP、支持 NAT 等。利用无线路由器可以实现小型无线网络中的 Internet 连接共享,实现光纤以太网、光纤到户等的无线共享接入。

5. 天线

天线(antenna)的功能是将信号源发送的信号传送至远处。天线一般有定向性和全向性之分,前者较适合于长距离使用,而后者则较适合区域性的使用。例如若要将第一栋建筑物内的无线网络的范围扩展到 1km 甚至更远距离以外的第二栋建筑物,可选用的一种方法是在每栋建筑物上安装一个定向天线,天线的方向互相对准,第一栋建筑物的天线经过 AP 连到有线网络上,第二栋建筑物的天线接到第二栋建筑物的 AP 上,这样无线网络就可以接通相距较远的两个建筑物。

【任务实施】

实训 1　分析无线局域网使用的技术标准

请根据实际条件,选择一项无线局域网的具体应用实例,根据所学的知识,分析该网络所采用的技术标准。

实训 2　认识常用的无线局域网设备

（1）请根据实际条件，选择一项无线局域网的具体应用实例，根据所学的知识，了解并熟悉该网络使用的无线局域网设备，列出该网络所使用的无线局域网设备的品牌、型号和主要性能指标。

（2）访问主流无线局域网设备厂商的网站（如 Cisco、华为、锐捷、H3C 等），查看该厂商生产的无线局域网设备产品，记录其型号、价格以及相关技术参数。

【问题 1】　你所考察的无线局域网是＿＿＿＿＿＿＿，该网络采用的无线局域网标准是＿＿＿＿＿＿＿，该网络主要使用的无线局域网设备有＿＿＿＿＿＿＿＿＿＿＿。

【问题 2】　你所考察的无线局域网设备厂商是＿＿＿＿＿＿＿＿，你所考察的该厂商的 AP 产品是＿＿＿＿＿＿＿＿（写出产品的型号），该产品支持的无线局域网标准是＿＿＿＿＿＿＿，支持的供电方式有＿＿＿＿＿＿＿（本地供电/PoE），采用＿＿＿＿＿＿＿（内置天线/外置天线）。你所考察的该厂商的无线局域网控制器产品是＿＿＿＿＿＿＿＿（写出产品的型号），该产品可管理的最大 AP 数量是＿＿＿＿＿＿＿。

【任务拓展】

除 WLAN 外，5G、蓝牙、NFC、UWB 等也是流行的无线通信技术。从技术定位看，WLAN 主要是聚焦室内及高密度连接场景应用，5G 主要支持跨广域范围的网络覆盖，蓝牙、NFC 等主要面向短距离的无线通信，可满足不同用户需求。请通过 Internet，了解其他常用无线通信技术的基本知识。

任务 6.2　使用无线路由器组建 WLAN

【任务目的】

（1）了解无线局域网的组网模式。

（2）熟悉使用无线路由器组建 WLAN 的基本方法。

【任务导入】

基本服务集（basic service set，BSS）包含一个接入点（AP 或无线路由器），负责集中控制一组无线设备的接入。在图 6-5 所示的网络中，三层交换机 Switch0 通过 F0/24 接口与无线路由器相连。请对该网络进行配置，将通过有线方式接入网络的 PC 划分为两个网段，使通过无线方式接入网络的 PC 处于另一个网段，实现所有 PC 间的连通并保证无线接入的安全。

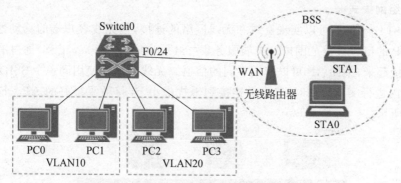

图 6-5　使用无线路由器组建 WLAN 示例

【工作环境与条件】

（1）无线路由器和三层交换机（本部分以 Cisco 系列产品为例，也可选用其他品牌型号的产品或使用 Cisco Packet Tracer 等网络模拟和建模工具）。

（2）Console 线缆和相应的适配器。

（3）安装 Windows 操作系统的 PC（带有无线网卡）。

（4）组建网络所需的其他设备。

【相关知识】

6.2.1　无线局域网的组网模式

将各种无线局域网设备结合在一起使用，就可以组建出多层次、无线与有线并存的计算机网络。在 IEEE 802.11 标准中，一组无线设备被称为服务集（service set），这些设备的服务集标识（service set identifier，SSID）必须相同。服务集标识是一个文本字符串，包含在发送的数据帧中，如果发送方和接收方的 SSID 相同，这两台设备将能够直接通信。

1. BSS 组网模式

BSS 组网模式包含一个接入点（AP），负责集中控制一组无线设备的接入。要使用无线网络的无线客户端都必须向 AP 申请成员资格，客户端必须具备匹配的 SSID、兼容的 WLAN 标准、相应的身份验证凭证等才被允许加入。若 AP 没有连接有线网络，则可将该 BSS 称为独立基本服务集（independent basic service set，IBSS）；若 AP 连接到有线网络，则可将其称为基础结构 BSS，如图 6-6 所示。若不使用 AP，安装无线网卡的计算机之间直接进行无线通信，则被称作临时性网络（ad-hoc network）。

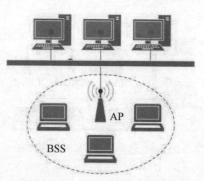

注意　在无线客户端与 AP 关联后，所有来自和去往该客户端的数据都必须经过 AP，而在临时性网络中，所有客户端相互之间可以直接通信。

图 6-6　基础结构 BSS 组网模式

2. ESS 组网模式

基础结构 BSS 虽然可以实现有线和无线网络的连接,但无线客户端的移动性将被限制在其对应 AP 的信号覆盖范围内。扩展服务集(extended service set,ESS)通过有线网络将多个 AP 连接起来,不同 AP 可以使用不同的信道。无线客户端使用同一个 SSID 在 ESS 所覆盖的区域内进行实体移动时,将自动连接到干扰最小、连接效果最好的 AP。ESS 组网模式如图 6-7 所示。

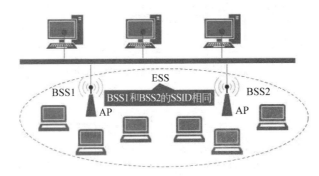

图 6-7　ESS 组网模式

3. WDS 组网模式

WDS(wireless distribution system,无线分布式系统)可以使 AP 或者无线路由器之间通过无线技术进行桥接(中继),从而可以扩大无线网络的覆盖范围。图 6-8 所示为一种典型的 WDS 组网模式。在该图中,AP 或者无线路由器有三种角色:根 AP 是通过有线方式连接主网络的 AP;中继 AP 通过无线信号与根 AP、末端 AP 相连;末端 AP 通过无线信号与根 AP 或中继 AP 相连。无线客户端可以通过任何 AP 接入网络。

注意　在 WDS 组网模式,中继 AP 主要用于根 AP 与末端 AP 之间距离较远、有障碍物等无法直接相连的场景。另外,承担中继 AP 和末端 AP 角色的 AP 或者无线路由器必须支持相应的桥接功能。

4. 网格组网模式

在无线网格(mesh)网络中,AP 与其周边 AP 采用了网状无线桥接的方式,这种方式提供了更高的可靠性和更广的服务覆盖范围,已经演变为适用于宽带家庭网络、社区网络、企业网络和城域网络等多种无线接入网络的有效解决方案。图 6-9 所示为一种典型的网格组网模式。

图 6-8　典型的 WDS 组网模式

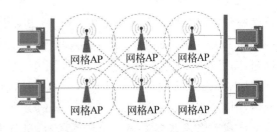

图 6-9　典型的网格组网模式

6.2.2 无线局域网的用户接入

基于 IEEE 802.11 协议的 WLAN 设备的大部分无线功能都是建立在 MAC 子层上的。无线客户端接入到 IEEE 802.11 无线网络主要包括以下过程:

- 无线客户端扫描发现附近存在的 BSS;
- 无线客户端选择 BSS 后,向其 AP 发起认证过程;
- 无线客户端通过认证后,发起关联过程;
- 通过关联后,无线客户端和 AP 之间的链路已建立,可相互收发数据。

1. 扫描

无线客户端扫描发现 BSS 有被动扫描和主动扫描两种方式。

(1) 被动扫描。在 AP 上设置 SSID 信息后,AP 会定期发送信标(beacon)帧。信标帧是一种广播的无线管理帧,用来宣告 BSS 的存在,包括 BSSID(AP 的 MAC 地址)、SSID、支持的速率、支持的认证方式、加密算法、信标帧发送间隔、使用的信道等 AP 所属的 BSS 的基本信息以及 AP 的基本能力级。在被动扫描模式中,无线客户端会在各个信道间不断切换,侦听所收到的信标帧并记录其信息,以此来发现周围存在的无线网络服务。

(2) 主动扫描。在主动扫描模式中,无线客户端会在每个信道上发送探测请求(probe request)帧以请求需要连接的无线接入服务,AP 在收到探测请求帧后会回应探测请求帧,其包含的信息和信标帧类似,无线客户端可从该帧中获取 BSS 的基本信息。

注意 如果在 AP 或无线路由器上关闭了 SSID 广播,则应使用主动扫描方式。目前的很多 AP 和无线路由器产品可以同时发布多个 SSID,每个 SSID 都需要对应一个 BSSID,每个 BSSID 需要用不同的 MAC 地址来表示。

2. 认证

(1) 认证方式。IEEE 802.11 的 MAC 子层主要支持两种认证方式。

- 开放系统认证:无线客户端以 MAC 地址为身份证明,要求网络 MAC 地址必须是唯一的。这几乎等同于不需要认证,没有任何安全防护能力。在这种认证方式下,通常应采用 MAC 地址过滤、RADIUS 等其他方法来保证用户接入的安全性。
- 共享密钥认证:该方式可在使用 WEP(wired equivalent privacy,有线等效保密)加密时使用,在认证时需校验无线客户端采用的 WEP 密钥。

注意 开放系统认证虽然理论上安全性不高,但由于实际使用过程中可以与其他认证方法相结合,所以实际安全性比共享密钥认证要高,另外其兼容性更好,不会出现某些产品无法连接的问题。在采用 WEP 加密算法时也可使用开放系统认证。

(2) WEP。WEP 是 IEEE 802.11b 标准定义的一个用于无线局域网的安全性协议,主要用于无线局域网业务流的加密和节点的认证,提供和有线局域网同级的安全性。WEP 在数据链路层采用 RC4 对称加密技术,提供了 40 位(有时也称为 64 位)和 128 位长度的密钥机制。使用了该技术的无线局域网,所有无线客户端与 AP 之间的数据都会以一个共享的密钥进行加密。WEP 的问题在于其加密密钥为静态密钥,加密方式存在缺陷,而且需要为每台无线设备分别设置密钥,部署起来比较麻烦,因此不适合用于安全等级要求较高的无线网络。

注意 在使用 WEP 时应尽量采用 128 位长度的密钥,同时也要定期更新密钥。如果设备支持动态 WEP 功能,最好应用动态 WEP。

(3) IEEE 802.11i、WPA 和 WPA2。IEEE 802.11i 定义了无线局域网核心安全标准,该标准提供了强大的加密、认证和密钥管理措施。该标准包括了两个增强型加密协议,用于对 WEP 中的已知问题进行弥补。

- TKIP(暂时密钥集成协议):该协议通过添加 PPK(单一封包密钥)、MIC(消息完整性检查)和广播密钥循环等措施增加了安全性。
- AES-CCMP(高级加密标准):它是基于"AES 加密算法的计数器模式及密码块链消息认证码"的协议。其中 CCM 可以保障数据隐私,CCMP 的组件 CBG-MAC(密码块链消息认证码)可以保障数据完整性并提供身份认证。AES 是 RC4 算法更强健的替代者。

WPA(Wi-Fi protected access,Wi-Fi 网络安全存取)是 Wi-Fi 联盟制定的安全解决方案,它能够解决已知的 WEP 脆弱性问题,并且能够对已知的无线局域网攻击提供防护。WPA 使用基于 RC4 算法的 TKIP 来进行加密,并且使用预共享密钥(PSK)和 IEEE 802.1x/EAP 来进行认证。PSK 认证是通过检查无线客户端和 AP 是否拥有同一个密码或密码短语来实现的,如果客户端的密码和 AP 的密码相匹配,客户端就会得到认证。

WPA2 是获得 IEEE 802.11 标准批准的 Wi-Fi 联盟交互实施方案。WPA2 使用 AES-CCMP 实现了强大的加密功能,也支持 PSK 和 IEEE 802.1x/EAP 的认证方式。

WPA 和 WPA 2 有两种工作模式,以满足不同类型的市场需求。

- 个人模式:个人模式可以通过 PSK 认证无线产品。需要手动将预共享密钥配置在 AP 和无线客户端上,无须使用认证服务器。该模式适用于 SOHO(在家办公)环境。
- 企业模式:企业模式可以通过 PSK 和 IEEE 802.1x/EAP 认证无线产品。在使用 IEEE 802.1x 模式进行认证、密钥管理和集中管理用户证书时,需要添加使用 RADIUS 协议的 AAA 服务器。该模式适用于企业环境。

注意 WEP、WPA 和 WPA 在实现认证的同时,也可实现数据的加密传输,从而保证 WLAN 的安全。另外,IPSec、SSH 等也可用作保护无线局域网流量的安全措施。

3. 关联

无线客户端在通过认证后会发送关联请求帧,AP 收到该帧后将对客户端的关联请求进行处理,关联成功后会向客户端发送回应的关联请求帧,该帧中将含有关联标识符(association ID,AID)。无线客户端与 AP 建立关联后,其数据的收发就只能和该 AP 进行。

【任务实施】

实训3 认识无线路由器

根据实际情况,查看一款无线路由器产品,记录其型号、价格以及相关技术参数。

【问题1】 你所了解的无线路由器产品是_____(写出产品的型号),生产厂商是_____。该产品支持的无线局域网标准是_____,提供的接口有_____,采用

_____(内置天线/外置天线),支持的天线数量是_____,_____(支持/不支持)桥接(中继)功能。

实训 4　连接并规划网络

无线路由器通常会提供 WAN 接口(Internet 接口)、Ethernet 接口和 LAN 接口。其中,WAN 接口只有一个,用来与有线网络的线缆相连;Ethernet 接口通常为 1~4 个,用来提供有线接入,其所连接的客户端与无线接入的客户端处于同一内部网络;LAN 接口是路由器的访问接口,也是内部网络的网关。无线路由器通常都具备 DHCP 功能,可为接入内部网络的客户端动态分配 IP 地址,无线路由器的 WAN 与 LAN 接口对应的内部网络属于不同的网段。在图 6-5 所示的网络中,共包含 4 个网段,可按表 6-1 所示的 TCP/IP 参数配置相关设备的 IP 地址信息。

表 6-1　利用无线路由器组建 WLAN 中的 TCP/IP 参数

设　备	接　口	IP 地址	子网掩码	网　关
VLAN10 的 PC	NIC	192.168.10.2 ~192.168.10.254	255.255.255.0	192.168.10.1
VLAN20 的 PC	NIC	192.168.20.2 ~192.168.20.254	255.255.255.0	192.168.20.1
无线路由器	Internet	192.168.30.2	255.255.255.0	192.168.30.1
	LAN	192.168.40.1	255.255.255.0	
三层交换机	VLAN 10 接口	192.168.10.1	255.255.255.0	
	VLAN 20 接口	192.168.20.1	255.255.255.0	
	F0/24 接口	192.168.30.1	255.255.255.0	
无线接入的 PC 的计算机	NIC	192.168.40.100 ~192.168.40.149	255.255.255.0	192.168.40.1

实训 5　设置有线网络部分

1. 配置三层交换机

在三层交换机上应完成 VLAN 的划分及接口的相关配置,基本配置过程为:

```
SWL3#vlan database
SWL3(vlan)#vlan 10 name VLAN10
SWL3(vlan)#vlan 20 name VLAN20
SWL3(vlan)#exit
SWL3#configure terminal
SWL3(config)#interface vlan 10
SWL3(config-if)#ip address 192.168.10.1 255.255.255.0
SWL3(config-if)#no shutdown
SWL3(config-if)#interface vlan 20
SWL3(config-if)#ip address 192.168.20.1 255.255.255.0
```

```
SWL3(config-if)#no shutdown
SWL3(config-if)#interface fa 0/24
SWL3(config-if)#no switchport
SWL3(config-if)#ip address 192.168.30.1 255.255.255.0
SWL3(config-if)#interface fa 0/1
SWL3(config-if)#switchport access vlan 10
SWL3(config-if)#interface fa 0/2
SWL3(config-if)#switchport access vlan 10
SWL3(config-if)#interface fa 0/3
SWL3(config-if)#switchport access vlan 20
SWL3(config-if)#interface fa 0/4
SWL3(config-if)#switchport access vlan 20
SWL3(config-if-range)#exit
SWL3(config)#ip routing
```

2. 配置计算机接口

为有线连接每台计算机设置相应的 IP 地址、子网掩码和默认网关后,各计算机之间就可以相互通信了。

【问题 2】 配置完成后,如果在 PC0 上运行 ping 命令测试其与 PC1 的连通性,测试结果为_____,数据包的 TTL 值为_____。如果在 PC0 上运行 ping 命令测试其与 PC2 的连通性,测试结果为_____,数据包的 TTL 值为_____。

实训 6　设置无线路由器

无线路由器在默认情况下通常将广播其 SSID 并具有 DHCP 功能,无线客户端可直接接入网络。需在无线路由器上完成以下设置。

1. 连接并登录无线路由器

连接并登录无线路由器的操作方法为:

- 利用双绞线跳线将一台计算机与无线路由器的 Ethernet 接口相连;
- 为该计算机设置 IP 地址相关信息,在本例中可将其 IP 地址设置为 192.168.0.254,子网掩码为 255.255.255.0,默认网关为 192.168.0.1;
- 在计算机上启动浏览器,在浏览器的地址栏输入无线路由器的默认 IP 地址(如 192.168.0.1),输入相应的用户名和密码后,即可打开无线路由器 Web 配置主页面。

注意　不同厂家的产品其默认 IP 地址、用户名及密码并不相同,配置前请认真阅读其产品手册。

2. 设置 IP 地址及相关信息

在无线路由器配置主页面中,单击 Setup 链接,打开基本设置页面,如图 6-10 所示。在该页面的 Internet Setup 选项中,选择 Internet Connection type 为 Static IP,设置 Internet 接口的 IP 地址为 192.168.30.2、子网掩码为 255.255.255.0、默认网关为 192.168.30.1。在该页面的 Network Setup 选项中,将 Router IP 部分的 IP 地址修改为 192.168.40.1,保留 DHCP Server Settings 的默认设置。单击 Save Setting 按钮,保存设置,此时可以看到 DHCP Server Settings 中可分配的 IP 地址将自动调整为与 Router IP 匹配的范围。

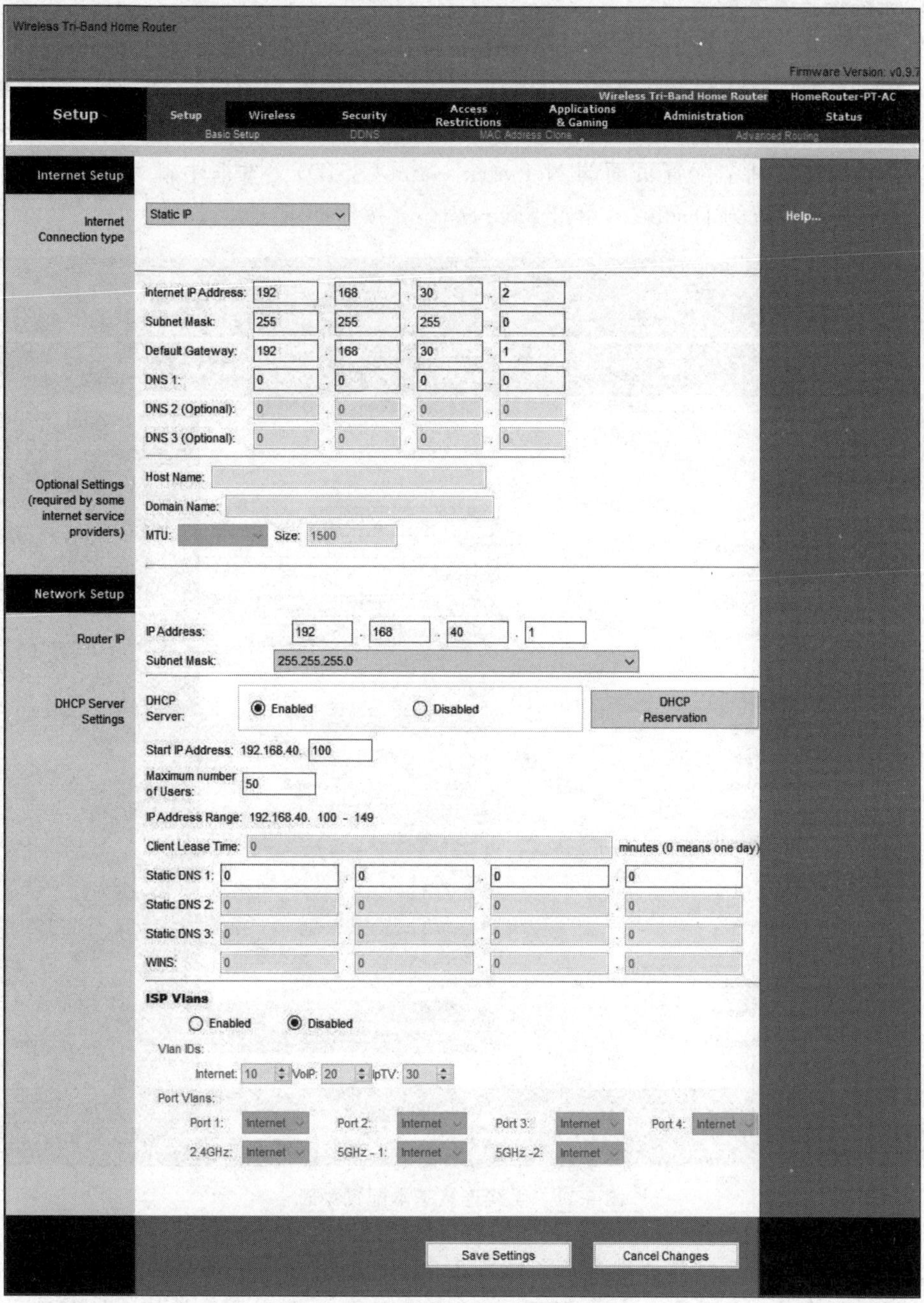

图 6-10 无线路由器基本配置页面

注意 通常在家庭或小型企业网络中,无线路由器 Internet 接口的 IP 地址会通过 DHCP 或 PPPoE 方式获取,此时可在无线路由器的 Internet Connection type 中选择相应类型并进行设置。另外,由于在设置中已经更改了路由器的 LAN 接口 IP 地址和 DHCP 地址池,因此必须对用来管理路由器的计算机的 IP 地址进行重新设置(如 IP 地址更改为 192.168.40.254,子网掩码为 255.255.255.0,默认网关为 192.168.40.1),并重新连接和登录无线路由器。

3. 无线连接基本配置

在无线路由器配置主页面中，单击 Wireless 链接，打开无线连接基本配置页面，如图 6-11 所示。在该页面中可以对无线连接的网络模式、SSID、带宽、信道等进行设置。在本网络中为了实现无线接入的安全，应不使用默认的 SSID 并禁用 SSID 广播。设置方法非常简单，只需要在无线连接基本配置页面的 Network Name(SSID)文本框中输入新的 SSID，并将 SSID Broadcast 设置为 Disabled，单击 Save Setting 按钮即可。

图 6-11　无线连接基本配置页面

注意　目前很多无线路由器产品支持在 2.4GHz 频段、5GHz 频段同时发布多个 SSID，可以根据实际情况对所需要发布的 SSID 分别进行设置，如果只需要发布一个 SSID，可以选择将其他的 SSID 设为禁用。

4. 设置 WEP

在无线路由器上设置 WEP 的方法为：在无线连接基本配置页面单击 Wireless Security 链接，打开无线网络安全设置页面。在相应频段的 Security Mode 中选择 WEP，在 Encryption 中选择 104/128-Bit(26 Hex digits)，在 Key1 文本框中输入 WEP 密钥，单击 Save Setting 按钮完成设置，如图 6-12 所示。

注意　如果选择了 128 位长度的密钥，则在输入密钥时应输入 26 个 0～9 和 A～F 的

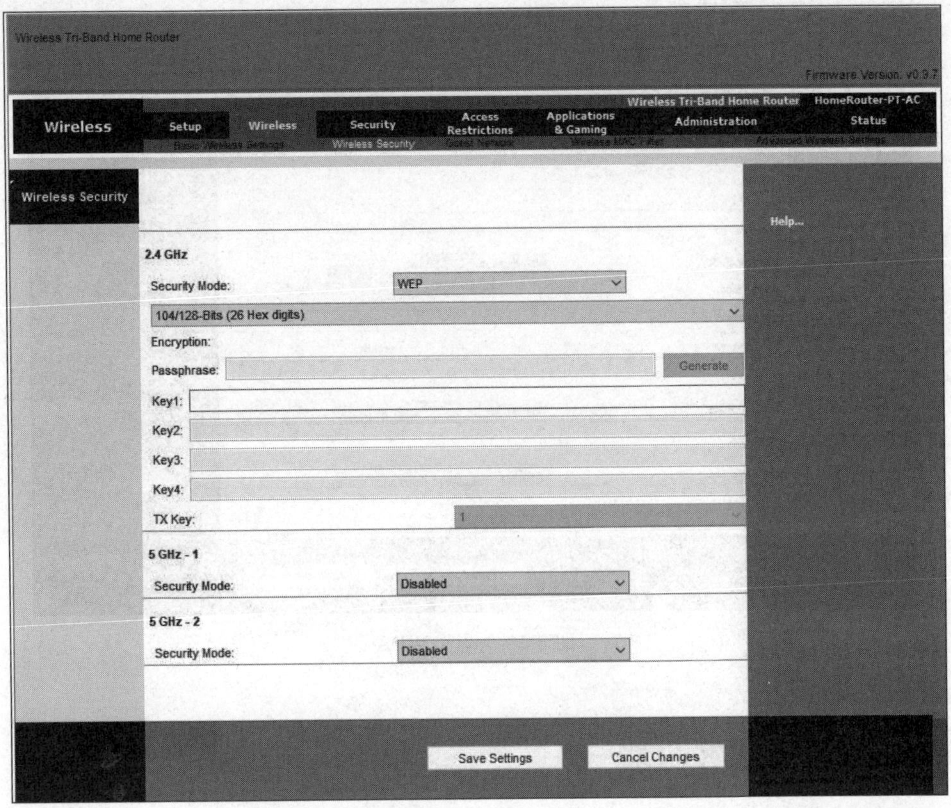

图 6-12　设置 WEP

字符;如果选择了 64 位长度的密钥,则应输入 10 个 0~9 和 A~F 的字符。

5. 设置 WPA

在无线路由器上设置 WPA 的操作方法为:在无线网络安全设置页面相应频段的 Security Mode 中选择 WPA Personal,在 Encryption 中选择 TKIP,在 Passphrase 文本框中输入密码短语,单击 Save Setting 按钮完成设置,如图 6-13 所示。

注意　在功能上,密码短语同密码是一样的,为了加强安全性,密码短语通常比密码要长,一般应使用 4~5 个单词,长度为 8~63 个字符。

6. 设置 WPA2

在无线路由器上设置 WPA2 的操作方法与设置 WPA 基本相同,这里不再赘述。

注意　限于篇幅,以上只完成了无线路由器的基本设置,其他设置请参考产品手册。

【问题 3】　你使用的无线路由器支持同时发布_____个 SSID,你启用了_____个 SSID,其所使用的频段是_____,设置的认证方式是_____。

【问题 4】　你使用的无线路由器_____(支持/不支持)WPA 和 WPA2 的企业模式认证,如果支持企业模式,则应设置的主要参数有_____。

【问题 5】　如果要对接入无线路由器的无线客户端进行限制,除采用身份认证外,你所使用的无线路由器提供的相关功能还包括_____。

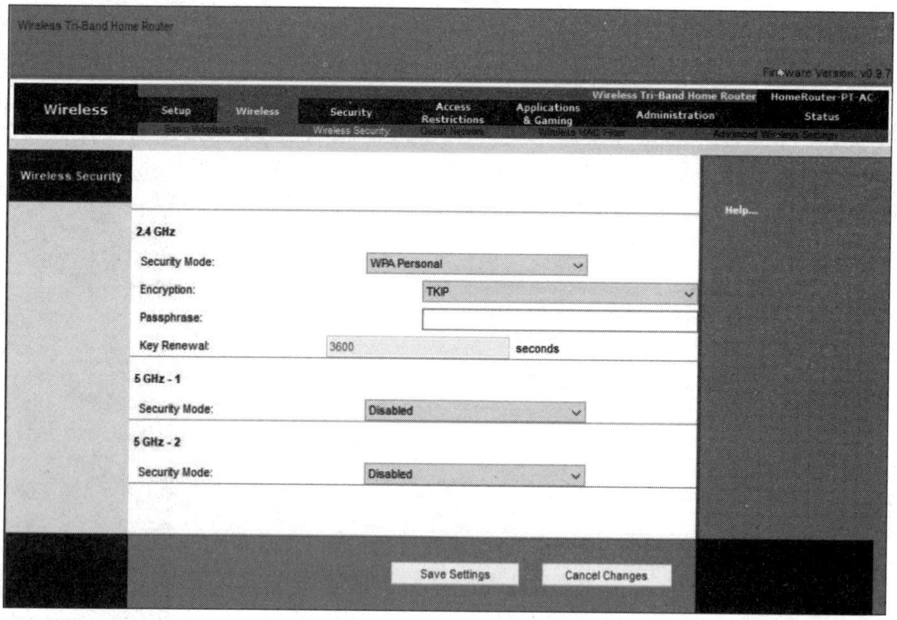

图 6-13　设置 WPA

实训 7　设置无线客户端

在对无线路由器进行基本安全设置后,无线客户端要连入网络应完成以下操作:在传统桌面模式中单击右下角的网络连接图标,在屏幕右侧弹出的竖条菜单的 WLAN 部分中会出现本地计算机发现的可用无线网络的 SSID。选择相应的 SSID,单击"连接"按钮,正确输入相关认证信息后即可接入无线网络。若无线路由器禁用了 SSID 广播,则在竖条菜单的 WLAN 部分最后会出现"隐藏的网络",如图 6-14 所示。单击"隐藏的网络",输入相应的 SSID 和认证信息后即可接入无线网络。

接入无线网络后,可以在传统桌面模式中右击左下角的"开始"图标,在弹出的菜单中选择"网络连接"命令,在打开的"设置"对话框中单击左侧窗格的 WLAN 选项,在右侧窗格中可以看到当前所连接的无线网络,单击该无线网络,可以看到该无线网络的相关配置信息,如图 6-15 所示。

【问题 6】　你所使用无线客户端无线网卡的型号是_____,支持的无线局域网标准是_____,物理地址是_____。

【问题 7】　你所使用无线客户端连入的 SSID 是_____,使用的无线局域网标准是_____,采用的 IP 地址分配方式是_____,使用的 IP 地址为_____,子网掩码为_____,默认网关为_____。

【问题 8】　配置完成后,如果在无线客户端上运行 ping 命令测试其与 PC0 的连通性,测试结果为_____,数据包的 TTL 值为_____,无线客户端与 PC0 之间的数据包传输路径为_____。如果在 PC0 上运行 ping 命令测试其与无线客户端的连通性,测试结果为_____,原因是_____。

图 6-14　接入隐藏的无线网络

图 6-15　查看无线网络设置

【任务拓展】

在大中型局域网中,无线客户端的接入更多会通过 AP 完成。请将图 6-5 所示的网络中的无线路由器换成 AP,查阅相关资料,利用 AP 组建无线局域网并实现全网的连通。

习　题　6

1. 常用的 IEEE 802.11 系列标准有哪些?

2. 什么是 AP? 其主要作用是什么?

3. 无线局域网的组网模式有哪些?

4. 无线客户端接入到 IEEE 802.11 无线网络主要包括哪些过程?

5. IEEE 802.11 的 MAC 子层主要支持两种认证方式? 这两种认证方式各有什么特点?

6. 什么是 WPA? WPA 和 WPA2 有哪两种工作模式?

7. 利用无线路由器组建无线局域网。

内容及操作要求:请利用无线路由器将安装无线网卡的计算机组网并完成以下配置。

- 将 SSID 设置为 Student,并禁用 SSID 广播。

- 在网络中设置 WPA2 验证。

- 使所有计算机能够连入一个有线网络。

准备工作:1 台无线路由器;3 台安装无线网卡的计算机;能将 1 台计算机接入有线网络的设备;组建网络所需的其他设备。

考核时限:30min。

工作单元 7　接入 Internet

广域网通常使用网络运营商建立和经营的网络,它的地理范围大,可以跨越国界到达世界上任何地方。网络运营商将其网络分次(拨号线路)或分块(租用专线)出租给用户以收取服务费用。个人计算机或局域网接入 Internet 时,必须通过广域网的转接。采用何种接入技术,在很大程度上决定了局域网与外部网络进行通信的速度。本单元的主要目标是了解运营商网络和接入网的相关知识,能够利用光纤接入网实现个人计算机或小型局域网与 Internet 的连接。

任务 7.1　认识运营商网络和接入网

【任务目的】

(1) 了解 Internet 和运营商网络的基本结构。
(2) 了解接入网的基本知识。
(3) 了解常用的接入技术。

【任务导入】

承载 Internet 应用的通信网,宏观上可划分为接入网和骨干网两大部分。网络运营商是用户接入 Internet 的服务代理和用户访问 Internet 的入口点。针对不同的用户需求和不同的网络环境,网络运营商可以提供多种接入技术供用户选择。请了解本地区主要网络运营商的基本情况,了解其为家庭用户和局域网用户提供的接入业务。

【工作环境与条件】

(1) 安装 Windows 操作系统的 PC。
(2) 能够接入 Internet 的网络环境。

【相关知识】

7.1.1　Internet 的基本结构

Internet 的中文正式译名为因特网,又叫作国际互联网。1995 年 10 月 24 日,"联合网络委员会"(FNC,the federal networking council)通过了一项关于 Internet 的决议,认为下述内容反映了对 Internet 这个词的定义。

- 通过全球性的唯一的地址逻辑地链接在一起。这个地址是建立在 IP 或今后其他协议基础之上的。
- 可以通过 TCP 和 IP,或者今后其他可接替的协议或与 IP 兼容的协议来进行通信。
- 可以让公共用户或者私人用户使用高水平的服务。这种服务是建立在上述通信及相关的基础设施之上的。

"联合网络委员会"是从技术的角度来定义 Internet 的,这个定义至少包括了三个方面的内容:①Internet 是全球性的;②Internet 上的每一台主机都需要有"地址";③这些主机必须按照共同的协议连接在一起。

虽然 Internet 是一个覆盖全球的巨大而复杂的网络系统,但是其基本的工作方式与家庭和企业中的局域网并没有什么不同。Internet 主要由大量的路由器互联而成,如图 7-1 所示。和局域网中的路由器一样,Internet 里的路由器也是通过查看数据包的目的 IP 地址和路由表来完成数据包的转发,通过多台路由器的依次转发,数据包就可以到达目标主机了。

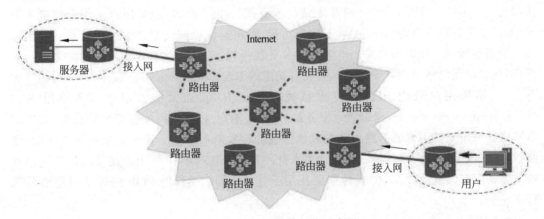

图 7-1　Internet 基本结构示意图

当然,Internet 主要实现的是大范围内的远距离数据通信。各网络中间设备之间的距离要比家庭和企业网络远很多,因此 Internet 在技术实现上与局域网存在着一定的差异。另外,尽管从基本原理来看,Internet 中的路由器也是根据路由表来转发数据的,但是其路由表中的路由表项数量非常庞大,并且当出现线路故障或新的网络接入等情况时,都会引发路由表的变化,因此,在对路由器的性能要求以及路由表的维护方式等方面,与局域网也有很大的不同。

7.1.2　运营商网络的基本结构

Internet 并不是由单个组织管理运营的单一网络,而是由多个运营商网络相互连接起来的,用户通过接入网与运营商网络相连,如图 7-2 所示。

1. POP

POP(point of presence,入网点)是通过接入网与用户直接相连的运营商网络设备,

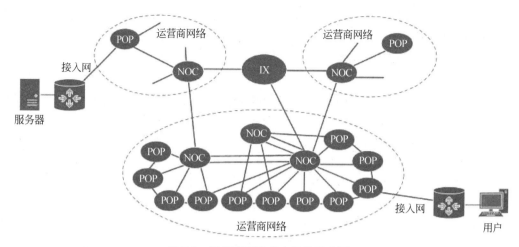

图 7-2　运营商网络基本结构示意图

POP 可以是各种具有路由功能的设备,其具体类型与接入网的类型以及运营商的业务类型密切相关。图 7-3 给出了 POP 的基本结构示意图。由图可知,如果用户采用专线接入方式,不需要进行用户身份认证、配置下发等功能,则在运营商网络只需要使用普通的路由器和用户相连即可。如果用户采用电话、ISDN 等拨号接入方式,就需要对用户的拨号进行应答,则在运营商网络中就需要使用具有相应功能的 RAS(remote access service,远程访问服务器)。如果用户采用 PPPoE 等虚拟拨号接入方式,通常接入服务商会使用 BAS(broadband access server,宽带接入服务器)来完成用户身份认证、配置下发等操作,在运营商网络就只需要使用普通的路由器完成数据包的转发就可以了。由于需要接入 POP 的线路数量很多,但每条线路对传输速度的要求并不高,因此 POP 中用于连接接入网的路由器通常需要配有大量的接口,但其性能要比用于连接 NOC 或其他 POP 的骨干网路由器低得多。

2. NOC

NOC(network operation center,网络运行中心)是运营商网络的核心设备,从 POP 转发的数据包都会在这里集中,并且被转发到距离目标主机更近的 POP,或被转发到其他的运营商网络。显然 NOC 也需要配备高性能的路由器。从实际情况来看,很多时候 NOC 中也可以配备连接接入网的路由器,能够完成 POP 的功能,因此可以将 NOC 看作规模扩大了的 POP。每个 NOC 或 POP 的规模有大有小,但通常和局域网中的机房并没有太大区别,其中各路由器之间既可以直接连接,也可以通过交换机进行连接。

3. IX

IX(Internet exchange point,互联网交换中心)是不同的网络运营商之间为连通各自网络而建立的集中交换平台。Internet 是由多个不同的运营商网络连接起来的,各运营商网络之间可以一对一直接连接,但当运营商的数量比较多时,这种连接就会非常困难。IX 的核心是具有大量高速端口的大型交换机,各运营商网络的 NOC 可以通过通信线路分别连接到 IX 核心交换机的不同端口上,这样就可以方便地实现多个运营商网络之间的连接。

4. 光传输网

由于运营商网络的 NOC 和 POP 会遍布各地,而且要承载大规模的数据传输,因此通

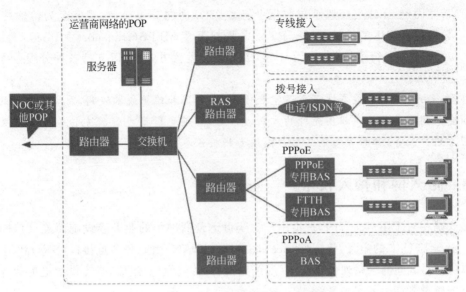

图 7-3　POP 的基本结构示意图

常会采用光纤作为传输介质。通常运营商会从管理角度将其网络分为业务网和传输网,其中业务网是指直接为用户提供业务的网络部分,而传输网主要用于为各种业务提供传输通道。按照地理位置,传输网可以分为连接各地市的干线传输网和连接本市的本地传输网,本地传输网又可以分为接入层、汇聚层和骨干层。传输网涉及的主要技术如下。

- SDH(synchronous digital hierarchy,同步数字系列):SDH 由 ITU-T 制定,其基本速率为 155.52Mb/s(STM-1),通过时分复用技术可以形成更高的速率(STM-N,如 STM-16 的速率为 155.52Mb/s×16＝2488.32Mb/s)。SDH 具有强大的自行恢复和重组功能,能够实现不同层次和各种拓扑结构的网络,这些优点使其一度成为传输网的主流技术。

- MSTP(multi-service transmission platform,多业务传输平台):SDH 是针对传统的电话语音业务设计的,MSTP 在 SDH 基础上提供了以太网、ATM(asynchronous transfer mode,异步传输模式)等各类网络接口,增强了对基于 TCP/IP 数据业务的处理能力。

- OTN(optical transport network,光传送网):为了突破 SDH 的带宽限制,WDM(wavelength division multiplexing,波分复用)将多种不同波长的光信号耦合到同一根光纤中,可以实现大容量远距离的数据传输,然而其组网及业务的保护功能较弱。OTN 将 SDH 的可运营可管理等优势应用到了 WDM 系统中,更适合 IP 数据包的传输。

- MPLS(multi-protocol label switching,多协议标签交换协议):在传统的 IP 网络中,每过一个路由器都要进行路由查询,这种转发机制速度慢,不适合大型网络。MPLS 将 IP 地址映射为简单的具有固定长度的标签,通过标签可为数据包建立一条标签转发通道,在通道经过的每一台设备处,只需要进行快速的标签交换即可,从而将 IP 路由网络变成了更加高效的类似电路交换的网络。

- PTN(packet transport network,分组传送网):SDH、MSTP 等都面向电路交换,其

带宽固定,无法更好地承载数据业务。PTN 面向分组交换,是完全为传输变长 IP 数据包而产生的传输技术。PTN 主要基于 T-MPLS(transport MPLS),T-MPLS 对 MPLS 进行了简化,采用与 SDH 类似的运营方式,可以支持各种分组业务和电路业务。

注意 由于光纤需要在地下或架空敷设,工程费用和维护成本较高,因此一些小的网络运营商会采用向其他公司租用光纤的方式。另外,目前运营商也会将光传输网的相关技术直接用于用户业务,如为大的企业用户提供专线接入等。

7.1.3 接入网和接入技术

接入是相对于用户而言的,是指用户为获得运营商网络的业务或设施而连接该网络的方法。根据 ITU-T 的定义,接入网(access network,AN)由业务节点接口(SNI)和用户-网络接口(UNI)之间的一系列传送实体(如线路设备、传输设施)组成,是为供给电信业务而提供所需传送承载能力的实施系统。

在骨干网已逐步形成以光纤线路为基础的高速信道情况下,国际权威专家曾把接入网比做信息高速公路的“最后一公里”,并认为它是信息高速公路中难度最大、耗资最大的一部分,是信息基础建设的瓶颈。针对不同的用户需求和不同的网络环境,网络运营商提供了多种接入技术可供用户选择。按照传输介质的不同,可将接入技术分为有线接入和无线接入两大类型,如表 7-1 所示。

表 7-1 接入技术的分类

有线接入	铜缆	PSTN 拨号:56kb/s
		ISDN:单通道 64kb/s,双通道 128kb/s
		ADSL:下行 256kb/s~8Mb/s,上行 1Mb/s
		VDSL:下行 12Mb/s~52Mb/s,上行 1Mb/s~16Mb/s
	光纤	Ethernet:10/100/1000Mb/s,10Gb/s(使用双绞线或光纤)
		APON:对称 155Mb/s,非对称 622Mb/s
		EPON:1.25Gb/s;10G-EPON:10Gb/s
		GPON:下行 2.5Gb/s,上行 1.25Gb/s;XGS-PON:10Gb/s
	混合	HFC(混合光纤同轴电缆):下行 36Mb/s,上行 10Mb/s
		PLC(电力线通信网络):2~100Mb/s
无线接入	固定	WLAN:2Mb/s~1Gb/s
	激光	FSO(自由空间光通信):155Mb/s~10Gb/s
	移动	GPRS(无线分组数据系统):理论峰值 171.2kb/s 3G:下行 2Mb/s,上行 1.8Mb/s(不同制式速度不同) 4G:下行 100~150Mb/s,上行 50Mb/s 5G:理论峰值 1Gb/s 以上

从表 7-1 可以看出,不同的接入技术需要不同的设备,能提供不同的传输速度,用户应根据实际需求选择合适的接入技术。从目前来看,网络运营商主要采用的接入策略是在用

户相对集中的住宅小区、企事业单位推行综合布线,将光纤接入与以太网结合,以降低接入成本;对于有高速网络接入需求的大型企事业单位用户,则可采用光纤直接接入的专线方式。

【任务实施】

实训 1　了解本地家庭用户使用的接入业务

请登录本地区主要网络运营商的网站或走访其营业厅,了解该运营商为家庭用户提供的接入业务,了解这些业务所使用的接入设备、主要技术特点和资费标准,了解使用相应接入技术访问 Internet 时的速度和质量。

【问题 1】　你所了解的网络运营商是_____,其为家庭用户提供的主要接入业务及资费标准为_____。

实训 2　了解本地企业用户使用的接入业务

请登录本地区主要网络运营商的网站或走访其营业厅,了解该运营商为企业用户提供的接入业务及增值服务。根据实际情况,走访本地区的企业用户(如学校或其他企事业单位),了解其所使用的接入技术、相关设备和费用,以及访问 Internet 时的速度和质量。

【问题 2】　你所了解的企业用户是_____,其接入的网络运营商是_____,所采用的接入方式及相关费用为_____。

【任务拓展】

网络运营商为用户提供的网络支持服务包含网络管理的各个方面,如接收用户订单、规划和提供新的设备和线路、现场安装、监控并测试新的连接、指导用户设置相关信息、网络维修和维护等。当新的用户订购业务时,运营商的支持服务团队需要统一协作,确保订单得到正确的处理、网络得到适当的配置,尽快为用户提供相应服务。请根据实际情况,了解运营商在提供接入业务时的基本工作流程及相关工作岗位,了解不同岗位工作人员的岗位职责,根据自己的实际情况思考应如何具备相关的职业能力。

任务 7.2　利用光纤以太网接入 Internet

【任务目的】

(1) 了解 PON 和光纤接入的主要方式。

(2) 掌握使用光纤以太网将计算机接入 Internet 的方法。

【任务导入】

基于光纤的 LAN 接入方式是一种利用光纤加双绞线方式实现的宽带接入方案,其接入成本低,同时可以提供高速的用户端接入带宽,是目前最常用的用户接入方式之一。请利用光纤以太网将单个计算机直接接入运营商网络并实现与 Internet 的访问。

【工作环境与条件】

(1) 已有的光纤以太网接入服务。
(2) 安装 Windows 操作系统的 PC。

【相关知识】

7.2.1　PON 和 FTTx

光纤由于其大容量、保密性好、不怕干扰和雷击、重量轻等诸多优点,得到了迅速的发展和应用。光纤接入技术实际就是在接入网中全部或部分采用光纤传输介质,构成光纤用户环路(或称光纤接入网),实现用户高性能接入的技术。光纤接入从形态上大致上可以分为直接连接方式和分路连接方式。分路连接方式主要是通过分光器将光纤分路,使其同时可以连接多个用户,这种光纤接入被称为 PON(passive optical network,无源光纤网络),其基本结构如图 7-4 所示。图中,OLT(optical line terminal,光线路终端)位于运营商网络侧,可以是交换机或路由器,能完成光电转换、带宽分配、控制连接、实时监控等功能;ONU(optical network unit,光网络单元)俗称"光猫",位于用户侧,为用户提供网络接口;ODN(optical distribution network,光分配网)负责建立 ONU 与 OLT 之间的信息传输通道,组成 ODN 的主要器件包括光纤、连接器、分光器、无源光衰减器等。

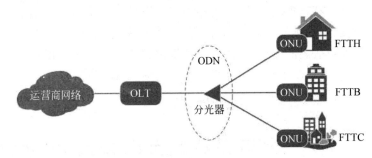

图 7-4　PON 的基本结构

注意　PON 有 APON、EPON、GPON 等多种标准,常用的主要是 IEEE 主导的 EPON 系列标准和 ITU 主导的 GPON 系列标准。

根据 ONU 位置不同,可以把光纤接入网分为 FTTH(fiber to the home,光纤到户)、FTTB(fiber to the building,光纤到楼)和 FTTC(fiber to the curb,光纤到路边/小区)。

- FTTC 主要为住宅区的用户提供服务,它将 ONU 设备放置于路边机箱,可以从 ONU 接出同轴电缆传送 CATV(有线电视)信号,也可以接出双绞线电缆传送电话信号或提供 Internet 接入服务。

- FTTB 可以按服务对象分为两种：①为公寓大厦提供服务；②为商业大楼提供服务。两种服务方式都将 ONU 设置在大楼的地下室配线箱处，只是公寓大厦的 ONU 是 FTTC 的延伸，而商业大楼是为大中型企业单位提供服务，因此必须提高传输速率。
- ITU 认为从光纤端头的光电转换器(或称为媒体转换器)到用户桌面不超过 100m 的情况才是 FTTH。FTTH 将光纤延伸到终端用户家中，从本地交换机一直到用户全部为光纤连接，没有任何铜缆，也没有有源设备，是接入网的基本发展趋势。

7.2.2　FTTx＋LAN

FTTx 接入方式成本相对较高，而将 FTTx 与 LAN 结合，可以大幅降低接入成本，同时也可以提供较高的用户端接入带宽。FTTx＋LAN 是一种利用光纤加双绞线方式实现的宽带接入方案，采用星形(或树形)拓扑结构，小区、大厦、写字楼内采用综合布线系统，用户通过双绞线或光纤接入网络，楼道交换机和中心交换机、中心交换机和局端交换机之间通过光纤相连。用户不需要购买其他接入设备，只需一台带有网卡的 PC 即可接入 Internet。

7.2.3　PPPoE

PPPoE(point-to-point protocol over ethernet，以太网的点到点连接协议)是为了满足越来越多的宽带上网设备和越来越快的网络之间的通信而制定的标准，它基于两个被广泛接受的标准即 Ethernet 和 PPP(点对点拨号协议)。PPPoE 的实质是以太网和拨号网络之间的一个中继协议，继承了以太网的快速和 PPP 的拨号简单、用户验证、IP 分配等优势。在实际应用上，PPPoE 利用以太网的工作机理，将计算机连接到局域网，采用 RFC1483 的桥接封装方式对 PPP 数据包进行 LLC/SNAP 封装后，通过连接两端的 PVC(permanence virtual circuit，固定虚拟连接)与网络中的宽带接入服务器之间建立连接，实现 PPP 的动态接入。图 7-5 给出了 PPPoE 在光纤以太网中的基本认证过程。PPPoE 可以完成基于以太网的多用户共同接入，使用方便，大幅降低了网络的复杂程度，是宽带接入的主流接入协议。

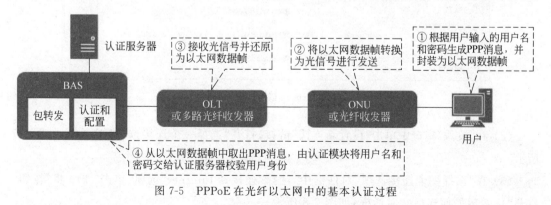

图 7-5　PPPoE 在光纤以太网中的基本认证过程

【任务实施】

实训 3 安装和连接硬件设备

对于采用 FTTx+LAN 方式接入 Internet 的用户，不需要购买其他接入设备，只需要将进入房间的双绞线电缆接入计算机网卡即可，与局域网的连接方式完全相同。

实训 4 建立 PPPoE 虚拟拨号连接

FTTx+LAN 的接入方式分为固定 IP 方式和 PPPoE 虚拟拨号方式。固定 IP 方式多面向企事业单位等拥有局域网的用户，用户有固定的 IP 地址，根据实际情况按信息点数量或带宽计收费用。用户在将 LAN 的双绞线电缆接入网卡后，需要设置相应的 IP 地址信息，不需要虚拟拨号就可以连入网络。PPPoE 虚拟拨号方式大多面向个人用户，费用相对较低。用户无固定 IP 地址，必须到指定的机构开户并获得用户名和密码，使用专门的宽带拨号软件接入 Internet。在 Windows 系统中建立 PPPoE 虚拟拨号连接的基本操作方法如下。

(1) 在传统桌面模式中右击左下角的"开始"图标，在弹出的菜单中选择"网络连接"命令，在打开的"设置"对话框中单击左侧窗格的"拨号"选项，打开"拨号"设置窗口，如图 7-6 所示。

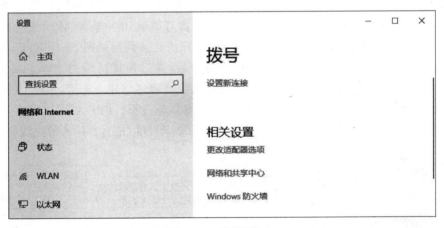

图 7-6 "拨号"窗口

(2) 在"拨号"窗口中单击"设置新连接"链接，打开"选择一个连接选项"对话框，如图 7-7 所示。

(3) 在"选择一个连接选项"对话框中，选择"连接到 Internet"选项，单击"下一步"按钮，打开"你希望如何连接？"对话框，如图 7-8 所示。

(4) 在"你希望如何连接？"对话框中单击"宽带(PPPoE)"链接，打开"键入你的 Internet

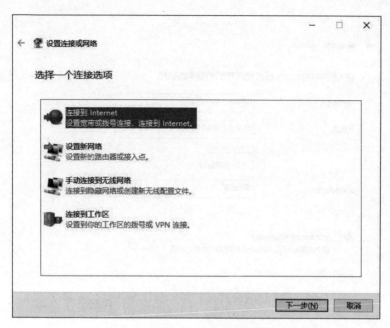

图 7-7　"选择一个连接选项"对话框

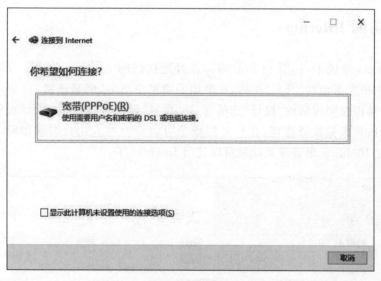

图 7-8　"你希望如何连接?"对话框

服务提供商(ISP)提供的信息"对话框,如图 7-9 所示。

(5) 在"用户名"和"密码"文本框处填入申请的用户名和用户密码,单击"连接"按钮,完成设置。

注意　PPPoE 虚拟拨号连接中的用户名、密码是区分大、小写字母的。

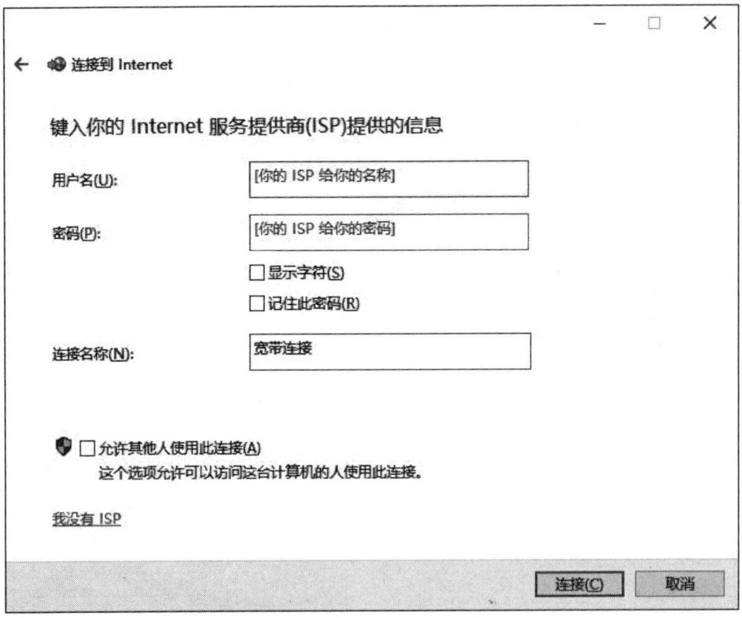

图 7-9 "键入你的 Internet 服务提供商(ISP)提供的信息"对话框

实训 5   访问 Internet

在 Windows 系统中,利用 PPPoE 虚拟拨号连接访问 Internet 的操作方法为:在传统桌面模式中右击左下角的"开始"图标,在弹出的菜单中单击"网络连接"命令,在打开的"设置"对话框中单击左侧窗格的"拨号"选项,打开"拨号"设置窗口。在"拨号"设置窗口中单击所创建的 PPPoE 虚拟拨号连接,在打开的登录对话框中输入用户名和密码,如图 7-10 所示,单击"确定"按钮,如果登录成功就可以访问 Internet 了。

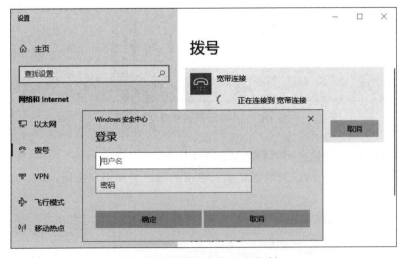

图 7-10 宽带连接的登录对话框

【问题 1】　在 Windows 系统中创建了 PPPoE 虚拟拨号连接后,在你的计算机中有
_____(1 个/2 个以上)网络连接,分别是_____,每个连接_____(可以/不
可以)设置不同的 IP 地址信息。

【问题 2】　默认情况下,宽带(PPPoE)连接获取 IP 地址信息的方式是_____(静态
设置/自动获取),此时_____(可以/不可以)设置 IPv6 地址。

【问题 3】　通过宽带连接将计算机接入 Internet 后,当前计算机宽带连接的 IP 地址为
_____,子网掩码为_____,默认网关为_____。当前计算机宽带连接的 IP 地址属
于_____(公有地址/私有地址),你所采用的查看 IP 地址信息的方法为_____。

【任务拓展】

随着技术的发展,光纤到户已经成为宽带接入技术的主要发展方向。请查阅相关资料,
了解用户在利用光纤到户接入 Internet 时所需的设备及连接和设置方法。

任务 7.3　实现 Internet 连接共享

【任务目的】

(1) 了解实现 Internet 连接共享的主要方式。
(2) 熟悉使用 Windows 系统实现 Internet 连接共享的基本方法。
(3) 熟悉使用无线路由器实现 Internet 连接共享的基本方法。

【任务导入】

如果一个局域网中的多台计算机需要同时接入 Internet,一般可以采取两种方式:一种
方式是为每一台要接入 Internet 的计算机申请一个 IP 地址,并通过路由器将局域网与
Internet 相连,路由器与运营商网络通过专线连接,这种方式运行费用很高,普通用户通常
不会采用;另一种方式是共享 Internet 连接,即只申请一个 IP 地址,局域网中的所有计算机
共享这个 IP 地址接入 Internet。要实现 Internet 连接共享可以通过软件和硬件两种方式。
请分别利用 Windows 系统和无线路由器使小型局域网中的多台计算机同时接入 Internet。

【工作环境与条件】

(1) 已有的 Internet 接入服务。
(2) 几台安装 Windows 操作系统的 PC(带有无线网卡)。
(3) 无线路由器及组建网络所需的其他设备。

【相关知识】

要实现 Internet 连接共享可以通过硬件和软件两种方式。
- 硬件方式是指通过路由器、宽带路由器、无线路由器等实现 Internet 连接共享。采
用硬件方式不但可以实现 Internet 连接共享,而且相关设备通常都带有 DHCP、防

火墙等功能。但硬件方式需要购买专门的接入设备,费用稍高。

- 软件方式主要是通过代理服务器类和网关类软件实现 Internet 连接共享。采用软件方式虽然在性能上不如硬件方式,但由于很多软件是免费或者系统自带的,并且也可以对网络进行一定的管理和控制,因此也得到了广泛的应用。

7.3.1 宽带路由器方案

宽带路由器是一种常用的网络产品,它集成了路由器、防火墙、带宽控制和管理等基本功能,并内置了多端口的交换机,可以方便地将多台计算机连接成小型局域网并接入 Internet。宽带路由器可主要实现以下功能。

- 内置 PPPoE 虚拟拨号:宽带路由器内置了 PPPoE 虚拟拨号功能,可以方便地替代手工拨号接入。
- 内置 DHCP 服务器:宽带路由器都内置有 DHCP 服务器和交换机端口,可以为客户机自动分配 IP 地址信息。
- NAT 功能:宽带路由器一般利用 NAT(网络地址转换)功能以实现多用户的共享接入,内部网络用户连接 Internet 时,NAT 将用户的内部网络 IP 地址转换成一个外部公共 IP 地址。当外部网络数据返回时,NAT 则将目的地址替换成初始的内部用户地址以便内部用户接收数据。

在接入 Internet 时,可以选择一台宽带路由器作为交换设备和 Internet 连接共享设备,有需要时也可以通过级联交换机的方式,以扩展网络接口。使用宽带路由器实现 Internet 连接共享的网络拓扑结构如图 7-11 所示。

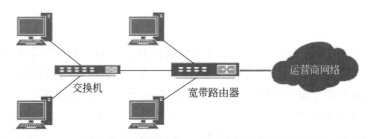

交换机　　　　宽带路由器　　　运营商网络

图 7-11　使用宽带路由器实现 Internet 连接共享的网络拓扑结构

采用宽带路由器作为 Internet 连接共享设备,既可实现计算机之间的连接,又可有效地实现 Internet 连接共享。在该方案中,任何计算机都可以随时接入 Internet,不受其他计算机的影响。该方案适用于家庭、小型办公网络及其他中小型网络。

注意 有些宽带路由器产品可以提供多个外部接口,能够同时连接两个以上的 Internet 连接。利用这种宽带路由器可以把局域网内的各种传输请求,根据事先设定的负载均衡策略,分配到不同的 Internet 连接,从而实现智能化的信息动态分流,扩大整个局域网的出口带宽,起到了成倍增加带宽的作用。

7.3.2　无线路由器方案

无线路由器是将无线访问接入点和宽带路由器合二为一的扩展型产品,具备宽带路由器的所有功能。利用无线路由器可以实现小型无线网络中的 Internet 连接共享。

7.3.3　代理服务器方案

代理服务器(Proxy)处于客户机与服务器之间。对于服务器来说,Proxy 是客户机;对于客户机来说,Proxy 是服务器。Proxy 的作用很像现实生活中的代理服务商。在一般情况下,客户机在访问网络资源时,是直接访问其所在的服务器,由服务器把相应信息传送回来。代理服务器是介于客户机和服务器之间的另一台服务器,有了它之后,客户机不是直接访问目标服务器而是向代理服务器发出请求,由代理服务器访问目标服务器取回客户机所需要的信息并传送给客户机。代理服务器主要有以下功能:

- 代理服务器可以代理 Internet 的多种服务,如 WWW、FTP、E-mail、DNS 等。
- 通常代理服务器都具有缓冲的功能,它有很大的存储空间,可以不断将新取得的数据储存到本机的存储器上,如果客户机所请求的数据在本机的存储器上已经存在而且是最新的,那么它将直接把存储器上的数据传送给客户机,这样就能显著提高访问效率。
- 代理服务器可以起到防火墙的作用。在代理服务器上可以设置相应限制,以过滤或屏蔽某些信息。另外,由于外部服务器会认为访问来自于代理服务器,因此可以隐藏局域网内部的网络信息,从而提高安全性。
- 当客户机访问某服务器的权限受到限制时,若某代理服务器不受限制,且在客户机的访问范围之内,那么客户机就可以通过代理服务器访问目标服务器。

如果要使用代理服务器实现 Internet 连接共享,可先使用交换机组建局域网,然后将其中一台作为代理服务器。代理服务器通常应配置两个网络连接,分别连接局域网和运营商网络,此时其他计算机即可通过代理服务器接入 Internet。使用代理服务器实现 Internet 连接共享的网络拓扑结构如图 7-12 所示。

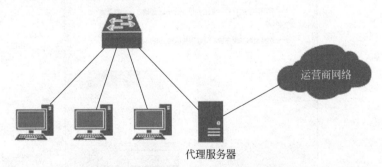

图 7-12　使用代理服务器实现 Internet 连接共享的网络拓扑结构

注意　代理服务器上用于接入 Internet 的连接,可以是基于网卡的本地连接,也可以是基于 PPPoE 的宽带连接和基于无线网卡的无线连接。

【任务实施】

实训 6　使用 Windows 系统实现 Internet 连接共享

1. 使用"Internet 连接共享"

"Internet 连接共享"是 Windows 98 第 2 版之后，Windows 系统内置的一个多机共享接入 Internet 的工具，该工具设置简单，使用方便。

（1）网络的物理连接。网络的物理连接可参照图 7-12 所示。所有的计算机安装 Windows 操作系统。充当服务器的计算机应具备两个网络连接：一个用于接入 Internet，另一个用于连接局域网交换机。其他计算机的网卡直接连接局域网交换机。

注意　对于通过 PPPoE 虚拟拨号方式接入 Internet 的用户，在进行网络物理连接时，可将连接运营商网络的双绞线电缆接入局域网交换机的某一接口，将所有计算机的网卡连接到局域网交换机。然后，在充当服务器的计算机上创建 PPPoE 虚拟拨号连接，该连接将用于接入 Internet，而计算机网卡对应的连接将用于与局域网内部其他计算机的通信。

（2）设置服务器。在充当服务器的计算机上应首先按照运营商的要求设置网络连接，使其接入 Internet。然后在"网络连接"窗口中右击能够接入 Internet 的网络连接，在弹出的菜单中选择"属性"命令，打开其"属性"对话框，选择"共享"选项卡，如图 7-13 所示。在"共享"选项卡中勾选"允许其他网络用户通过此计算机的 Internet 连接来连接"复选框，单击"确定"按钮，此时已经在该计算机上启用了 Internet 连接共享功能。

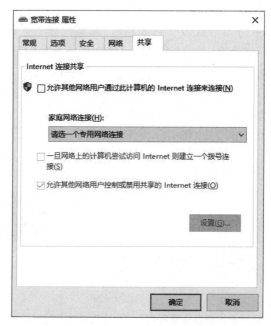

图 7-13　"共享"选项卡

启用 Internet 连接共享功能后,会对计算机的系统设置进行如下修改:

- 连接内部局域网的网络连接的 IP 地址信息被修改(如 IP 地址被设为 192.168.137.1,子网掩码被设为 255.255.255.0)。

- 创建 IP 路由。

- 启用 DNS 代理。

- 启用 DHCP 分配器(DHCP 可分配的地址范围与连接内部局域网网络连接的 IP 地址同网段。若连接内部局域网网络连接的 IP 地址被修改为 192.168.137.1,则 DHCP 可分配的地址范围为 192.168.137.2 ～ 192.168.137.254,子网掩码为 255.255.255.0)。

- 启动 Internet 连接共享服务。

- 启动自动拨号。

(3) 设置客户机。在客户机上只需要为相应的局域网连接设置 IP 地址信息即可,设置时通常应采用自动获取 IP 地址的方式,设置完成后在客户机上就可以通过服务器访问 Internet 了。

【问题 1】　在服务器上启用 Internet 连接共享功能后,连接内部局域网网络连接的 IP 地址被修改为_____,子网掩码被修改为_____,默认网关被修改为_____,DNS 服务器地址被修改为_____。

【问题 2】　启用 Internet 连接共享功能后,请将客户机设为采用自动获取 IP 地址,该客户机获取的 IP 地址为_____,子网掩码为_____,默认网关为_____,DNS 服务器地址为_____,你所采用的查看方法是_____。

【问题 3】　启用 Internet 连接共享功能后,客户机也可以设置静态 IP 地址。若服务器上连接内部局域网网络连接的 IP 地址被修改为 192.168.137.1,则客户机的 IP 地址可以设置为_____,子网掩码可以设置为_____,默认网关可以设置为_____,DNS 服务器地址可以设置为_____。_____(能/不能)一部分客户机设置静态 IP 地址,一部分客户机自动获取 IP 地址,原因是_____。

2. 使用"移动热点"

为了满足用户通过无线网络实现 Internet 连接共享的需求,在高版本的 Windows 系统中提供了"移动热点"功能。

(1) 网络的物理连接。网络中所有的计算机安装 Windows 操作系统。充当服务器的计算机应具备两个网络连接:一个用于接入 Internet,另一个为充当"热点"的无线连接。其他计算机通过无线网卡与服务器的"热点"连接。

(2) 设置服务器。在充当服务器的计算机上应首先按照运营商的要求设置网络连接,使其接入 Internet。然后在传统桌面模式中右击左下角的"开始"图标,在弹出的菜单中选择"网络连接"命令,在打开的"设置"对话框中单击左侧窗格的"移动热点"选项,打开"移动热点"设置窗口,如图 7-14 所示。在"移动热点"设置窗口右侧窗格中将"共享我的以下 Internet 连接"设置为能够接入 Internet 的连接,单击"编辑"按钮,可以对所建"热点"的 SSID、密码等进行设置,如图 7-15 所示。设置完成后,将移动热点功能开启。

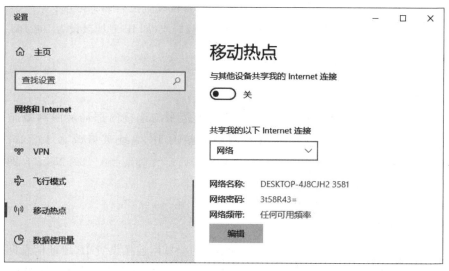

图 7-14 "移动热点"设置窗口

图 7-15 "编辑网络信息"对话框

（3）设置客户机。在客户机上只需要接入服务器开启的移动热点，即可通过服务器访问 Internet 了。

注意 Windows 系统的"移动热点"功能是基于其"Internet 连接共享"功能的。

【问题 4】 在设置移动热点时，你所共享的 Internet 连接是_____，网络名称是_____，网络密码是_____。

【问题 5】 启用移动热点功能后，客户机获取的 IP 地址为_____，子网掩码为_____，默认网关为_____，DNS 服务器地址为_____，你所采用的查看方法是_____。

实训 7　使用无线路由器实现 Internet 连接共享

使用无线路由器实现 Internet 连接共享的网络结构如图 7-16 所示,其中无线路由器的 WAN 接口(Internet 接口)应与运营商网络相连,有线接入的客户端设备应与无线路由器的 Ethernet 接口相连。若采用 PPPoE 虚拟拨号连接,则需在无线路由器上将其 Internet 连接方式设置为用 PPPoE,并输入正确的用户名和密码。无线路由器上的其他设置及客户端的设置这里不再赘述。

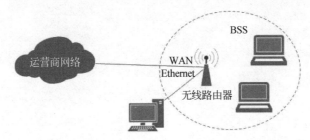

图 7-16　使用无线路由器实现 Internet 连接共享的网络拓扑结构

【问题 6】　你所设置的无线路由器是_____(写出产品型号),采用的 Internet 连接方式是_____,该无线路由器的默认 IP 地址为_____,DHCP 地址范围为_____。

【问题 7】　实现网络连接后,客户机连接的 WLAN 的 SSID 是_____,获取的 IP 地址为_____,子网掩码为_____,默认网关为_____,DNS 服务器地址为_____,你所采用的查看方法是_____。

【问题 8】　在某网络中,网段 A 中的计算机被禁止访问外部网站,网段 B 中的计算机没有受到限制,网段 A 和网段 B 的计算机之间可以正常通信。若想要在网段 A 中的计算机上访问外部网站,可以采用的方法为_____。

【任务拓展】

代理服务器软件的种类很多,功能和设置方法也有所不同,请通过 Internet 了解一种常用代理服务器软件的安装和使用方法。另外,大中型局域网主要通过企业级路由器或代理服务器群集实现与 Internet 的连接,其实现成本较高,设置也比较复杂,请参阅相关的技术资料,了解大中型局域网实现 Internet 连接共享的方法。

习　题　7

1. 简述 Internet 的定义。
2. 简述运营商网络的基本结构。
3. 什么是 PON? 它主要由哪几部分组成?
4. 什么是 PPPoE?
5. 简述宽带路由器的基本功能。

6. 简述代理服务器的基本功能。

7. 实现 Internet 连接共享。

内容及操作要求：利用交换机连接计算机组建网络，利用无线路由器或其他方式使所有计算机能够实现 Internet 连接共享。

准备工作：3 台安装 Windows 操作系统的计算机；能将 1 台计算机接入 Internet 的设备；交换机及组建网络所需的其他设备。

考核时限：40min。

工作单元 8　认识服务器端网络

服务器是通过网络为客户机提供服务、数据、资源等的设备。由于需要面向不同的客户机提供持续而稳定的服务,因此通常服务器的软硬件配置和网络架构与客户机会有很大的不同。本单元的主要目标是了解服务器的类型和部署方法;理解防火墙的作用和使用方法;能够利用 Windows 系统工具监视服务器性能,并了解使用多台服务器实现负载均衡的方法;了解网络功能虚拟化的相关知识,并能够利用常用工具部署虚拟机。

任务 8.1　服务器的选择与部署

【任务目的】

(1) 了解服务器的类型和选择方法。
(2) 了解网络操作系统的类型和选择方法。
(3) 了解服务器端网络的基本部署方法。
(4) 了解网络操作系统的基本安装方法。

【任务导入】

服务器是网络中必不可少的组成部分。在小型网络中可以使用普通计算机实现服务器的功能,但随着网络规模和业务的不断扩展,Internet 和大中型企业网络会使用不同于普通计算机的专用服务器设备,并且服务器端网络也会根据不同的业务场景、数据量和用户量等有不同的架构方法。请了解主流服务器厂商所生产的服务器产品,根据实际条件考察典型网络工程案例,分析其服务器端网络的部署方法。

【工作环境与条件】

(1) 安装 Windows 操作系统的 PC。
(2) 能够正常运行的网络环境。
(3) 服务器(也可使用 PC 或 VMware Workstation、Hyper-V 等虚拟机软件)。
(4) Windows 网络操作系统安装光盘。

【相关知识】

8.1.1 服务器的类型和选择

在计算机网络中,服务器主要应用于提供网络服务,而 PC 主要应用于桌面计算和网络终端。应用场景的差异决定了服务器应该具备比 PC 更可靠的持续运行能力、更强大的存储能力和网络通信能力、更快捷的故障恢复功能和更广阔的扩展空间。由于网络需求各有不同,因此服务器也有多种不同的类型,应根据网络需求选择相应类型的服务器。

1. 服务器体系架构的选择

(1) 非 x86 服务器。非 x86 服务器包括大型机、小型机和 UNIX 服务器,使用 RISC (reduced instruction set computing,精简指令集计算)或 EPIC(explicitly parallel instruction computing,显式并行指令计算)结构,主要采用 UNIX 或其他专用操作系统。这类服务器通常价格昂贵,体系封闭,但是性能和稳定性好,主要用于电信、金融等大型网络的核心系统中。

(2) x86 服务器。x86 服务器即通常所说的 PC 服务器,使用 CISC(complex instruction set computing,复杂指令集计算)结构,使用 Intel 或其他兼容 x86 指令集的处理器芯片,主要采用 Windows 或 Linux 操作系统。这类服务器价格便宜,兼容性好,但稳定性和安全性不高,主要用于中小型网络和非关键业务。

2. 服务器的性能选择

(1) 工作组级服务器。工作组级服务器一般支持 1～2 颗服务器专用 CPU,可支持大容量内存,并且具备典型服务器必备的各种特性,如采用 SCSI、SAS 或 SATA 总线的 I/O(输入/输出)系统、SMP 对称多处理器结构,并可选装 SCSI/SAS/SATA RAID、热插拔硬盘、热插拔电源等,具有高可用性特性。工作组级服务器适用于对处理速度和可靠性要求不高的网络服务,可用于充当 DHCP 服务器、DNS 服务器、FTP 服务器和文件服务器,以及用于实现网络管理。

(2) 部门级服务器。部门级服务器通常可以支持 2～4 颗服务器专用 CPU,集成了大量的监测及管理电路,具有全面的管理能力,可监测如温度、电压等状态参数。同时,具有良好的系统扩展性,能够及时在线升级系统,保护用户的投资。部门级服务器的硬件配置和处理性能相对较高,适用于对处理速度和可靠性要求高一些的网络服务,适合充当 Web 服务器、视频服务器、邮件服务器、域控制器,以及办公系统、计费系统等网络应用服务的前台服务器。

(3) 企业级服务器。企业级服务器通常支持 4～8 颗服务器专用 CPU、超大容量的内存、SCSI 或 SAS 高速数据传输、电源等关键部件的在线维护功能,冗余和负载均衡、大容量热插拔硬盘和热插拔电源,具有超强的数据处理能力、高度的容错能力、优异的扩展性能和系统性能、极长的系统连续运行时间,能在很大程度上保护用户的投资。企业级服务器用于对处理速度和数据安全要求非常高的网络服务,可作为数据库服务器,以及其他关键任务的服务器。由于购置企业级服务器的成本较高,所以很多时候会利用服务器群集和负载均衡技术,将多台价格低廉的低性能服务器(如部门级服务器)整合在一起,实现网络服务的高可用性。

3. 服务器外观的选择

（1）塔式服务器。塔式服务器也称为"台式服务器"，如图 8-1 所示。低端塔式服务器往往采用比普通台式机稍大的机箱，而中高端塔式服务器由于考虑到扩展性和散热的问题，往往采用体积硕大的机箱。塔式服务器会占用较多的空间，而且在电源管理、网络接入等方面有着诸多不便，但由于其能够很好地解决散热问题并且无须使用机柜，因此被广泛应用于服务器数量较少、机房环境较差的场景。

（2）机架式服务器。机架式服务器的宽度通常为标准的 19in(1in＝2.54cm)，可以安装在 19 英寸标准机柜中。根据高度的不同，机架式服务器大致可划分为 1u、2u、4u 等规格。当网络内的服务器数量较多时，采用机架式服务器更便于进行管理，更便于提供统一的电源和实现服务器群集，更能节约宝贵的空间资源。图 8-2 所示为一款 2u 的机架式服务器。

图 8-1 塔式服务器

图 8-2 2u 的机架式服务器

注意 在 19 英寸标准机柜内，设备安装所占高度用 u 表示，1u＝44.45mm。使用 19 英寸标准机柜的设备面板一般都是按 nu 的规格制造。

（3）刀片式服务器。刀片式服务器是专门为特殊应用行业和高密度计算机环境设计的，其中每块"刀片"都是一个插板，在插板上配有处理器、内存、硬盘以及相关组件，类似于一个独立的服务器，如图 8-3 所示。与塔式服务器和机架式服务器相比，单片"刀片"的性能较低，但管理员可以通过软件方便地将多片"刀片"集合成服务器群集，以实现整体性能的提高。并且由于每块"刀片"都可以热插拔，因此其维护和扩展也非常方便。

图 8-3 刀片式服务器

虽然刀片式服务器是作为低成本服务器平台推出的，但是刀片式服务器的前期投入成本比较高。首先，无论购置几台刀片式服务器，都必须配置刀片式服务器机箱，如图 8-4 所示。另外，刀片式服务器的硬盘容量较小并且不能扩充，所以往往需要配置磁盘阵列以解决数据存储的问题。刀片式服务器通常应用于数据处理量大，服务器群集多的场景。

注意 除塔式服务器、机架式服务器、刀片式服务器外，相关厂商还会提供能够在更小物理空间集成更高计算密度以满足数据中心需求的高密度服务器、用于部署关键业务应用的关键业务服务器等不同类型的产品，以满足不同的用户需求。

图 8-4　刀片式服务器机箱

8.1.2　网络操作系统的功能和选择

1. 网络操作系统的功能

操作系统是计算机系统中用来管理各种软硬件资源，提供人机交互的软件。网络操作系统作为网络用户和服务器之间的接口，可实现操作系统的所有功能，并且能够对网络中的资源进行管理和共享。网络操作系统一般应具有以下功能。

- 支持多任务：可同时处理多个应用程序，每个应用程序在不同的内存空间运行。
- 支持大内存：支持较大的物理内存，以便更好运行应用程序。
- 支持对称多处理：支持多个 CPU，减少事务处理时间，提高操作系统性能。
- 支持网络负载平衡：能与其他主机构成一个虚拟系统，满足多用户访问的需要。
- 支持远程管理：能够支持用户通过网络远程管理和维护系统。

2. 网络操作系统的选择

网络操作系统可以分为两大类：①目前应用较为广泛的支持 Intel 处理器架构 PC 服务器的操作系统产品（Windows Server、Linux）；②支持 IBM、HP 等公司标准 64 位处理器架构的操作系统产品（UNIX）。网络操作系统的选择要从网络应用出发，根据需要提供的服务类型，以及各种操作系统提供相应服务时的性能与特点，确定使用何种网络操作系统。通常，在同一网络中并不需要采用同一种网络操作系统，例如，对于 Web、FTP、管理信息系统等服务器可采用 Windows Server 操作系统，对于电子邮件、DNS、Proxy 等服务器可以使用 Linux 或 UNIX 系统。这样，既可以利用 Windows Server 系统应用丰富、使用方便的特点，又可以发挥 Linux 和 UNIX 系统稳定、高效的优势。

注意　在选择网络操作系统时，需要考虑相关服务的开发语言、数据库类型等因素。例如，若网站的开发语言为 ASP，数据库为 SQL Server，则其 Web 服务器更适于选择 Windows Server 系统；若网站的开发语言为 PHP，数据库为 MySQL，则其 Web 服务器更适于选择 Linux 系统。

8.1.3　服务器的部署

在早期的企业网络中，服务器会直接连接网络并可通过 Internet 直接访问。随着网络规模的扩大和安全风险的增加，通常在企业网络中会使用防火墙来降低服务器面临的安全风险，如图 8-5 所示。在该部署方式中，防火墙将内部网络、服务器网络和接入网分成 3 个不同区域,管理员可以通过在防火墙上部署安全策略,使其只允许指定的数据包进入服务器网络,这样即使服务器本身存在安全漏洞,也可以在很大程度上降低其面临的安全风险。

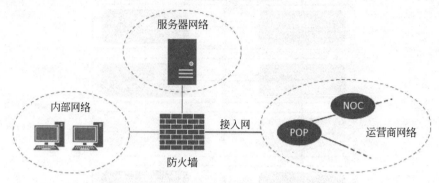

图 8-5　通过防火墙部署服务器

　　除了可以将服务器直接部署在企业网络中外,还可以将其部署在由网络运营商等管理的数据中心,或者是直接租用网络运营商提供的服务器。数据中心(Internet data center,IDC)通常会与运营商网络核心部分的 NOC 直接连接,能够通过高速线路接入 Internet 骨干网,因此将服务器部署在这里就可以获得很高的访问速度。此外,数据中心通常为标准化的电信专业级机房,能够为服务器提供稳定的运行环境。并且数据中心还可以提供服务器性能监控、防火墙配置和运维、负载均衡、非法入侵监控与防御等各种附加服务,可以更好地降低服务器所面临的安全风险。

　　服务器端的网络架构与其应用场景密切相关。在用户和数据量较少,业务场景相对简单情况下,部署单台服务器就可以满足需求。随着用户和数据量的不断增长,应用服务器与数据服务器、文件服务器等的功能开始分离,以缓解单台服务器的压力。在数据和业务量进一步增长的情况下,服务器端网络开始应用服务器群集,并加入负载均衡器、缓存服务器等以优化访问请求在服务器组之间的分配,提高系统的反应速度与总体性能。图 8-6 所示为一种典型服务器端的网络架构。

　　注意　服务器端的网络架构更多会采用相同的设备并列配置的方式,这种方式既可以提供发生故障时的备用线路和备用设备,又利于实现负载均衡。另外,随着刀片式服务器、高密度服务器、整机柜式服务器的广泛应用和虚拟化技术的发展,服务器端的网络有多种不同类型的典型架构,限于篇幅,这里不再赘述。

【任务实施】

实训 1　认识服务器

　　(1) 根据实际条件,现场考察典型校园网或企业网,记录该网络中使用的服务器的品牌、型号及相关技术参数,查看服务器端网络的连接与使用情况。

　　(2) 访问服务器主流厂商的网站(如浪潮、联想、华为、戴尔等),查看该厂商生产的服务器产品,记录其型号、价格及相关技术参数。

　　【问题 1】　你所了解的局域网是_____,该网络使用的服务器型号为_____(列举

179

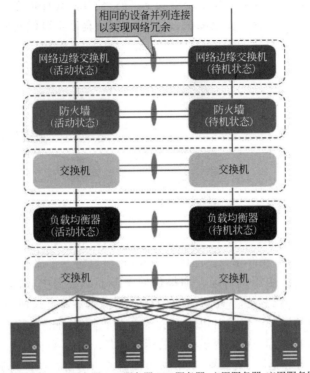

图 8-6　一种典型服务器端的网络架构

一种),该服务器使用的 CPU 为_____(写出 CPU 的型号与数量),内存大小为_____,硬盘数量为_____,使用的操作系统为_____。

　　【问题 2】　你所了解的服务器厂商是_____,所了解的服务器产品型号是_____(列举一种),该服务器属于_____(塔式服务器/机架式服务器/刀片式服务器,也可是厂商提供的其他类型)。该服务器支持的 CPU 为_____,支持的内存类型为_____,支持的网卡控制器为_____,主机尺寸为_____。

　　【问题 3】　服务器技术规格中的 RAID 是指_____,你所了解的服务器产品支持的 RAID 控制器为_____。

实训 2　安装网络操作系统

　　Windows 网络操作系统的安装过程与 Windows 桌面操作系统基本相同,具体步骤这里不再赘述。请根据实际情况,在服务器或 PC 上安装 Windows 网络操作系统(如 Windows Server 2019),体验其与 Windows 桌面操作系统的不同。

　　【问题 4】　Windows Server 2019 有带"桌面体验"和不带"桌面体验"两种安装选项,其主要区别是_____,默认选项为_____。若想使用图形工具配置服务器,则应选择_____。

　　【问题 5】　在安装 Windows Server 2019 的过程中,你将系统硬盘分成了_____个卷,系统默认创建的管理员账户的用户名为＿＿＿＿＿＿。若将该用户的密码设置为 123456,则系统会给出的提示信息为＿＿＿＿＿＿,你所设置的密码为＿＿＿＿＿＿。

【任务拓展】

请根据实际情况,在服务器或 PC 上安装 Linux 网络操作系统(如 Red Hat Enterprise Linux),体验其与 Windows 操作系统的不同。

任务 8.2　认识和设置防火墙

【任务目的】

(1) 了解防火墙的功能和工作机制。
(2) 熟悉 Windows 系统内置防火墙的启动和设置方法。

【任务导入】

防火墙最初被定义为一个实施某些安全策略保护一个安全区域(局域网),用以防止来自一个风险区域(Internet 或有一定风险的网络)的攻击的装置。随着网络技术的发展,人们逐渐意识到网络风险不仅来自网络外部还有可能来自网络内部,并且在技术上也有可能实施更多的解决方案,所以现在通常认为防火墙是在两个网络之间实施安全策略要求的访问控制系统。请利用 Windows 系统自带的防火墙保护系统安全,体会防火墙的功能和作用;根据实际条件,考察典型网络工程案例,了解该网络所使用的网络防火墙产品。

【工作环境与条件】

(1) 安装 Windows 操作系统的计算机。
(2) 能够正常运行的网络环境。
(3) 典型网络工程案例及相关文档。

【相关知识】

8.2.1　防火墙的功能

一般说来,防火墙可以实现以下功能。

- 能防止非法用户进入内部网络,禁止安全性低的服务进出网络,并抗击来自各方面的攻击。
- 能够利用 NAT(网络地址变换)技术,既实现了私有地址与共有地址的转换;又隐藏了内部网络的各种细节,提高了内部网络的安全性。
- 能够通过仅允许"认可的"和符合规则的请求通过的方式来强化安全策略,实现计划

181

的确认和授权。

- 所有经过防火墙的流量都可以被记录下来,可以方便地监视网络的安全性,并产生日志和报警。
- 由于内部和外部网络的所有通信都必须通过防火墙,所以防火墙是审计和记录 Internet 使用费用的一个最佳地点,也是网络中的安全检查点。
- 防火墙可以允许用户通过 Internet 访问提供公共服务的服务器,而禁止外部对内部网络上的其他系统或服务的访问。

8.2.2 防火墙的工作机制

1. 包过滤型防火墙

包过滤技术是在网络层对数据包进行分析和选择,选择的依据是系统内设置的规则,即访问控制表。包过滤型防火墙可以通过检查每一个数据包的网络层和传输层的首部来确定是否允许该数据包通过,一般可检查下面几项。

- 源 IP 地址。
- 目的 IP 地址。
- TCP/UDP 源端口。
- TCP/UDP 目的端口。
- 协议类型(TCP 包、UDP 包、ICMP 包)。
- TCP 报头中的 ACK 位。
- ICMP 消息类型。

图 8-7 给出了一种包过滤型防火墙的工作机制。

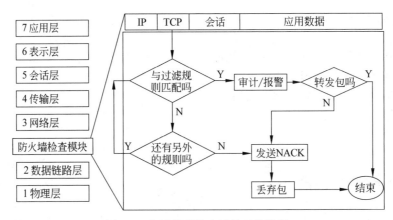

图 8-7 包过滤型防火墙的工作机制

例如,FTP 使用 TCP 的 20 和 21 端口,如果包过滤型防火墙要禁止所有的数据包只允许特殊的数据包通过,则可设置防火墙规则如表 8-1 所示。其中第一条规则是允许地址在 192.168.1.0 网段内的主机与任意目的主机进行 TCP 会话,第二条规则是允许源端口为 20 的任意主机与 192.168.1.0 网段内的主机进行 TCP 会话。

表 8-1　包过滤型防火墙规则示例

规则号	功能	源 IP 地址	目标 IP 地址	源端口	目标端口	协议
1	允许	192.168.1.0	*	*	*	TCP
2	允许	*	192.168.1.0	20	*	TCP

2. 应用层代理防火墙

应用层代理防火墙是在网络的应用层实现协议过滤和转发功能,可针对特定的网络应用协议使用指定的数据过滤逻辑,并可在过滤同时对数据包进行必要的分析、记录和统计。应用层代理防火墙能很容易运用适当的策略区分一些应用程序命令,像 HTTP 中的 put 方法和 get 方法等。应用层代理防火墙打破了传统的客户机/服务器模式,每个客户机和服务器的通信需要两个连接:一个是从客户机到防火墙,另一个是从防火墙到服务器。这样就将内部和外部系统隔离开来,从系统外部对防火墙内部系统进行探测将变得非常困难。

应用层代理防火墙能够理解应用层的协议,进行复杂的访问控制,但其最大的缺点是每一种协议需要相应的代理程序,这会导致数据延迟的现象。

3. 状态检测防火墙

状态检测防火墙保持了包过滤型防火墙的优点,仍可以根据 IP 地址、端口号等制定过滤规则,通过在防火墙的核心部分建立状态连接表,将进出的数据当成一个个事件来处理,克服了包过滤防火墙不关心数据包状态的缺点。当一个初始数据的数据包到达状态检测防火墙时,防火墙首先会检查其是否符合过滤规则,如果允许转发,这条连接会被记录在状态连接表中并且添加允许其返回通信的规则,之后凡是属于该连接的数据包,防火墙将一律通过并会监控连接的状态是否前后呼应。如果出现问题,就会自动断开连接。在通信结束后,防火墙会自动删除状态连接表中关于该连接的条目和规则。状态检测防火墙虽然在安全性和效率上有了明显的提升,但仍主要在网络层和传输层进行检测,无法彻底识别数据包中存在的安全风险。

注意　面对日益复杂的网络安全威胁,防火墙技术在快速地发展和进步,过去很多必须借助专用设备才能实现的网络防御功能都可以在防火墙上实现,目前的防火墙已经成了一种可实现多种防御功能的综合性网络安全设备。

8.2.3　Windows Defender 防火墙

高版本的 Windows 系统都内置了防火墙,它可以为计算机提供保护,以避免其遭受外部恶意软件的攻击。在 Windows 系统中,不同的网络位置可以有不同的 Windows Defender 防火墙设置,可以选择的网络位置主要有以下类型。

1. 专用网络

专用网络包含家庭网络和工作网络。在该网络位置中,系统会启用网络搜索功能使用户在本地计算机上可以找到该网络上的其他计算机,同时也会通过设置 Windows Defender 防火墙(开放传入的网络搜索流量)使网络内其他用户能够浏览到本地计算机。

2. 公用网络

来宾或公用网络主要指外部的不安全的网络(如机场、咖啡店的网络)。在该网络位置中,系统会通过 Windows Defender 防火墙的保护,使其他用户无法在网络上浏览到本地计算机,并可以阻止来自 Internet 的攻击行为;同时也会禁用网络搜索功能,使用户在本地计算机上也无法找到网络上其他计算机。

【任务实施】

实训 3 设置 Windows Defender 防火墙

1. 启用或关闭 Windows Defender 防火墙

在 Windows 系统中打开与关闭 Windows Defender 防火墙的基本操作方法如下。

（1）依次选择"控制面板"→"系统与安全"→"Windows Defender 防火墙",打开"Windows Defender 防火墙"窗口,如图 8-8 所示。

图 8-8 "Windows Defender 防火墙"窗口

（2）在"Windows Defender 防火墙"窗口中单击"启用或关闭 Windows Defender 防火墙"链接,打开"自定义设置"窗口,如图 8-9 所示。

（3）在"自定义设置"窗口中,用户可以分别对专用网络位置与公用网络位置进行设置,默认情况下这两种网络位置都会启用 Windows Defender 防火墙。要关闭某网络位置的防火墙,只需在该网络位置设置中选中"关闭 Windows Defender 防火墙"单选按钮即可。

2. 解除对某些应用的封锁

Windows Defender 防火墙会阻止所有的传入连接。若要解除对某些应用的封锁,可在"Windows Defender 防火墙"窗口中单击"允许应用或功能通过 Windows Defender"链接,打开"允许的应用"对话框,如图 8-10 所示。在"允许的应用和功能"列表框中勾选相应的应

图 8-9　"自定义设置"窗口

用和功能,单击"确定"按钮即可完成设置。

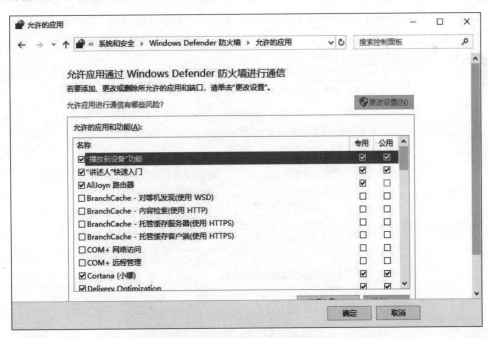

图 8-10　"允许的应用"对话框

3. Windows Defender 防火墙的高级安全设置

若要进一步设置 Windows Defender 防火墙的安全规则,可依次选择"控制面板"→"系统与安全"→"管理工具"→"高级安全 Windows Defender 防火墙",打开高级安全 Windows

Defender 防火墙窗口,如图 8-11 所示。在该窗口中不但可以针对传入连接来设置访问规则,还可针对传出连接来设置规则。

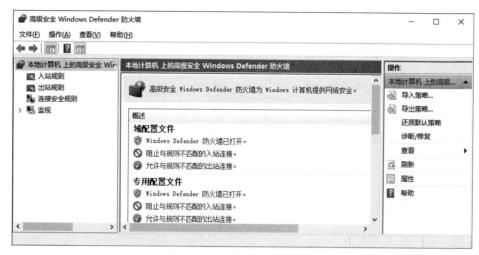

图 8-11　高级安全 Windows Defender 防火墙窗口

（1）设置不同网络位置的 Windows Defender 防火墙。在高级安全 Windows Defender 防火墙窗口中,若要设置不同网络位置的 Windows Defender 防火墙,可在左侧窗格中选择"本地计算机上的高级安全 Windows Defender 防火墙",右击,在弹出的菜单中选择"属性"命令,打开"本地计算机上的高级安全 Windows Defender 防火墙属性"对话框,如图 8-12 所示。利用该对话框的"域配置文件""专用配置文件"和"公用配置文件"选项卡可分别针对域、专用和公用网络位置进行设置。

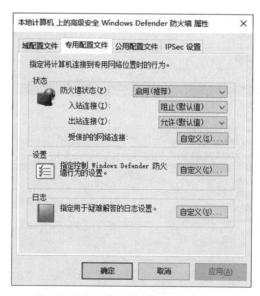

图 8-12　设置不同网络位置的 Windows Defender 防火墙

（2）针对特定程序或流量进行设置。在高级安全 Windows Defender 防火墙窗口中,可以针对特定程序或流量进行设置。例如,Windows Defender 防火墙默认是启用的,系统不会对网络上其他用户的 ping 命令进行响应。如果要允许 ping 命令的正常运行,可在高级安全 Windows Defender 防火墙窗口的左侧窗格中选择"入站规则"链接,单击中间窗格中的入站规则"文件和打印机共享(回显请求-ICMPv4-In)"选项,在打开的"属性"对话框中选择"已启用"复选框,单击"确定"按钮即可,如图 8-13 所示。

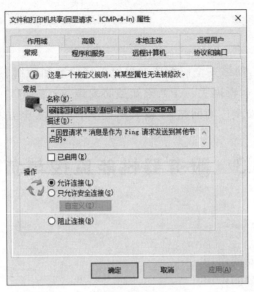

图 8-13　针对特定程序或流量进行设置

注意　如果要开放的服务或应用程序未在已有的规则列表中,则可在高级安全 Windows Defender 防火墙窗口中单击右侧窗格中的"新建规则"链接,通过新建规则的方式来开放。Windows Defender 防火墙的其他设置方法请参考系统帮助文件,这里不再赘述。

【问题 1】　你的当前计算机共有_____个网络连接,分别是_____,这些网络连接的网络位置为_____,防火墙的启用或关闭情况为_____。

【问题 2】　若当前计算机的网络位置都开启了 Windows Defender 防火墙,当在另一台计算机上利用 tracert 命令测试其与当前计算机的连通情况时(网络能正常访问),系统给出的运行结果为_____。若要使该命令正常运行,则可采用的方法为_____。

实训 4　认识企业级防火墙

企业级网络防火墙可以分为硬件防火墙和软件防火墙。一般说来,软件防火墙具有比硬件防火墙更灵活的性能,但是需要相应硬件平台和操作系统的支持;而硬件防火墙经过厂商的预先包装,启动及运行要比软件防火墙快得多。

(1) 请根据实际条件,现场了解典型校园网或企业网,记录该网络中使用的防火墙类产品的品牌、型号及相关技术参数,查看其连接与使用情况。

(2) 访问防火墙类产品主流厂商的网站(如 Cisco、华为、H3C、深信服等),查看该厂商生产的防火墙类产品,记录其型号、价格及相关技术参数。

【问题 3】　你所了解的局域网是_____,该网络使用的防火墙类产品型号为

_____,该产品提供固定接口有_____(写出接口的类型与数量),提供的网络安全功能主要包括_____。

【问题 4】 你所了解的防火墙类产品厂商是_____,所了解的防火墙类产品的型号是_____(列举一种),该产品提供固定接口有_____(写出接口的类型与数量),提供的网络安全功能主要包括_____。

【任务拓展】

除防火墙类产品外,网络安全厂商还会提供入侵检测和防御、上网行为管理、网络安全审计、网络流量控制、防病毒网关、APT 未知威胁发现等不同类型的网络安全产品,请通过 Internet 访问主流网络安全厂商网站,了解其所提供的网络安全方案和相关安全产品。

任务 8.3　服务器性能监控与负载均衡

【任务目的】

(1) 理解负载均衡器的作用。
(2) 理解缓存服务器的作用。
(3) 熟悉 Windows 事件查看器的使用方法。
(4) 熟悉 Windows 性能监视器的使用方法。
(5) 能够使用 Windows 系统常用命令监视系统运行状况。

【任务导入】

当服务器的访问量上升时,可以通过增加服务器的带宽来提高客户端的访问速度,但大量数据包的传输和处理要求会使服务器的性能问题表现得越来越明显,即使一台服务器的性能再好,也无法同时满足大量用户的访问要求。在这种情况下,使用多台服务器来分担负载就是一种有效的解决方案。请利用事件查看器、性能监视器和常用命令对 Windows 服务器进行性能监控,根据实际条件了解常用的负载均衡器产品。

【工作环境与条件】

(1) 安装 Windows 网络操作系统的服务器(也可使用 PC 或使用 VMware Workstation、Hyper-V 等虚拟机软件)。
(2) 能够正常运行的网络环境。

【相关知识】

8.3.1　Windows 事件日志文件

当 Windows 操作系统出现运行错误、用户登录/注销的行为或者应用程序发出错误信息等情况时,会将这些事件记录到"事件日志文件"中。管理员可以利用"事件查看器"检查这些日志,查看到底发生了什么情况,以便做进一步的处理。在 Windows 操作系统中主要包括以下事件日志文件。

- 系统日志:Windows 操作系统会主动将系统所产生的错误(如网卡故障)、警告(例如硬盘快没有可用空间了)与系统信息(如某个系统服务已启动)等信息记录到系统日志内。
- 安全日志:该日志会记录利用"审核策略"所设置的事件。例如,某个用户是否曾经读取过某个文件等。
- 应用程序日志:该日志会记录应用程序产生的错误、警告或信息等事件。
- 目录服务日志:该日志会记录由活动目录(域控制器)所发出的诊断或错误信息。

除此之外,某些服务(如 DNS 服务)也会有自己的独立的事件日志文件。

8.3.2　Windows 性能监视器

Windows 性能监视器是在 Windows 系统中提供的系统性能监视工具。该工具可以用来收集并查看来自本地或远程计算机有关内存、磁盘、CPU、网络以及其他活动的实时数据,也可以配置日志以记录性能数据、设置系统警告,并在特定计数器的数值超过或低于所限定阈值时发出警告。

8.3.3　负载均衡器

负载均衡是指将工作任务(负载)分摊到多个操作单元上协同完成。例如,在网站的访问中,可以通过增加 Web 服务器的数量以减少每台服务器的访问量。而要实现负载均衡,就需要有一种机制将客户机发送的访问要求分配到每一个服务器上,这种机制有很多种实现方法,最简单的一种就是通过 DNS 服务器来分配,如图 8-14 所示。当客户机访问服务器时,通常需要通过 DNS 服务器查询服务器域名对应的 IP 地址,因此可以在 DNS 服务器中为某个域名对应多个不同的 IP 地址,DNS 服务器在做该域名的解析时依次将不同的 IP 地址返回给客户机,这样就可以将客户机的访问要求分配给不同的服务器。

通过上述方式虽然可以实现对客户机访问的分配,但是若服务器中有一台发生故障,而通常 DNS 服务器并不能够识别服务器能否正常工作,部分客户机的访问仍会被分配到故障服务器,从而会导致访问的失败。另外,客户机对服务器的访问有些是需要跨页面的,如果在此期间其所访问的服务器发生了变化,可能就会导致访问的中断。为了避免类似问题的发生,可以使用负载均衡器(load balancer)对客户机的访问要求进行分配。负载均衡器是指设置在一组功能相同或相似的服务器前端,可以对到达服务器组的流量进行合理分发,并在一台服务器发生故障时,能够将访问请求转移到其他可以正常工作的服务器的软件或网络设备,如图 8-15 所示。由图可知,当客户机到 DNS 服务器进行服务器域名解析时,DNS 服务器会将负载均衡器的 IP 地址返回给客户机,客户机就会认为负载均衡器就是要访问的服务器,从而向其发送访问请求。负载均衡器在收到访问请求后,会根据服务器的运行和负载状况、客户机的操作需要等具体情况判断将其转发给哪台服务器。

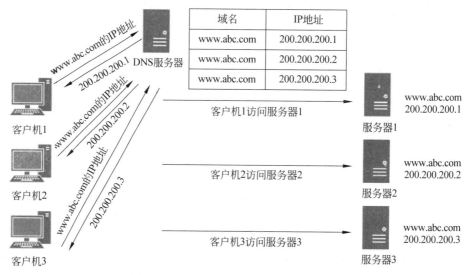

图 8-14 利用 DNS 服务器实现负载均衡

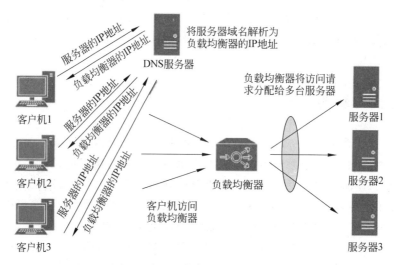

图 8-15 利用负载均衡器实现负载均衡

负载均衡器可以是专门的硬件设备,也可以通过软件来实现,在通过软件实现时,需要有一台服务器作为中枢设备对客户机的访问需求进行调度。负载均衡器通常应具备以下基本功能。

- 服务发现:自动发现可用的后端服务器。
- 状态检查:定期对可用的后端服务器进行状态检查,同时也可根据转发数据时的状态判断服务器的性能状况,及时发现无法接受客户机访问请求的后端服务器。
- 负载均衡:能够根据不同的负载均衡算法选择合适的后端服务器来接收客户机的访问请求。常见的负载均衡算法有随机选择、带权重的随机选择、轮询、带权重的轮询、最少连接数、带权重的最少连接数、一致性哈希等。
- 会话黏滞:根据需要将某客户机在一段时间内的访问请求都转发到同一后台服务

器,以保证操作不中断。

- 可观测性:可以通过图表、日志等各种方式观测设备的运行状态或连接状态。
- 安全性:可以提供限速、限制并发、限制最大连接、IP 地址限制、DDoS(distributed denial of service,分布式拒绝服务攻击)缓解等与安全相关的特性。
- 热升级:可以安全进行升级操作,升级期间不会中断正在处理的连接,也不会拒绝新的连接。

8.3.4 缓存服务器

缓存服务器通常介于客户机和 Web 服务器之间,可以中转客户机对 Web 服务器的访问,同时能够保存 Web 服务器返回的数据,并代替 Web 服务器将其保存的数据返回给客户机,从而可以分担 Web 服务器的负载,提高客户机的访问效率。缓存服务器的基本工作机制如图 8-16 所示。和负载均衡器一样,通过 DNS 服务器可以使客户机将对 Web 服务器的访问请求发送给缓存服务器,缓存服务器收到后将检查请求的数据是否已保存在缓存中。如果缓存中没有相关数据,则缓存服务器将把访问请求转发给 Web 服务器,Web 服务器返回响应数据后,缓存服务器会将其发送给客户机,同时保存到缓存中并记录保存时间。如果缓存中有相关数据,则缓存服务器会向 Web 服务器询问相关数据在 Web 服务器端是否发生变化,若无变化,Web 服务器会向缓存服务器返回消息,由缓存服务器将其缓存中的数据发送给客户机,若有变化,Web 服务器会向缓存服务器返回具体的响应数据,由缓存服务器保存并向客户机转发。

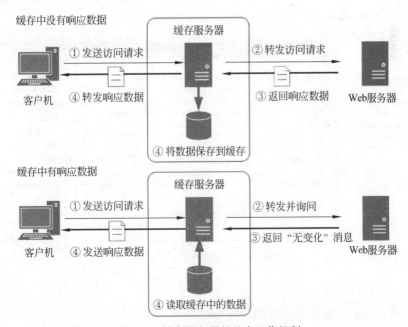

图 8-16 缓存服务器的基本工作机制

在早期的网络中,缓存服务器主要部署在客户机一侧,局域网中部署代理服务器的主要功能之一就是进行缓存,这被称为正向代理。使用正向代理时,一般需要在浏览器或其他客户机应用程序上填写缓存服务器(代理服务器)的 IP 地址,而服务器并不知道真实的客户机是谁。如果把缓存服务器部署到服务器一侧,由缓存服务器接收来自外部的客户机访问请求,并将其转发给内部网络中的服务器,此时客户机并不知道其真正访问的服务器是谁,这被称为反向代理。

将缓存服务器部署在服务器端,可以有效减少服务器的负载,但无法减少互联网和运营商网络中的数据流量。而将缓存服务器部署在客户机一侧,服务器运营商将无法对其进行有效控制并会产生很多安全问题。因此,很多服务器运营商会和网络运营商签约,将自己的缓存服务器放置于靠近客户机一侧的运营商网络处,或由专门的厂商在 Internet 中部署缓存服务器,并将其租借给服务器运营商,这种服务被称为内容分发。

【任务实施】

实训 5 使用事件查看器

1. 查看事件日志

在 Windows 系统中查看事件日志的基本操作方法为:依次选择"控制面板"→"系统与安全"→"管理工具"→"事件查看器",打开"事件查看器"窗口。在左侧窗格中选择"Windows 日志"链接中的任意选项,在中间窗格中可以看到计算机的相关日志,中间窗格中的每一行代表了一个事件,如图 8-17 所示。它提供了以下信息。

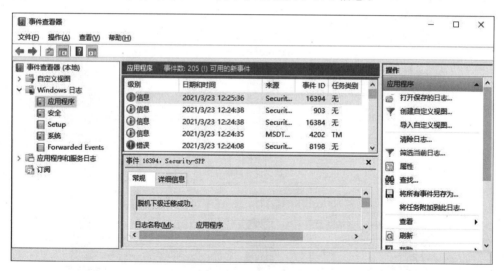

图 8-17 "事件查看器"窗口

- 级别:此事件的类型,如错误、警告、信息等。
- 日期与时间:此事件被记录的日期与时间。
- 来源:记录此事件的程序名称。
- 事件 ID:每个事件都会被赋予唯一的号码。
- 任务类别:产生此事件的程序可能会将其信息分类,并显示在此处。

在每个事件之前都有一个代表事件类型的图标,现将这些图标说明如下。

- 信息:描述应用程序、驱动程序或服务的成功操作。
- 警告:表示目前不严重,但是未来可能会造成系统无法正常工作的问题。例如,硬盘容量所剩不多时,就会被记录为"警告"类型的事件。
- 错误:表示比较严重,已经造成数据丢失或功能故障的事件。例如,网卡故障、计算机名或 IP 地址与其他计算机相同、某系统服务无法正常启动等。
- 成功审核:表示所审核的事件为成功的安全访问事件。
- 失败审核:表示所审核的事件为失败的安全访问事件。

如果要查看事件的详细内容,可直接双击该事件,打开事件属性对话框,如图 8-18 所示。

图 8-18　事件属性对话框

2. 查找事件

事件查看器会自动显示所选日志中的所有事件,若要限制所显示的日志事件,可在"事件查看器"窗口的右侧窗格中单击"筛选当前日志"命令,打开"筛选当前日志"对话框,如图 8-19 所示。在该对话框中,可指定需要显示的事件类型和其他事件标准,从而将事件列表缩小到易于管理的大小。另外,也可在"事件查看器"窗口的右侧窗格中单击"查找"命令,打开"查找"对话框。在该对话框中,可设定相应的条件,查找特定事件。

3. 日志文件的设置

管理员可以针对每个日志文件更改其设置。如要设置日志文件的文件大小,可以在"事件查看器"窗口中,选中该日志文件,右击,在弹出的快捷菜单中选择"属性"命令,打开该日志文件的"属性"对话框,在该对话框中可以指定日志文件大小上限,单击"清除日志"按钮可以将该日志文件内的所有日志都清除。如果要保存日志文件,则可在"事件查看器"窗口中,选中该日志文件,右击,在弹出的快捷菜单中选择"将所有事件另存为"命令,在弹出的对话框中选择存储日志文件的路径和文件格式,完成文件的存储。

【问题 1】　在 Windows 网络中,若一台安装了 Windows Server 2019 系统的计算机

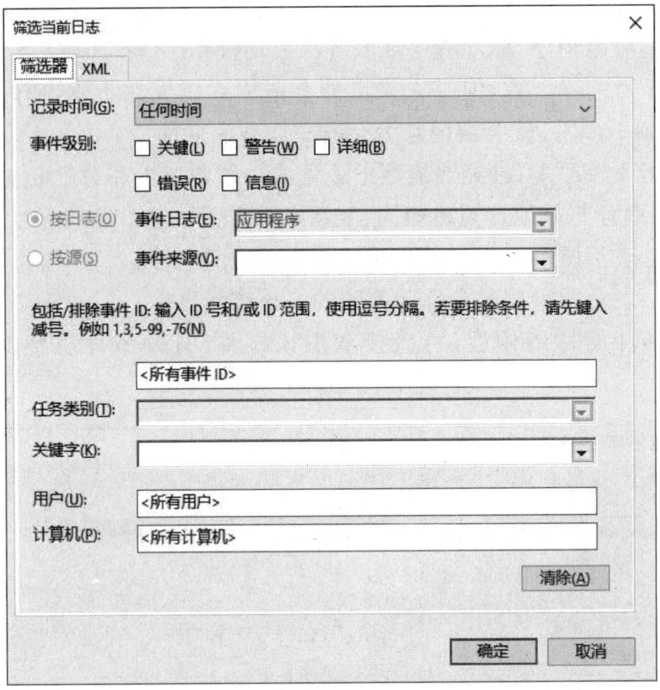

图 8-19　"筛选当前日志"对话框

Server0 的 IP 地址与网络上另一台计算机重复,并且另一台计算机先开机使用了该 IP 地址,则计算机 Server0 _____(能/不能)使用该 IP 地址,此时在计算机 Server0 的 "Windows 日志"中会出现来源为 TCP/IP 的"系统"事件,该事件的级别为_____,事件的主要内容为_____。

实训 6　使用性能监视器

在 Windows 系统中使用性能监视器的基本操作方法为:依次选择"控制面板"→"系统与安全"→"管理工具"→"性能监视器",打开"性能监视器"窗口。性能监视器包含"监视工具""数据收集器集"和报告等选项,在左侧窗格依次"监视工具"→"性能监视器",打开"性能监视器"管理单元,如图 8-20 所示。由图可见,性能监视器右边窗格显示并出现一个曲线图视窗和一个工具栏,界面有 3 个主要区域:曲线图区、图例和数值栏。时间栏(贯穿整个曲线图的竖向线条)的移动表示已过了一个更新间隔。无论更新间隔是多少,视窗都显示 100 个数据样本,必要时系统监视器会压缩日志数据以全部显示。

要使用性能监视器对系统的某项性能指标进行监视,必须添加该性能指标对应的计数器。添加计数器的基本操作步骤如下。

(1)单击性能监视器右侧窗格工具栏的"添加"按钮,打开"添加计数器"对话框。

(2)在"添加计数器"对话框中选择所要添加的计数器。如果要监视本地计算机网络接口每秒钟发送和接收的总字节数,可在"从计算机选择计数器"选项中选择"本地计算机",在计数器列表中依次选择 Network Interface→Bytes Total/sec,在"选定对象的范例"中选择

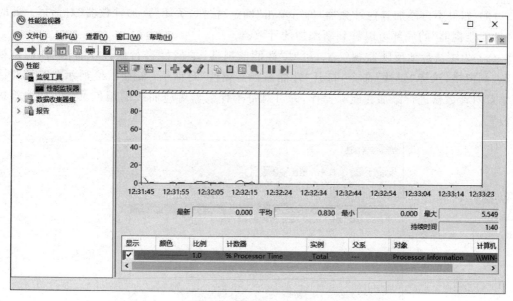

图 8-20　"性能监视器"窗口

需要监视的网络接口。单击"添加"按钮,完成计数器的添加,如图 8-21 所示。

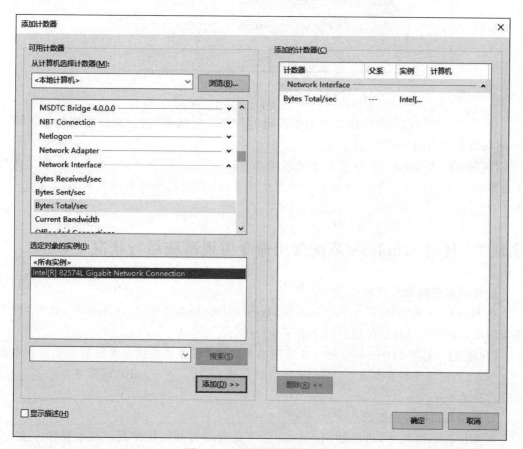

图 8-21　"添加计数器"对话框

（3）如果不再添加其他计数器，即可单击"确定"按钮，关闭"添加计数器"对话框。此时在"性能监视器"的底部可以看到新添加的计数器。

（4）为更清楚地反映监视结果，可对"性能监视器"的属性进行修改。右击"性能监视器"右侧窗格，选择"属性"命令，打开"性能监视器属性"对话框，如图 8-22 所示。在该对话框中可对计数器进行添加和删除操作，并可对每个计数器对应曲线的颜色、比例、样式等进行设置。

图 8-22　"性能监视器属性"对话框

（5）设置完成后，当网络接口有数据传输时，"系统监视器"就会对计数器数值进行记录，并将其转换为图形显示。

【问题2】 Windows 性能监视器可以添加_____（1个/多个）计数器。若要监视服务器每秒钟接收的字节数和内存允许使用的字节数，则分别应选择的计数器为_____和_____。

实训7　使用 Windows 系统常用命令监视系统运行状况

1. 查看系统的配置情况

在 Windows 系统中，可以在 Windows PowerShell 环境中输入 systeminfo 命令，查看系统的配置情况。该命令的运行结果如图 8-23 所示。

【问题3】 利用 systeminfo 命令查看到的当前计算机使用的操作系统的名称和版本是_____，系统型号和类型是_____，使用的处理器是_____，BIOS 版本是_____，物理内存总量是_____。

2. 查看端口的使用情况

在 Windows 系统中，可以使用 netstat 命令查看端口的使用情况。基本操作方法为：在 Windows PowerShell 环境中输入 netstat -n -a 命令，可以看到系统正在开放的端口及其

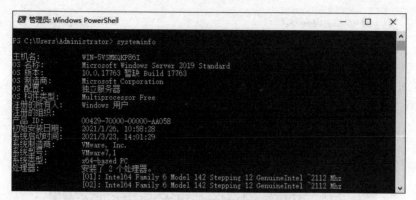

图 8-23　查看系统的配置情况

状态,如图 8-24 所示。在 Windows PowerShell 环境中输入 netstat -n -a -b 命令,可以看到系统端口的状态,以及每个连接是由哪些程序创建的。

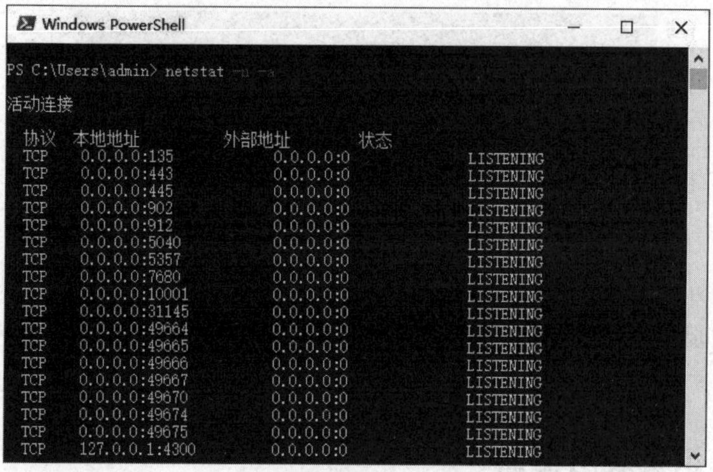

图 8-24　查看端口的使用情况

【问题 4】　访问网络中的 Web 服务器和 FTP 服务器,利用 netstat 查看本地计算机与 Web 服务器和 FTP 服务器建立的连接,这些连接使用的协议、本地地址和外部地址分别为＿＿＿＿＿。

【问题 5】　利用 netstat -e 命令可以查看以太网的统计数据,包括传送的数据包的总字节数、错误数、删除数、数量和广播包的数量等,请查看本地计算机当前的以太网统计数据,当前计算机发送的数据字节数为＿＿＿＿＿,接收的数据字节数为＿＿＿＿＿。

3. 监控当前系统服务

如果要查看计算机当前启动的服务,可在 Windows PowerShell 环境中输入 net start 命令,该命令的运行结果如图 8-25 所示。

如果要停止某项服务,可以输入命令"net stop 服务名",如果要启动某项服务,可以输入命令"net start 服务名",如图 8-26 所示。

【问题 6】　服务名 wuauserv 对应的服务是＿＿＿＿＿。在 Windows 系统中除使用命令

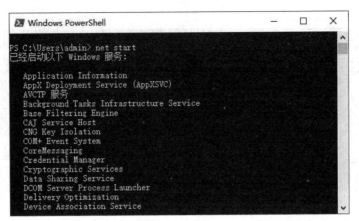

图 8-25　查看计算机当前启动的服务

图 8-26　启动或停止系统服务

启动和停止服务外,还可以采用的方法为_____。

　　注意　Windows 系统提供了各种各样的命令,利用这些命令可以让系统的管理和维护变得更加简单。请查阅 Windows 系统的帮助文档,了解更多命令的作用和使用方法。

实训 8　认识负载均衡器

　　访问负载均衡器类产品主流厂商的网站(如 F5、Radware、深信服等),查看该厂商生产的负载均衡器类产品,记录其型号、价格及相关技术参数。

　　【问题 7】　你所了解的负载均衡器类产品厂商是_____。你所了解的负载均衡器类产品的型号是_____(列举一种),该产品提供固定接口有_____(写出接口的类型与数量),提供的主要功能包括_____。

【任务拓展】

　　CDN(content delivery network,内容分发网络)是构建在现有网络基础之上的智能虚拟网络,依靠部署在各地的边缘服务器,通过中心平台的负载均衡、内容分发、调度等功能模块,使用户就近获取所需内容,从而降低网络拥塞,提高用户访问响应速度和命中率。请通过 Internet 了解 CDN 的基本组成、功能和关键技术。

任务 8.4 网络功能虚拟化与部署虚拟机

【任务目的】

(1) 理解网络功能虚拟化的作用。

(2) 能够使用 VMware Workstation 部署虚拟机。

(3) 能够使用 Hyper-V 部署虚拟机。

【任务导入】

无论是在企业网络还是数据中心,为了实现相关应用功能,提升网络性能和保障网络安全,都会部署大量的网络功能设备,但这些设备大多基于硬件,存在功能固化、扩展能力差、统一管理困难等问题。网络功能虚拟化(network functions virtualization,NFV)技术通过解耦网络功能和物理设备,使网络功能不受物理设备的约束,同时也为新的体系结构、系统和应用的产生提供了可能。NFV 技术通常以虚拟机为基础,虚拟机是在物理计算机上通过虚拟化软件生成的虚拟计算机,可以在一台物理计算机上同时运行多台虚拟机以承载不同的功能,从而实现功能和资源的分离。请在一台计算机上利用 VMware Workstation 或 Hyper-V,部署 2 台虚拟机,分别在虚拟机上安装 Windows 网络操作系统(如 Windows Server 2019)和 Windows 桌面操作系统(如 Windows 10)。

【工作环境与条件】

(1) 安装好 Windows 操作系统的 PC。

(2) 虚拟机软件 VMware Workstation。

(3) 相关操作系统安装文件。

【相关知识】

8.4.1 网络功能虚拟化

网络功能虚拟化的基本思想是解耦物理网络设备和运行于其上的网络功能,这意味着一个网络功能(如防火墙)可以是软件中的一个实例,从而就可以将大量的物理网络设备合并到高性能的服务器中。同时,网络功能虚拟化也可以把一个给定的服务分解为多个虚拟化网络功能(virtual network functions,VNF),这些 VNF 可以通过软件实现并运行于通用服务器之上,用户可以通过网络进行使用而不用购置和安装新的硬件。网络功能虚拟化的参考框架如图 8-27 所示,主要包括网络功能虚拟化基础设施、虚拟化网络功能和网络功能虚拟化功能管理与编排。

- NFV 基础设施:主要包括硬件基础设施、虚拟化层和虚拟化资源。硬件基础设施通过虚拟化层向 NFV 提供计算、存储和网络等资源。虚拟化层负责硬件资源的虚拟

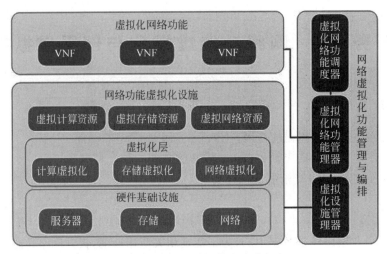

图 8-27　网络功能虚拟化的参考框架

化,对虚拟化网络功能与底层硬件资源进行解耦,从而使 NFV 的部署不需考虑物理设备,只关心逻辑分配的虚拟化资源。虚拟化资源主要包括虚拟计算资源、存储资源和网络资源。虚拟计算资源和虚拟存储资源通常以虚拟机或容器的形式向虚拟化网络功能提供计算资源和存储资源。虚拟化网络资源以虚拟网络链路的形式为虚拟化网络功能或虚拟机提供通信链路。

- 虚拟化网络功能:VNF 运行在 NFV 基础设施之上,主要是将基于硬件的网络功能通过软件来实现。一个 VNF 可能会包含多个功能组件,每个功能组件部署于单独的虚拟机,因而一个 VNF 可能需要部署多个虚拟机。常用的网络功能包括防火墙、入侵检测系统等用于提升安全的网络功能和负载均衡器、代理等提升性能的网络功能。

- NFV 管理与编排:负责对整个 NFV 基础设施资源的管理和编排,业务网络和 NFV 基础设施资源的映射和关联,主要包含虚拟化设施管理器、虚拟化网络功能管理器和虚拟化网络功能调度器。其中,虚拟化设施管理器主要负责资源管理和虚拟设施监控;虚拟化网络功能管理器主要负责虚拟化网络功能生命周期的管理;虚拟化网络络功能调度器主要协调虚拟化网络功能管理器和虚拟化设施管理器,来实现网络功能服务链在虚拟化设施上的部署和管理。

8.4.2　虚拟机和容器

虚拟机(virtual machine)指通过软件模拟的具有完整硬件系统功能的、运行在一个完全隔离环境中的完整计算机系统。每台虚拟机可以独立运行而互不干扰,完全就像真正的计算机那样进行工作,可以安装操作系统、安装应用程序、访问网络资源等。对于用户来说,虚拟机是运行在物理计算机上的一个应用程序,但对于在虚拟机中运行的应用程序而言,它就是在真正的计算机中进行工作。由于每台虚拟机不仅会运行操作系统的完整副本,还需要运行操作系统所需的硬件虚拟副本,这会大量消耗物理计算机的 CPU 和内存等资源。

因此对于某些应用程序来说,部署虚拟机的资源消耗可能会过大,这时可以使用容器。

容器可以像虚拟机一样虚拟化基础计算机,但无须虚拟化操作系统。容器位于物理计算机及其操作系统的顶部。每个容器共享物理计算机操作系统内核,通常也共享二进制文件和库,这样可以大大减少重现操作系统代码的需求,因此,容器非常轻便,占用资源少,启动速度也比虚拟机快得多。当然,由于容器需要使用物理计算机操作系统,因此不同容器只能在同一操作系统下运行,并且其安全性不高。通常,当需要在物理计算机上运行多个应用程序或需要管理多种操作系统时,虚拟机是更好的选择;当需要在最少数量的服务器上最大化运行的应用程序数量时,容器是更好的选择。

注意　容器和虚拟机都有自己的用途。事实上许多容器也会部署在虚拟机上,而不是直接运行在硬件上,在云端运行容器时尤其如此。

【任务实施】

实训 9　使用 VMware Workstation 部署虚拟机

VMware 公司的 VMware Workstation 是一款功能强大的虚拟机管理软件,其在 Windows 系统中的安装方法与其他软件基本相同,这里不再赘述。运行该软件后可以看到如图 8-28 所示的主界面。

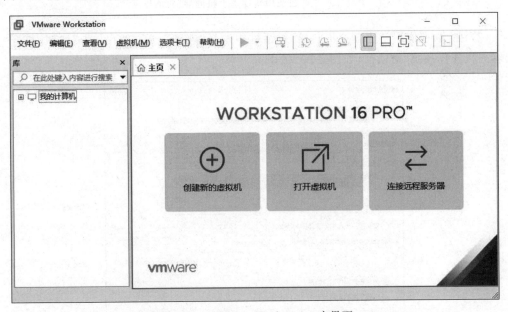

图 8-28　VMware Workstation 主界面

【问题 1】　安装 VMware Workstation 的过程中会默认添加多个 VMware 服务和虚拟网卡。你所安装的 VMware Workstation 的版本为_____,添加的 VMware 服务有_____,查看方法为_____,添加的虚拟网卡有_____,查看方法为_____。

1. 新建虚拟机

如果要利用 VMware Workstation 新建一台虚拟机,则基本操作步骤为:

(1) 在 VMware Workstation 主界面上单击"创建新的虚拟机"链接,打开"欢迎使用新建虚拟机向导"对话框,如图 8-29 所示。

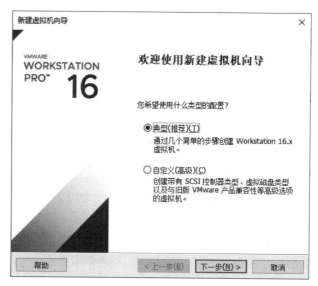

图 8-29 "欢迎使用新建虚拟机向导"对话框

(2) 在"欢迎使用新建虚拟机向导"对话框中选择"典型",单击"下一步"按钮,打开"安装客户机操作系统"对话框,如图 8-30 所示。

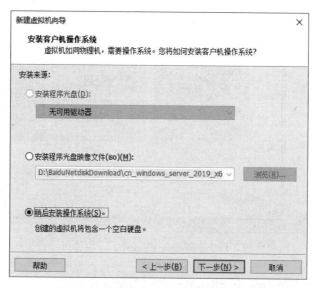

图 8-30 "安装客户机操作系统"对话框

(3) 在"安装客户机操作系统"对话框选择"稍后安装操作系统",单击"下一步"按钮,打开"选择客户机操作系统"对话框,如图 8-31 所示。

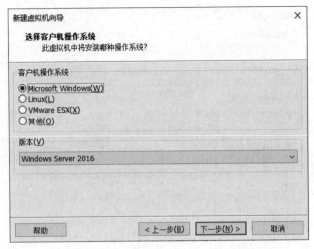

图 8-31 "选择客户机操作系统"对话框

（4）在"选择客户机操作系统"对话框中选择将要为虚拟机安装的操作系统，单击"下一步"按钮，打开"命名虚拟机"对话框，如图 8-32 所示。

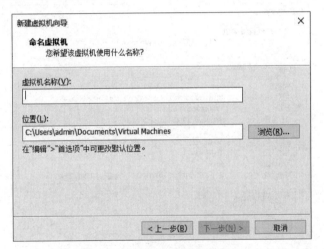

图 8-32 "命名虚拟机"对话框

（5）在"命名虚拟机"对话框设定虚拟机的名称和相关文件的保存位置，单击"下一步"按钮，打开"指定磁盘容量"对话框，如图 8-33 所示。

（6）在"指定磁盘容量"对话框中确定虚拟磁盘的容量，单击"下一步"按钮，打开"已准备好创建虚拟机"对话框，如图 8-34 所示。

（7）在"已准备好创建虚拟机"对话框中单击"完成"按钮，完成虚拟机的创建。此时在 VMware Workstation 主界面上可以看到已经创建的虚拟机，如图 8-35 所示。

2. 设置虚拟机硬件

在图 8-35 所示画面中可以看到虚拟机的主要硬件信息，可以根据需要对虚拟机的硬件进行设置。

（1）设置虚拟机内存。VMware Workstation 默认设置的虚拟机内存较大，在开启多个

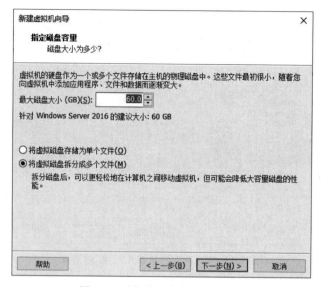

图 8-33 "指定磁盘容量"对话框

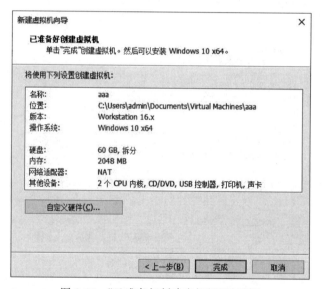

图 8-34 "已准备好创建虚拟机"对话框

虚拟机系统时运行速度会很慢。因此,可以根据物理内存的大小和需要同时启动的虚拟机的数量,来调整虚拟机内存的大小。设置方法为:在图 8-35 所示的画面中单击"编辑虚拟机设置"链接,在打开的"虚拟机设置"窗口左侧"硬件"窗格中选择"内存"选项,在右侧窗格中通过滑动条即可设置内存大小,如图 8-36 所示。

(2)设置虚拟机光驱。VMware Workstation 支持从物理光驱和光盘映像文件(ISO)来安装系统和程序。若要使用光盘映像文件,可在"虚拟机设置"窗口左侧"硬件"窗格中选择"CD/DVD"选项,在右侧窗格中选择"使用 ISO 映像文件"选项后,单击"浏览"按钮,确定光盘映像文件路径即可。

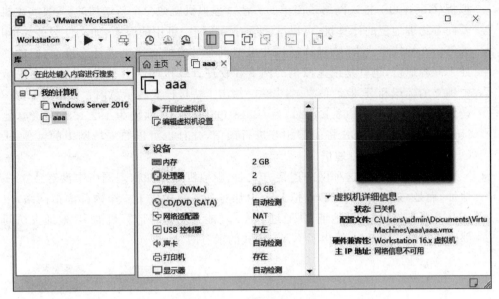

图 8-35　已经创建的虚拟机

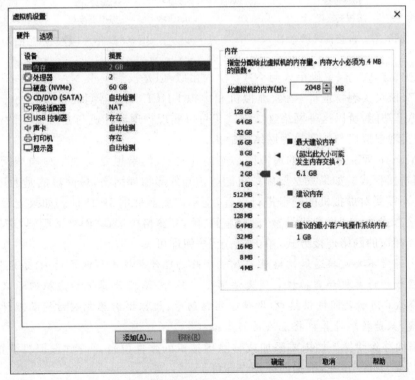

图 8-36　设置虚拟机内存

（3）设置网络连接方式。VMware Workstation 为虚拟机提供了多种网络连接方式，主要包括以下几种。

• 桥接模式：如果物理计算机（Host OS）在一个局域网中，那么使用桥接模式是把虚拟机(Guest OS)接入网络最简单的方法。虚拟机就像一个新增加的、与真实主机有着同等物理地位的计算机,可以享受所有局域网中可用的服务,如文件服务、打印服务等。在桥接模式中,物理计算机和虚拟机通过虚拟交换机进行连接,它们的网卡处于同等地位,也就是说虚拟机的网卡和物理计算机的网卡一样,需要有在局域网中独立的标识和 IP 地址信息。图 8-37 给出了桥接模式的示意图。如果为 Host OS 设置 IP 地址为 192.168.1.1/24,为 Guest OS 设置 IP 地址为 192.168.1.2/24,此时 Host OS 和 Guest OS 将能够相互进行通信,并且也可以与局域网中的其他 Host OS 或 Guest OS 进行通信。

- NAT 模式:当使用这种网络连接方式时,虚拟机在外部物理网络中没有独立的 IP 地址,而是与虚拟交换机和虚拟 DHCP 服务器一起构成了一个内部虚拟网络,由该 DHCP 服务器分配 IP 地址,并通过 NAT 功能利用物理计算机的 IP 地址去访问外部网络资源。图 8-38 给出了 NAT 模式的示意图。

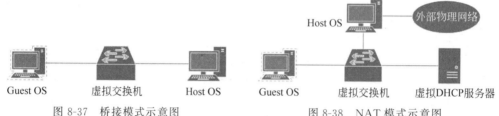

图 8-37　桥接模式示意图　　　　　图 8-38　NAT 模式示意图

- 仅主机模式:仅主机模式与 NAT 模式相似,但是没有提供 NAT 服务,只是使用虚拟交换机实现物理计算机、虚拟机和虚拟 DHCP 服务器间的连接。由于没有提供 NAT 功能,所以这种网络连接方式只可以实现物理计算机与虚拟机间的通信,并不能实现虚拟机与外部物理网络的通信。

在 VMware Workstation 的虚拟网络连接方式中,如果想要实现小型局域网环境的模拟,应采用桥接模式。如果只是要虚拟机能够访问外部物理网络,最简单的是通过 NAT 模式,因为它不需要对虚拟机的网卡进行设置,也不需要额外的 IP 地址。如果要设置虚拟机的网络连接方式,可在"虚拟机设置"窗口左侧"硬件"窗格中选择"网络适配器"选项,在右侧窗格中选择相应的网络连接方式,单击"确定"按钮即可。

注意　通常不要直接通过网络连接属性修改物理计算机虚拟网卡的 IP 地址信息,否则可能会导致物理计算机和虚拟机之间无法通信。另外,物理计算机的虚拟网卡只是为物理计算机与 NAT 网络之间提供接口,即使禁用该网卡,虚拟机仍然能够访问物理计算机能够访问的网络,只是物理计算机将无法访问虚拟机。

(4)添加移除硬件。如果要添加或移除虚拟机的硬件设备,可在"虚拟机设置"窗口中单击"添加"或"移除"按钮,根据向导操作即可。

【问题 2】　若在创建虚拟机过程中选择虚拟机将要安装的操作系统为 Windows 10,则创建的虚拟机默认的 CPU 个数为_____,内存大小为_____,硬盘的接口形式和容量为_____。

【问题 3】　若想在虚拟机上安装网络操作系统并设置文件共享、Web 服务,想在真实机上验证虚拟机上配置的服务是否生效,则虚拟机的网络连接方式应选择_____。

【问题 4】 若虚拟机完成创建后,直接启动,则系统会提示_____,原因是_____。

【问题 5】 虚拟机的运行需要物理计算机的 CPU 支持虚拟化功能。若虚拟机启动时系统提示 CPU 未开启虚拟化功能,则解决方法为_____。

3. 安装操作系统

设置好虚拟机后,就可以在虚拟机上安装操作系统了。设置虚拟机的光驱,使其能够找到操作系统的安装光盘或光盘映像。在图 8-35 所示的画面中单击"开启此虚拟机"链接,此时虚拟机将开始启动并进行操作系统的安装。在虚拟机上安装操作系统的过程与在物理计算机上完全相同,具体步骤这里不再赘述。请在虚拟机上分别完成 Windows 网络操作系统(如 Windows Server 2019)和 Windows 桌面操作系统(如 Windows 10)的安装。

注意 默认情况下,如果将鼠标光标移至虚拟机屏幕,单击,此时鼠标和键盘将成为虚拟机的输入设备。如果要把鼠标和键盘释放到物理计算机,则应按 Ctrl＋Alt 组合键。当在虚拟机中提示需要按 Ctrl＋Alt＋Delete 组合键时,应按 Ctrl＋Alt＋Insert 组合键。

【问题 6】 你所安装的 Windows 服务器操作系统是_____,该虚拟机与物理计算机采用的网络连接方式是_____,为该虚拟机设置的 IP 地址是_____。你所安装的 Windows 桌面操作系统是_____,该虚拟机与物理计算机采用的网络连接方式是_____,为该虚拟机设置的 IP 地址是_____。这两台虚拟机与物理计算机之间的连通状况为_____,你采用的测试方法是_____。

实训 10 使用 Hyper-V 部署虚拟机

Hyper-V 是 Microsoft 提出的系统管理程序虚拟化技术,Windows Server 2008 R2 之后的网络操作系统和 Windows 7 之后的桌面操作系统大都支持 Hyper-V 的运行。在 Windows 10 系统中使用 Hyper-V 部署虚拟机的基本操作方法为:

(1) 在传统桌面模式中右击左下角的"开始"图标,在弹出的菜单中单击"应用和功能"命令,在打开的"应用和功能"窗口中单击"程序和功能"链接,打开"程序和功能"窗口。

(2) 在"程序和功能"窗口中单击左侧窗格的"启用或关闭 Windows 功能"链接,打开"Windows 功能"对话框,如图 8-39 所示。

(3) 勾选 Hyper-V 复选框,单击"确定"按钮,按照系统提示重新启动计算机,完成 Hyper-V 的安装。

(4) 依次选择"开始"→"Windows 管理工具"→"Hyper-V 管理器",打开"Hyper-V 管理器"窗口,如图 8-40 所示。

(5) 在窗口右侧窗格中单击"快速创建"链接,可以打开"创建虚拟机"窗口,如图 8-41 所示。在该窗口中可以根据系统提示选择操

图 8-39 "Windows 功能"对话框

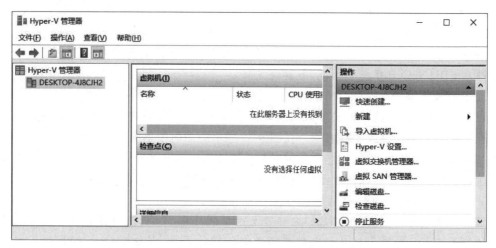

图 8-40　"Hyper-V 管理器"窗口

作系统,也可以通过本地安装源文件选择相应的操作系统,以创建虚拟机。

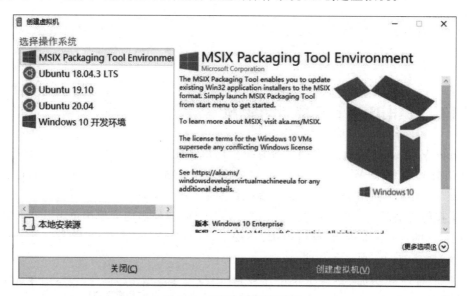

图 8-41　"创建虚拟机"窗口

限于篇幅,Hyper-V 的其他部署方法这里不再赘述,请参考 Windows 帮助文件,使用 Hyper-V 完成虚拟机的创建和操作系统的安装。

注意　在 Windows 网络操作系统中,可以通过在服务器管理器中添加角色和功能启用 Hyper-V。

【问题 7】　你所使用的物理计算机操作系统是_____,该系统_____(支持/不支持)Hyper-V,你为 Hyper-V 虚拟机安装的操作系统是_____。

【任务拓展】

除 VMware Workstation、Hyper-V 外,常用的虚拟机软件还有 Virtual Box、Xen 等。

请通过 Internet 了解常用虚拟机软件的功能特点和安装使用方法。根据实际条件,现场考察校园网或其他网络的数据中心,了解其对 NFV 相关技术和产品的使用和部署情况。

习　题　8

1. 根据外观,服务器主要分为哪些类型? 应如何选择?
2. 什么是防火墙? 简述防火墙的主要功能。
3. 简述状态监测防火墙的基本工作机制。
4. 在 Windows 操作系统中主要包括了哪些事件日志文件?
5. 什么是负载均衡? 简述负载均衡器的主要功能。
6. 什么是网络功能虚拟化? 简述网络功能虚拟化的参考框架。
7. 简述虚拟机和容器的区别。
8. 安装虚拟机与系统性能监控。

内容及操作要求:在一台安装 Windows 操作系统的计算机上,使用 VMware Workstation 安装虚拟机,并完成以下操作。

- 使物理计算机和虚拟机都可以正常访问 Internet,并能正常使用 QQ 程序。
- 在虚拟机上启用 Windows 防火墙,使专用网络允许 ping 命令和 QQ 程序的正常运行;使公用网络允许 QQ 程序的正常运行。
- 在虚拟机上通过性能监视器对该虚拟机的数据流量进行监视,监视内容分别为虚拟机每秒接收的字节数和发送的文件数。
- 利用 Windows 命令查看物理计算机端口的使用情况及开启的服务。

准备工作:安装 Windows 操作系统的计算机;VMware Workstation 安装文件;能够接入 Internet 的网络环境。

考核时限:40min。

工作单元 9　配置常用网络服务

组建计算机网络的主要目的是实现网络资源的共享，满足用户的各种应用需求。因此在实现了计算机之间的互联互通之后，必须通过网络操作系统和相应软件配置各种网络服务，以满足用户的不同应用需求。本单元的主要目标是熟悉在 Windows 网络操作系统环境下设置文件共享、DHCP 服务器、DNS 服务器、Web 服务器、FTP 服务器的基本方法，能够独立完成常用网络服务的基本配置。

任务 9.1　设置文件共享

【任务目的】

(1) 理解 Windows 工作组网络的结构和特点。

(2) 掌握本地用户账户的设置方法。

(3) 掌握共享文件夹的创建和访问方法。

【任务导入】

共享资源是指可以由其他设备或程序使用的任何设备、数据或程序。对于 Windows 操作系统，共享资源指所有可用于用户通过网络访问的资源，包括文件夹、文件、打印机、命名管道等。在图 9-1 所示的网络中，安装了 Windows 操作系统的计算机 PC0、PC1、PC2 和 Server0 通过二层交换机组成小型局域网，其中计算机 Server0 安装的是 Windows 网络操作系统。请将该网络中的所有计算机加入同一个 Windows 工作组，在计算机 Server0 上创建共享文件夹，为网络中的其他计算机提供文件共享服务。

【工作环境与条件】

(1) 安装 Windows Server 2019 或其他 Windows 网络操作系统的计算机。

(2) 安装 Windows 10 或其他 Windows 桌面操作系统的计算机。

(3) 能够正常运行的网络环境(也可使用 VMware Workstation 等虚拟机软件)。

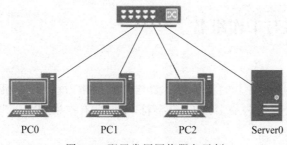

图 9-1   配置常用网络服务示例

【相关知识】

9.1.1   工作组网络

Windows 操作系统支持两种网络管理模式。

- 工作组:分布式的管理模式,适用于小型的网络。
- 域:集中式的管理模式,适用于较大型的网络。

工作组是由一群用网络连接在一起的计算机组成,如图 9-2 所示。在工作组网络中,每台计算机的地位平等,各自管理自己的资源。工作组结构的网络具备以下特性。

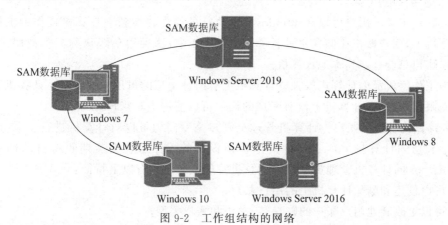

图 9-2   工作组结构的网络

- 网络上的每台计算机都有自己的本地安全数据库,称为"SAM(security accounts manager,安全账户管理器)数据库"。如果用户要访问每台计算机的资源,那么必须在每台计算机的 SAM 数据库内创建该用户的账户,并获取相应的权限。
- 工作组内不一定要有服务器级的计算机,也就是说所有计算机都安装 Windows 桌面操作系统,也可以构建一个工作组结构的网络。
- 在工作组网络中,每台计算机都可以方便地将自己的本地资源共享给他人使用。工作组网络中的资源管理是分散的,通常可以通过启用目的计算机上的 Guest 账户或为使用资源的用户创建一个专用账户的方式来实现对资源的管理。
- 在计算机数量不多的情况下(如 10~20 台),可以采用工作组结构的网络。

211

9.1.2 计算机名与工作组名

1. 计算机名

计算机名用于识别网络上的计算机。要连接到网络,每台计算机都应有唯一的名称。在 Windows 系统中计算机名最多为 15 个字符,不能含有空格和";:" < > ∗ + = \ | ? ,"等专用字符。

2. NetBIOS 名

NetBIOS 名是用于标识网络上的 NetBIOS 资源的地址,该地址包含 16 个字符,前 15 个字符代表计算机的名字,第 16 个字符表示服务;对于不满 15 个字符的计算机名称,系统会补上空格。系统启动时,系统将根据用户的计算机名称,注册一个唯一的 NetBIOS 名称。当用户通过 NetBIOS 名称访问本地计算机时,系统可将 NetBIOS 名称解析为 IP 地址,之后计算机之间使用 IP 地址相互访问。

3. 工作组名

工作组名用于标识网络上的工作组,同一工作组的计算机应设置相同的工作组名。

9.1.3 本地用户账户和组

1. 本地用户账户

用户账户定义了用户可以在 Windows 中执行的操作。在独立计算机或作为工作组成员的计算机上,用户账户存储在本地计算机的 SAM 中,这种用户账户称为本地用户账户。本地用户账户只能登录到本地计算机。

作为工作组成员的计算机或独立计算机上有两种类型的可用用户账户:计算机管理员账户和受限制账户,在计算机上没有账户的用户可以使用来宾账户。

(1) 计算机管理员账户。计算机管理员账户是专门为可以对计算机进行全系统更改、安装程序和访问计算机上所有文件的用户而设置的。在系统安装期间将自动创建名为 Administrator 的计算机管理员账户。计算机管理员账户具有以下特征:

- 可以创建和删除计算机上的用户账户;
- 可以更改其他用户账户的账户名、密码和账户类型;
- 无法将自己的账户类型更改为受限制账户类型,除非在该计算机上有其他的计算机管理员账户,这样可以确保计算机上总是至少有一个计算机管理员账户。

(2) 受限制账户。如果需要禁止某些用户更改大多数计算机设置和删除重要文件,则需要为其设置受限制账户。受限制账户具有以下特征:

- 无法安装软件或硬件,但可以访问已经安装在计算机上的程序;
- 可以创建、更改或删除本账户的密码;
- 无法更改其账户名或者账户类型;
- 对于使用受限制账户的用户,某些程序可能无法正常工作。

(3) 来宾账户。来宾账户供那些在计算机上没有用户账户的用户使用。系统安装时会自动创建名为 Guest 的来宾账户,并将其设置为禁用。来宾账户具有以下特征:

- 无法安装软件或硬件,但可以访问已经安装在计算机上的程序;
- 无法更改来宾账户类型。

2. 本地组账户

组账户通常简称为组,一般指同类用户账户的集合。一个用户账户可以同时加入多个组,当用户账户加入到一个组以后,该用户会继承该组所拥有的权限。因此使用组账户可以简化网络的管理工作。在独立计算机或作为工作组成员的计算机上创建的组都是本地组,使用本地组可以实现对本地计算机资源的访问控制。在系统安装过程中会自动创建一些本地组账户,这些组账户称为内置组。不同的内置组会有不同的默认访问权限。表 9-1 列出了 Windows 操作系统的部分内置组。

表 9-1　Windows 操作系统的部分内置组

组　　名	描 述 信 息
Administrators	对计算机有不受限制的完全访问权
Backup Operators	为了备份或还原文件可以替代安全限制
Guests	按默认值,和用户组成员有同等访问权,但限制更多
Network Configuration Operators	该组成员有部分管理权限来管理网络功能的配置
Power Users	拥有有限的管理权限
Remote Desktop Users	被授予远程登录的权限
Users	防止用户进行有意或无意的系统范围的更改,但是可以运行大部分应用程序

9.1.4　共享文件夹

文件共享是一个典型的客户机/服务器工作模式,Windows 操作系统在实现文件共享之前,必须在网络连接属性中添加网络组件"Microsoft 网络的文件和打印共享"以及"Microsoft 网络客户端",其中,网络组件"Microsoft 网络的文件和打印共享"提供服务器功能,"Microsoft 网络客户端"提供客户机功能。

1. 共享文件夹的访问过程

在登录共享服务器之前,客户机首先要确定目标服务器上的协议、端口、组件等是否齐备,服务是否启动。在一切都合乎要求后,开始用户的身份验证过程。如果顺利通过身份验证,服务器会检查本地的安全策略与授权,看本次访问是否允许,如果允许,会进一步检查用户希望访问的共享资源的权限设置是否允许用户进行想要的操作。在通过这一系列检查后,客户机才能最终访问到目标资源。

2. 共享权限

(1)共享权限的类型。当用户将计算机内的文件夹设为"共享文件夹"后,拥有适当共享权限的用户就可以通过网络访问该文件夹内的文件、子文件夹等数据。表 9-2 列出共享权限的类型与其所具备的访问能力。系统默认设置为所有用户具有"读取"权限。

表 9-2 共享权限的类型与其所具备的访问能力

共享权限的类型	具备的访问能力
读取（默认权限，被分配给 Everyone 组）	• 查看该共享文件夹内的文件名称、子文件夹名称 • 查看文件内的数据，运行程序 • 遍历子文件夹
更改（包括读取权限）	• 向该共享文件夹内添加文件、子文件夹 • 修改文件内的数据 • 删除文件与子文件夹
完全控制（包括更改权限）	• 修改权限（只适用于 NTFS 卷的文件或文件夹） • 取得所有权（只适用于 NTFS 卷的文件或文件夹）

注意 共享文件夹权限仅对通过网络访问的用户有约束力。如果用户是从本地登录，则不会受该权限的约束。

（2）用户的有效权限。如果用户同时属于多个组，而每个组分别对某个共享资源拥有不同的权限，此时用户的有效权限将遵循以下规则。

- 权限具有累加性：用户对共享文件夹的有效权限是其所有共享权限来源的总和。
- "拒绝"权限会覆盖其他权限：虽然用户对某个共享文件夹的有效权限是其所有权限来源的总和。但是只要有一个权限被设为拒绝访问，则用户最后的权限将是"拒绝访问"。

【任务实施】

实训 1 将计算机加入到工作组

要组建工作组网络，只要将网络中的计算机加入到工作组即可，同一工作组的计算机应当具有相同的工作组名。将计算机加入到工作组的操作步骤如下。

（1）在传统桌面模式中依次选择"开始"→"服务器管理器"，打开"服务器管理器"窗口，如图 9-3 所示。

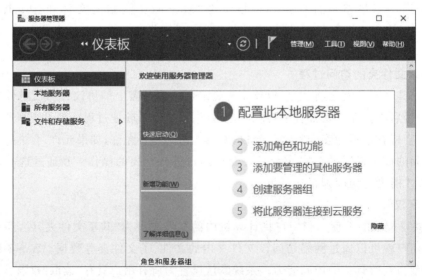

图 9-3 "服务器管理器"窗口

（2）在"服务器管理器"窗口的"仪表板"中单击"配置此本地服务器"链接，打开"本地服务器"窗口，如图 9-4 所示。

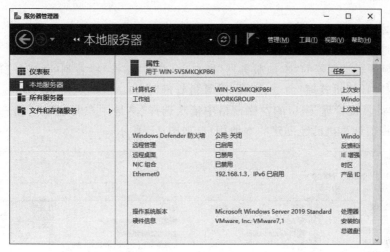

图 9-4 "本地服务器"窗口

（3）在"本地服务器"窗口中的"属性"栏中可以看到当前的工作组名。单击工作组名的链接，打开"系统属性"对话框，如图 9-5 所示。

（4）在"系统属性"对话框中，单击"更改"按钮，打开"计算机名/域更改"对话框，如图 9-6 所示。

图 9-5 "系统属性"对话框

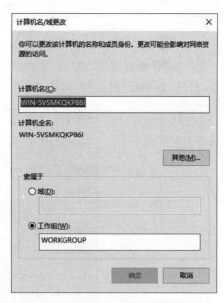

图 9-6 "计算机名/域更改"对话框

（5）在"计算机名/域更改"对话框中，输入相应的计算机名和工作组名，单击"确定"按钮，按提示信息重新启动计算机后完成设置。

【问题 1】 Windows 系统默认的工作组名是_____。除通过"服务器管理器"窗口外，还可以打开"系统属性"对话框的方法有_____。

实训 2 设置本地用户账户

1. 创建本地用户账户

创建本地用户账户的操作步骤如下。

（1）在服务器管理器的"本地服务器"窗口中，单击"属性"栏右侧的"任务"选项，在弹出的菜单中选择"计算机管理"命令，打开"计算机管理"窗口。

（2）在"计算机管理"窗口的左侧窗格中依次选择"本地用户和组"→"用户"，在中间窗格可以看到当前计算机已经创建的本地用户，如图 9-7 所示。

图 9-7 "计算机管理"窗口

（3）在"计算机管理"窗口的左侧窗格右击"用户"选项，在弹出的菜单中选择"新用户"命令，打开"新用户"对话框，如图 9-8 所示。

图 9-8 "新用户"对话框

（4）在"新用户"对话框中,输入用户名称、描述、密码等相关信息,密码相关选项的描述如表 9-3 所示。单击"创建"按钮,即可完成对本地用户账户的创建。

表 9-3　密码相关选项描述

选　　项	描　　述
用户下次登录时须更改密码	要求用户下次登录计算机时必须修改该密码
用户不能更改密码	不允许用户修改密码,通常用于多个用户共同使用一个用户账户的情况,如 Guest 账户
密码永不过期	密码永久有效,通常用于系统的服务账户或应用程序所使用的用户账户
账户已禁用	禁用用户账户

2. 设置用户账户的属性

在图 9-7 所示窗口的中间窗格中,双击一个用户账户,将显示"用户属性"对话框,如图 9-9 所示。

图 9-9　"用户属性"对话框

（1）设置"常规"选项卡。在该选项卡中可以设置与用户账户相关的基本信息,如全名、描述、密码选项等。如果用户账户被禁用或被系统锁定,管理员可以在此解除禁用或解除锁定。

（2）设置"隶属于"选项卡。在"隶属于"选项卡中,可以查看该用户账户所属的本地组,如图 9-10 所示。对于新增的用户账户在默认情况下将加入到 Users 组中,如果要使用户具有其他组的权限,可以将其加到相应的组中。例如,若要使用户 zhangsan 具有管理员的权限,可将其加入本地组 Administrators,操作步骤为:单击"隶属于"选项卡的"添加"按钮,打开"选择组"对话框。在"输入对象名称来选择"文本框中输入组的名称 Administrators,如需要检查输入的名称是否正确,可单击"检查名称"按钮。如果不希望手动输入组名称,可单击"高级"按钮,再单击"立即查找"按钮,在"搜索结果"列表中选择相应的组即可。

图 9-10　"隶属于"选项卡

3. 删除和重命名用户账户

当用户不需要使用某个用户账户时,可以将其删除,删除账户会导致所有与其相关信息的丢失。要删除某用户账户只需在图 9-7 所示窗口的中间窗格中,右击该用户账户,在弹出的菜单中选择"删除"命令。此时会弹出如图 9-11 所示的警告框,单击"是"按钮,删除用户账户。

图 9-11　删除用户账户时的警告框

注意　由于每个用户账户都有唯一标识符 SID,SID 在新增账户时由系统自动产生,不同账户的 SID 不会相同。而系统在设置用户权限和资源访问能力时,是以 SID 为标识的,因此一旦用户账户被删除,这些信息也将随之消失,即使重新创建一个相同名称的用户账户,也不能获得原账户的权限。

如果要重命名用户账户,则只需在图 9-7 所示窗口的中间窗格中,右击该用户账户,在弹出的菜单中选择"重命名"命令,输入新的用户名即可,该用户已有的权限不变。

【问题 2】 在 Windows Server 2019 系统中为新建用户设置的密码_____(能/不能)是 abc123456,其密码设置应符合的要求是_____。

【问题 3】 如果在 Windows 系统中新建了一个用户"Jack",并在其属性对话框的"隶属于"选项卡中将其分别添加到 Administrators 组和 Guests 组,此时 Jack 所拥有的权限应为_____(备选答案:A.Administrators 组的权限   B.Guests 组的权限   C.Users 组的权限),原因是_____。

【问题 4】 管理员用户对系统的用户重新设置密码时_____(需要/不需要)输入旧密码。默认情况下,用新建的用户登录系统后_____(能/不能)修改其他用户的密码,_____(能/不能)更改系统时间,_____(能/不能)关机。

实训 3   设置共享文件夹

1. 新建共享文件夹

在 Windows 系统中,隶属于 Administrators 组的用户具有将文件夹设置为共享文件夹的权限。新建共享文件夹的基本操作步骤为:

(1) 在传统桌面模式中依次选择"开始"→"文件资源管理器",在"文件资源管理器"窗口中找到要共享的文件夹,右击,在弹出的菜单中选择"授予访问权限"→"特定用户"命令,打开"选择要与其共享的用户"对话框,如图 9-12 所示。

图 9-12 "选择要与其共享的用户"对话框

（2）在"选择要与其共享的用户"对话框中输入要与之共享的用户或组名（也可单击向下箭头来选择用户或组）后，单击"添加"按钮。被添加的用户或组的默认共享权限为读取，若要更改，可在用户列表框中单击"权限级别"右边向下的箭头进行选择。

（3）设置完成后，单击"共享"按钮。若此计算机的网络位置为公用网络，则会提示用户选择是否要在所有的公用网络启用网络发现与文件共享。如果选择"否"，此计算机的网络位置会被更改为专用网。当出现"您的文件夹已共享"对话框时，单击"完成"按钮，完成共享文件夹的创建。

2. 更改共享权限

如果要更改共享文件夹的共享权限，操作方法为：

（1）在"文件资源管理器"窗口中选中相应的共享文件夹，右击，在弹出的菜单中选择"属性"命令，在打开的"属性"对话框中单击"共享"选项卡，如图 9-13 所示。

（2）在"共享"选项卡中单击"高级共享"命令，打开"高级共享"对话框，如图 9-14 所示。

图 9-13　"共享"选项卡

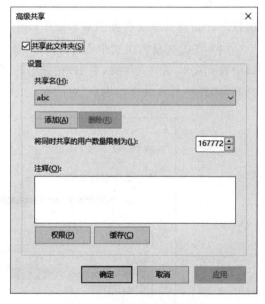

图 9-14　"高级共享"对话框

（3）在"高级共享"对话框中单击"权限"按钮，打开"共享权限"对话框，如图 9-15 所示。可以在该对话框中通过单击"添加"和"删除"按钮增加或减少用户或组，选中某用户后即可为其更改共享权限。

3. 更改共享名

每个共享文件夹都有一个共享名，共享名默认为文件夹名，网络上的用户通过共享名来访问共享文件夹内的文件。可在共享文件夹的"高级共享"对话框中更改共享名或添加多个

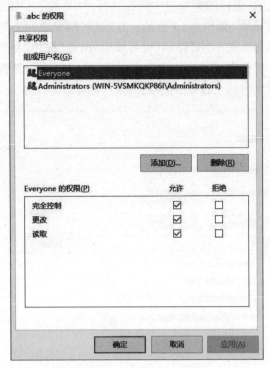

图 9-15 "共享权限"对话框

共享名,不同的共享名可设置不同的共享权限。

实训 4 访问共享文件夹

客户端用户可利用以下方式访问共享文件夹。

1. 利用网络发现来连接网络计算机

客户端用户依次选择"控制面板"→"网络和 Internet"→"查看网络计算机和设备",在打开的"网络"窗口中可以看到网络上的计算机,选择相应的计算机(可能需要输入有效的用户名和密码)即可对其共享文件夹进行访问。

注意 若出现"网络发现已关闭,看不到网络计算机和设备,单击以更改"的提示信息,单击该提示信息,在弹出的菜单中选择"启用网络发现和文件共享"命令。也可在"网络与共享中心"窗口中单击"更改高级共享设置"链接来启用网络发现。

2. 利用 UNC 直接访问

如果已知发布共享文件夹的计算机及其共享名,则可利用该共享文件夹的 UNC 直接访问。UNC(universal naming convention,通用命名标准)的定义格式为"\\计算机名称\共享名"。具体操作方法为:在文件资源管理器或浏览器的地址栏中,输入要访问的共享文件夹的 UNC("\\计算机名称\共享名"),即可完成相应资源的访问(可能需要输入有效的用户名和密码)。

3. 映射网络驱动器

为了使用上的方便,可以将网络驱动器盘符映射到共享文件夹上,具体方法为:在"文件资源管理器"的"此电脑"窗口的菜单栏中依次选择"计算机"→"映射网络驱动器"命令,打开"映射网络驱动器"对话框,如图 9-16 所示。在"映射网络驱动器"对话框中,指定驱动器的盘符及其对应的共享文件夹 UNC 路径(也可单击"浏览"按钮,在"浏览文件夹"对话框中进行选择),单击"完成"按钮完成设置。设置完成后,就可以在文件资源管理器中通过该驱动器号来访问共享文件夹内的文件了。

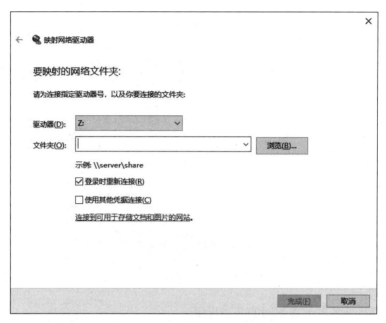

图 9-16 "映射网络驱动器"对话框

【问题 5】 在图 9-1 所示的网络中,若将计算机 Server0 上的某文件夹 soft 设置为共享文件夹,要求当具有管理员权限的用户通过网络访问该文件夹时可以对其进行更改,其他用户通过网络访问该文件夹时只能读取文件夹的内容,但受限用户 zhangsan 不能通过网络访问该文件夹,则文件夹 soft 的共享权限应设置为_____。

【问题 6】 在图 9-1 所示的网络中,若计算机 Server0 的管理员账户为 Administrator,密码为 aaa111++;计算机 PC0 的当前登录用户为 Administrator,密码为 aaa111++;计算机 PC1 的当前登录用户为 Administrator,密码为 bbb111++;计算机 PC2 的当前登录用户为 Admin,密码为 aaa111++;则当用户从计算机 PC0 访问 Server0 的共享文件夹时_____(需要/不需要)输入用户名和密码,当用户从计算机 PC1 访问 Server0 的共享文件夹时_____(需要/不需要)输入用户名和密码,当用户从计算机 PC2 访问 Server0 的共享文件夹时_____(需要/不需要)输入用户名和密码。如果在计算机 Server0 上将用户"Guest"启用,那么当用户从计算机 PC2 访问 Server0 的共享文件夹时_____(需要/不需要)输入用户名和密码。

【问题 7】 若从客户端访问计算机 Server0 的共享文件夹时需要输入用户名和密码,在成功登录并关闭该共享文件夹的访问窗口后,从该客户端再一次访问计算机 Server0 时_____(需要/不需要)输入用户名和密码。

【任务拓展】

　　在 Windows 网络操作系统中,用户的密码必须符合复杂性要求是由于开启了本地安全策略中相应的密码策略。本地安全策略是 Windows 提供的安全管理工具,管理员可以通过设置"本地安全策略"确保系统的安全。在作为工作组成员的计算机或独立计算机上,可依次选择"控制面板"→"系统和安全"→"管理工具"→"本地安全策略",打开"本地安全策略"窗口。请查阅 Windows 帮助文件及其他资料,了解"本地安全策略"的基本设置方法。

任务 9.2　配置 DHCP 服务器

【任务目的】

　　(1) 理解 DHCP 服务器的作用和基本工作过程。
　　(2) 掌握 DHCP 服务器的安装和基本配置方法。
　　(3) 掌握 DHCP 客户机的配置方法。

【任务导入】

　　DHCP(动态主机配置协议)允许服务器从一个地址池中为客户机动态地分配 IP 地址。当 DHCP 客户机启动时,它会与 DHCP 服务器通信,以便获取 IP 地址、子网掩码等配置信息。在图 9-1 所示的网络中,请在计算机 Server0 上安装并配置 DHCP 服务器,为网络中的客户机提供 DHCP 服务。

【工作环境与条件】

　　(1) 安装 Windows Server 2019 或其他 Windows 网络操作系统的计算机。
　　(2) 安装 Windows 10 或其他 Windows 桌面操作系统的计算机。
　　(3) 能够正常运行的网络环境(也可使用 VMware Workstation 等虚拟机软件)。

【相关知识】

　　与静态分配 IP 地址相比,使用 DHCP 自动分配 IP 地址主要有以下优点。
　　• 可以减轻网络管理的工作,避免 IP 地址冲突带来的麻烦。
　　• IP 地址信息的设置可以在服务器集中设置更改,不需要修改客户机。
　　• 客户机有较大的调整空间,用户更换网络时不需重新设置 IP 地址信息。
　　DHCP 的通信方式视 DHCP 客户机是在向 DHCP 服务器获取一个新的 IP 地址,还是更新租约(要求继续使用原来的 IP 地址)有所不同。

　　1. 客户机从 DHCP 服务器获取 IP 地址

　　如果客户机是第一次向 DHCP 服务器获取 IP 地址,或者客户机原先租用的 IP 地址已被释放或被服务器收回并已租给其他计算机,客户机需要租用一个新的 IP 地址,此时 DHCP 客户机与 DHCP 服务器的基本通信过程如下。

- DHCP 客户机设置为"自动获得 IP 地址",开机启动后试图从 DHCP 服务器租借一个 IP 地址,向网络上发出一个源地址为 0.0.0.0 的 DHCP 探索消息。
- DHCP 服务器收到该消息后确定是否有权为该客户机分配 IP 地址。若有权,则向网络广播一个 DHCP 提供消息,该消息包含了未租借的 IP 地址及相关配置参数。
- DHCP 客户机收到 DHCP 提供消息后对其进行评价和选择,如果接受租约条件即向服务器发出请求信息。
- DHCP 服务器对客户机的请求信息进行确认,提供 IP 地址及相关配置信息。
- 客户机绑定 IP 地址,可以开始利用该地址与网络中其他计算机进行通信。

2. 更新 IP 地址的租约

如果 DHCP 客户机想要延长其 IP 地址使用期限,则 DHCP 客户机必须更新其 IP 地址租约。更新租约时,DHCP 客户机会向 DHCP 服务器发出 DHCP 请求信息,如果 DHCP 客户机能够成功的更新租约,DHCP 服务器将会对客户机的请求信息进行确认,客户机就可以继续使用原来的 IP 地址,并重新得到一个新的租约。如果 DHCP 客户机已无法继续使用该 IP 地址,DHCP 服务器也会给客户机发出相应的信息。

DHCP 客户机会在下列情况下,自动向 DHCP 服务器更新租约。

- 在 IP 地址租约过一半时,DHCP 客户机会自动向出租此 IP 地址的 DHCP 服务器发出请求信息。
- 如果租约过一半时无法更新租约,客户机会在租约期过 7/8 时,向任何一台 DHCP 服务器请求更新租约。如果仍然无法更新,客户机会放弃正在使用的 IP 地址,然后重新向 DHCP 服务器申请一个新的 IP 地址。
- DHCP 客户机每一次重新启动,都会自动向原 DHCP 服务器发出请求信息,要求继续租用原来所使用的 IP 地址。若通信成功且租约并未到期,客户机将继续使用原来的 IP 地址。若租约无法更新,客户机会尝试与默认网关通信。若无法与默认网关通信,客户机会放弃原来的 IP 地址,改用 169.254.0.0~169.254.255.255 的 IP 地址,然后每隔 5 分钟再尝试更新租约。

注意 由 DHCP 分配 IP 地址的基本工作过程可知,DHCP 客户机和服务器将通过广播包传送信息,因此通常 DHCP 客户机和服务器应在一个广播域(网段)内。若 DHCP 客户机和服务器不在同一广播域,则应设置 DHCP 中继代理。

【任务实施】

实训 5　安装 DHCP 服务器

DHCP 服务器的 IP 地址必须是静态设置的。由于在本实训中作为服务器的计算机只有一块内部网卡,所以其作为 DHCP 服务器时,服务器提供给客户机的 IP 地址必须和本机 IP 地址同网段。在 Windows Server 2019 操作系统中安装 DHCP 服务器的基本操作步骤如下。

(1) 在传统桌面模式中依次选择"开始"→"服务器管理器",打开服务器管理器的"仪表板"窗口,在"仪表板"窗口中单击"添加角色和功能"链接,打开"添加角色和功能向导"对话框,如图 9-17 所示。

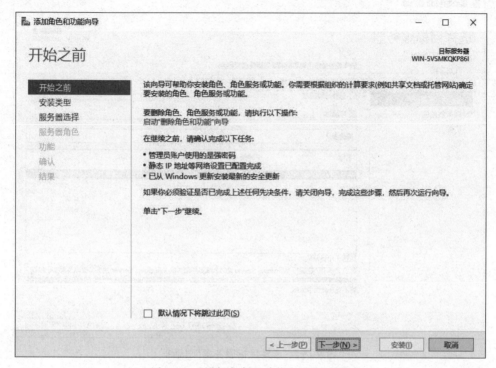

图 9-17 "添加角色和功能向导"对话框

（2）在"添加角色和功能向导"对话框中单击"下一步"按钮,打开"选择安装类型"对话框,如图 9-18 所示。

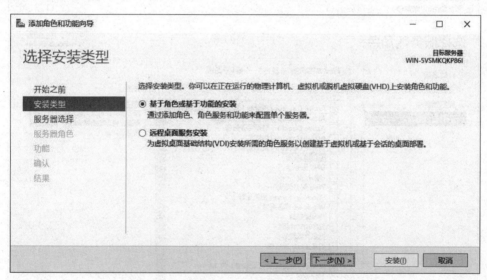

图 9-18 "选择安装类型"对话框

（3）在"选择安装类型"对话框中选择"基于角色或基于功能的安装",单击"下一步"按钮,打开"选择目标服务器"对话框,如图 9-19 所示。

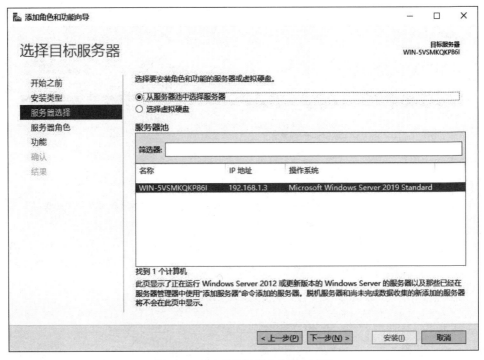

图 9-19　"选择目标服务器"对话框

（4）在"选择目标服务器"对话框中选择目标服务器，单击"下一步"按钮，打开"选择服务器角色"对话框，如图 9-20 所示。

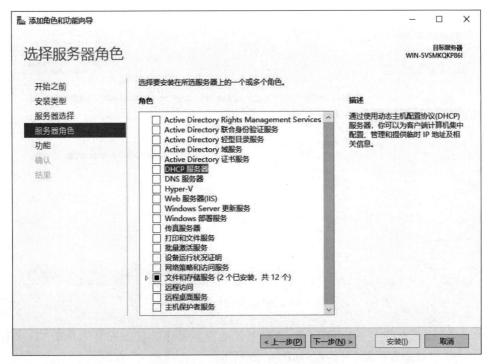

图 9-20　"选择服务器角色"对话框

　　(5) 在"选择服务器角色"对话框中选择"DHCP 服务器"复选框,在弹出的"添加 DHCP 服务器所需的功能?"对话框中单击"添加功能"按钮。单击"下一步"按钮,打开"选择功能"对话框。

　　(6) 在"选择功能"对话框中,单击"下一步"按钮,打开"DHCP 服务器"对话框,如图 9-21 所示。

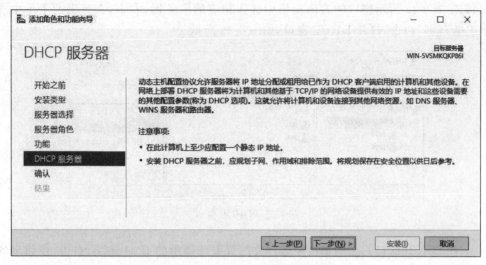

图 9-21　"DHCP 服务器"对话框

　　(7) 在"DHCP 服务器"对话框中,单击"下一步"按钮,在打开的"确认安装所选内容"对话框中单击"安装"按钮,系统将安装 DHCP 服务器。安装完成后,在服务器管理器中可以看到所添加的角色,如图 9-22 所示。

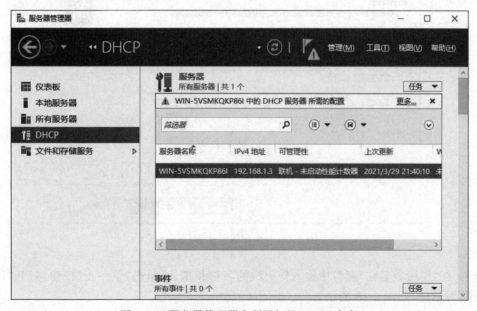

图 9-22　服务器管理器中所添加的 DHCP 角色

实训 6　新建 DHCP 作用域

DHCP 服务器以作用域为基本管理单位向客户机提供 IP 地址分配服务。新建 DHCP 作用域的基本操作步骤为：

（1）在图 9-22 所示窗口的右侧窗格中选择相应的服务器，右击，在弹出的菜单中选择"DHCP 管理器"命令，打开 DHCP 窗口，如图 9-23 所示。

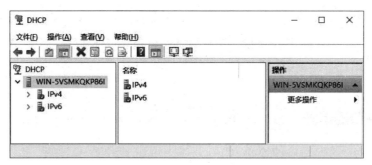

图 9-23　DHCP 窗口

（2）在 DHCP 窗口的左侧窗格中选择要配置服务器中的 IPv4 选项，右击，在弹出的菜单中选择"新建作用域"命令，打开"欢迎使用新建作用域向导"窗口。

（3）在"欢迎使用新建作用域向导"窗口中，单击"下一步"按钮，打开"作用域名称"对话框，如图 9-24 所示。

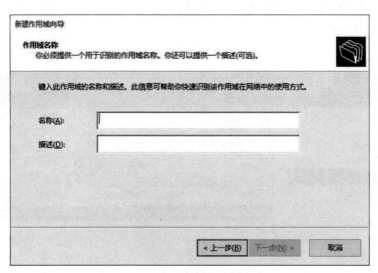

图 9-24　"作用域名称"对话框

（4）在"作用域名称"窗口中输入作用域的名称和描述，单击"下一步"按钮，打开"IP 地址范围"对话框，如图 9-25 所示。

（5）在"IP 地址范围"对话框中设定要出租给客户机的起始 IP 地址和结束 IP 地址，以及客户机使用的子网掩码，单击"下一步"按钮，打开"添加排除和延迟"对话框，如图 9-26 所示。

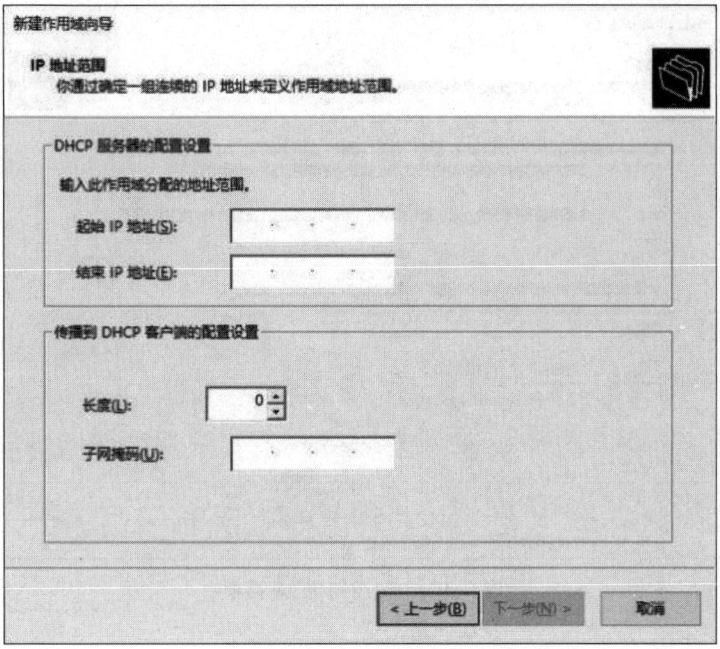

图 9-25 "IP 地址范围"对话框

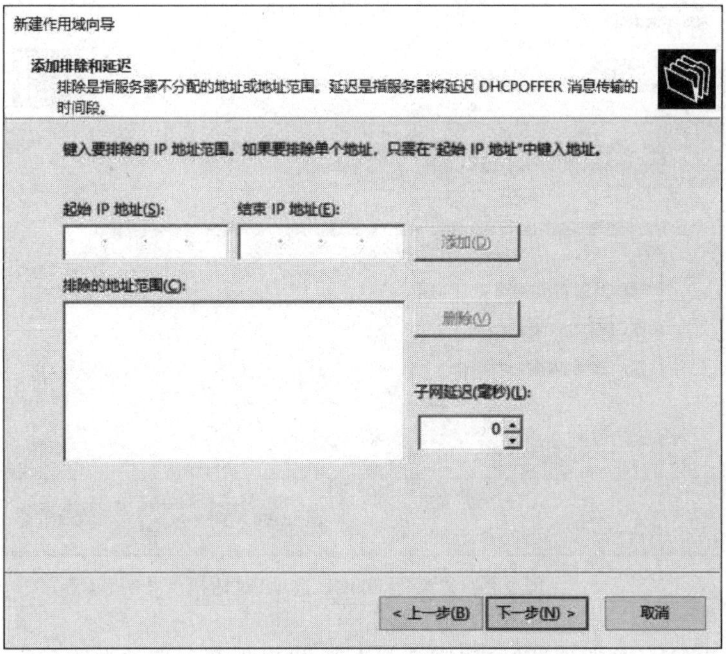

图 9-26 "添加排除和延迟"对话框

（6）在"添加排除和延迟"对话框中设定要排除的 IP 地址范围（即"IP 地址范围"对话框中设定的起始 IP 地址和结束 IP 地址之间不希望出租给客户机的 IP 地址）和延迟时间，单击"下一步"按钮，打开"租用期限"对话框，如图 9-27 所示。

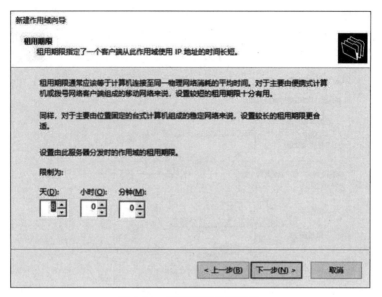

图 9-27 "租用期限"对话框

　　(7) 在"租用期限"对话框中设定客户机从该作用域租用 IP 地址后可以使用的时间长短,单击"下一步"按钮,打开"配置 DHCP 选项"对话框,如图 9-28 所示。

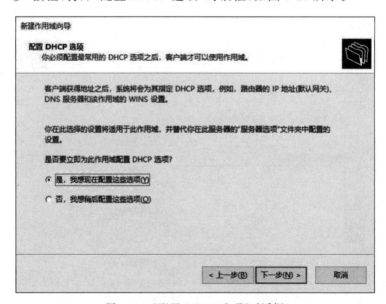

图 9-28 "配置 DHCP 选项"对话框

　　(8) 在"配置 DHCP 选项"对话框中选择"是,我想现在配置这些选项",单击"下一步"按钮,打开"路由器(默认网关)"对话框,如图 9-29 所示。
　　(9) 在"路由器(默认网关)"对话框中设定客户机使用的默认网关地址,单击"下一步"按钮,打开"域名称和 DNS 服务器"对话框,如图 9-30 所示。
　　(10) 在"域名称和 DNS 服务器"对话框中设定客户机使用的 DNS 服务器地址,单击

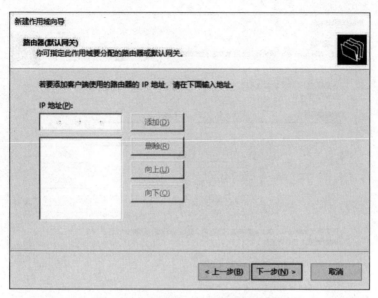

图 9-29　"路由器(默认网关)"对话框

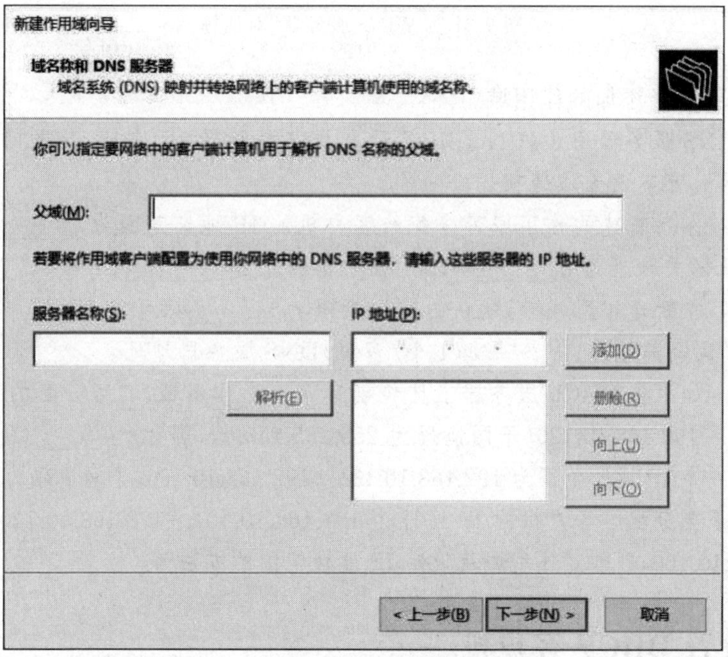

图 9-30　"域名称和 DNS 服务器"对话框

"下一步"按钮,打开"WINS 服务器"对话框,如图 9-31 所示。

(11) 在"WINS 服务器"对话框中设定客户机使用的 WINS 服务器地址,单击"下一步"按钮,打开"激活作用域"对话框。

(12) 在"激活作用域"对话框中选择"是,我想现在激活此作用域",单击"下一步"按钮,在打开的"正在完成新建作用域向导"对话框中单击"完成"按钮完成设置。此时在 DHCP

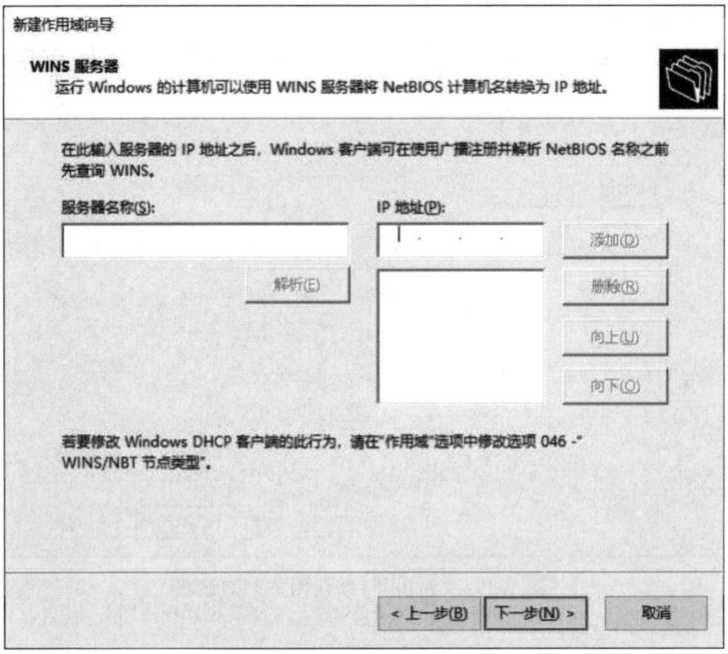

图 9-31 "WINS 服务器"对话框

窗口中可以看到已经添加的作用域。

注意 WINS 服务器用于将 NetBIOS 计算机名转换为 IP 地址,如果网络上的应用程序不需要 WINS,可不设置该选项。

【问题 1】 你所新建的作用域可分配给客户机的 IP 地址范围为_____,子网掩码是_____,默认网关地址为_____,DNS 服务器地址为_____。

【问题 2】 在新建作用域时,默认的租用期限为_____,可以为客户机设定_____(1 个/多个)默认网关地址、_____(1 个/多个)DNS 服务器地址。

【问题 3】 如果在 DHCP 服务器上已经创建了一个作用域,其可分配的 IP 地址范围为192.168.10.101~192.168.10.120(子网掩码为 255.255.255.0),那么_____(能/不能)在该服务器上再创建一个 IP 地址范围为 192.168.10.131~192.168.10.160(子网掩码为 255.255.255.0)的作用域。如果要分配给客户机的 IP 地址为 192.168.10.101~192.168.10.120 和 192.168.10.131 ~192.168.10.160,则创建作用域及设定 IP 地址范围的方法为_____。

实训 7 设置 DHCP 客户机

DHCP 客户机的配置非常简单,只需在其网络连接的"Internet 协议版本 4(TCP/IPv4)"属性中,将 IP 地址信息的获取方式设置为"自动获得 IP 地址"和"自动获得 DNS 服务器地址"即可。如果要查看 DHCP 客户机从服务器自动获得的 IP 地址,可在"网络连接"窗口中选择相应的网络连接,右击,在弹出的菜单中选择"状态"命令,在网络连接状态对话框中单击"详细信息"按钮,在打开的"网络连接详细信息"对话框中可以看到 DHCP 客户机获得的 IP 地址信息。

　　注意　也可在 DHCP 客户机的 Windows PowerShell 环境运行 ipconfig 或 ipconfig /all 命令查看其获得的 IP 地址信息。如果在 Windows PowerShell 环境中输入 ipconfig/release 命令,可以释放当前的 IP 地址;如果输入 ipconfig /renew 命令,客户机将重新向 DHCP 服务器请求一个新的 IP 地址。

　　【问题 4】　请在 DHCP 客户机通过"网络连接详细信息"对话框查看其获得的 IP 地址信息,客户机获得的 IP 地址为_____,子网掩码为_____,默认网关地址为_____,DNS 服务器地址为_____,分配给客户机 IP 地址信息的 DHCP 服务器的 IP 地址为_____。

　　【问题 5】　在图 9-1 所示的网络中,如果计算机 Server0 和 PC0 都可以提供 DHCP 服务,那么作为客户机的 PC1 会_____(备选答案:A.从计算机 Server0 获取 IP 地址信息 B.从计算机 PC0 获取 IP 地址信息　C.随机获取 IP 地址信息)。如果要查看 PC1 从哪台服务器获得的 IP 地址信息,可以在 Windows PowerShell 环境运行_____(备选答案:A.ipconfig　B.ipconfig /all　C.ipconfig /renew)命令。

　　【问题 6】　在图 9-1 所示的网络中,若 DHCP 服务器 Server0 的地址池中只有 3 个可以租用给客户机的 IP 地址,计算机 PC0~PC2 都设置为"自动获取 IP 地址",网络正常运行后如果在增加一台计算机 PC3,该计算机也设置为"自动获取 IP 地址",那么计算机 PC3_____(能/不能)与其他计算机正常通信,其 IP 地址为_____,子网掩码为_____,默认网关地址为_____。

【任务拓展】

　　默认情况下,DHCP 服务器租用给客户机的 IP 地址是随机的。如果想为某指定客户机分配特定的 IP 地址,使客户机在每次启动时获得的 IP 地址都相同,在 Windows 系统中可以通过 DHCP 作用域中的"保留"实现。在图 9-1 所示的网络中,请查阅 Windows 帮助文件,对计算机 Server0 进行配置,使客户机 PC0~PC2 每次都能获得特定的 IP 地址。

任务 9.3　配置 DNS 服务器

【任务目的】

　　(1) 理解 DNS 服务器的作用。
　　(2) 理解 DNS 查询过程。
　　(3) 掌握 DNS 服务器的基本配置方法。
　　(4) 掌握 DNS 客户机的基本配置方法。

【任务导入】

　　域名是与 IP 地址相对应的一串容易记忆的字符,按一定的层次和逻辑排列。域名不仅便于记忆,而且即使在 IP 地址发生变化的情况下,通过改变其对应关系,域名仍可保持不变。在 TCP/IP 网络环境中,使用域名系统(domain name system,DNS)解析域名与 IP 地址的映射关系。在图 9-1 所示的网络中,请在计算机 Server0 上安装并配置 DNS 服务器,使网络中的所有计算机可以通过域名相互访问。

【工作环境与条件】

(1) 安装 Windows Server 2019 或其他 Windows 网络操作系统的计算机。

(2) 安装 Windows 10 或其他 Windows 桌面操作系统的计算机。

(3) 能够正常运行的网络环境(也可使用 VMware Workstation 等虚拟机软件)。

【相关知识】

9.3.1 域名称空间

整个 DNS 的结构是一个如图 9-32 所示的分层式树状结构,这个树状结构称为"DNS 域名空间"。图中位于树状结构最顶层的是 DNS 域名空间的根 root(根),一般是用句点(.)来表示。root 内有多台 DNS 服务器。目前 root 由多个机构进行管理,其中最著名的是 Internet 网络信息中心,负责整个域名空间和域名登录的授权管理。

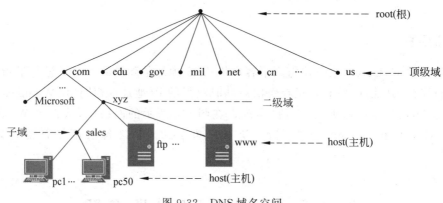

图 9-32　DNS 域名空间

root 之下为"顶级域",每一个"顶级域"内都有数台 DNS 服务器。顶级域用来将组织分类,常见的顶级域名如表 9-4 所示。

表 9-4　Internet 顶级域名及说明

域　　名	说　　明
com	商业组织
edu	教育机构
gov	政府部门
mil	军事部门
net	主要网络支持中心
org	其他组织

续表

域 名	说 明
ARPA	临时 ARPAnet(未用)
INT	国际组织
占 2 字符的国家及地区码	例如 cn 表示中国,us 表示美国

"顶级域"之下为"二级域",供公司和组织来申请、注册使用,例如,microsoft.com 是由 Microsoft 所注册的。如果某公司的网络要连接到 Internet,则其域名必须经过申请核准后才可使用。

公司、组织等可以在其"二级域"下再细分多层的子域。图 9-32 中,可以在公司二级域 xyz.com 下为业务部建立一个子域,其域名为 sales.xyz.com,子域域名的最后必须附加其父域的域名(xyz.com),也就是说域名空间是有连续性的。

在图 9-32 中,主机 www 是位于公司二级域 xyz.com 的主机,www 是其"主机名称 (host name)",其完整名称为 www.xyz.com,这个完整的名称也叫作 FQDN(fully qualified domain name,完全合格域名)。而 pc1、pc2、…、pc50 等主机位于子域 sales.xyz.com 内,其 FQDN 分别是 pc1.sales.xyz.com、pc2.sales.xyz.com、…、pc50.sales.xyz.com。

9.3.2 域命名规则

在 DNS 域名空间中,为域或子域命名时应注意遵循以下规则。
- 限制域的级别数:通常 DNS 主机项应位于 DNS 层次结构中的 3 级或 4 级,不应多于 5 级。
- 使用唯一的名称:父域中的每个子域必须具有唯一的名称,以保证在 DNS 域名称空间中该名称是唯一的。
- 使用简单的名称:简单而准确的域名对于用户来说更容易记忆,并且使用户可以直观地搜索并访问。
- 避免很长的域名:域名最多为 63 个字符,包括结束点。一个 FQDN 的总长度不能超过 255 个字符。
- 使用标准的 DNS 字符:Windows 支持的 DNS 字符包括字母、数字以及连字符"-",DNS 名称不区分大小写。

9.3.3 DNS 服务器

DNS 服务器内存储着域名称空间内部分区域的信息,也就是说 DNS 服务器的管辖范围可以涵盖域名称空间内的一个或多个区域,此时就称此 DNS 服务器为这些区域的授权服务器。授权服务器负责提供 DNS 客户机所要查找的记录。

区域(zone)是域名空间树形结构的一部分,它能够将域名空间分割为较小的区段,以方便管理。一个区域内的主机信息,将存放在 DNS 服务器内的区域文件或是活动目录数据库内。一台 DNS 服务器内可以存储一个或多个区域的信息,同时一个区域的信息也可以被存储到多台 DNS 服务器内。区域文件内的每一项信息被称为是一项资源记录（resource record, RR）。

如果在一台 DNS 服务器上建立一个区域后，这个区域内的所有记录都建立在这台 DNS 服务器内，而且可以新建、修改、删除这个区域内的记录，那么这台 DNS 服务器就被称为该区域的主服务器。如果在一台 DNS 服务器内建立一个区域后，这个区域内的所有记录都是从另外一台 DNS 服务器复制过来的，也就是说这个区域内的记录只是一个副本，这些记录是无法修改的，那么这台 DNS 服务器就被称为该区域的辅助服务器。可以为一个区域设置多台辅助服务器，以提供容错能力，分担主服务器负担并加快查找的速度。

9.3.4　域名解析过程

DNS 服务器可以执行正向查找和反向查找。正向查找可将域名解析为 IP 地址，而反向查找则将 IP 地址解析为域名。例如某 Web 服务器使用的域名是 www.xyz.com，客户机在向该服务器发送信息之前，必须通过 DNS 服务器将域名 www.xyz.com 解析为它所关联的 IP 地址。利用 DNS 服务器进行域名解析的基本过程如图 9-33 所示。

图 9-33　利用 DNS 服务器进行域名解析的基本过程

若 DNS 服务器内没有客户机所需的记录，则 DNS 服务器会代替客户机向其他 DNS 服务器进行查找。当第 1 台 DNS 服务器向第 2 台 DNS 服务器提出查找请求后，若第 2 台 DNS 服务器内也没有所需要的记录，则它会提供第 3 台 DNS 服务器的 IP 地址给第 1 台 DNS 服务器，让第 1 台 DNS 服务器自行向第 3 台 DNS 服务器进行查找。下面以图 9-34 所示的客户机向 DNS 服务器 Server1 查询 www.xyz.com 的 IP 地址为例，说明 DNS 查询的过程。

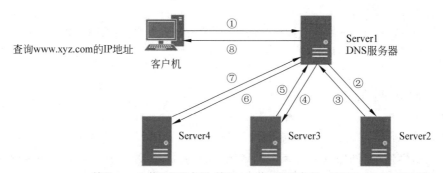

图 9-34　DNS 查询的过程

- DNS 客户端向指定的 DNS 服务器 Server1 查找 www.xyz.com 的 IP 地址。

- 若 Server1 内没有所要查找的记录,则 Server1 会将此查找请求转发到 root 的 DNS 服务器 Server2。
- Server2 根据要查找的主机名称(www.xyz.com)得知此主机位于顶级域.com 下,它 会将负责管辖.com 的 DNS 服务器(Server3)的 IP 地址传送给 Server1。
- Server1 得到 Server3 的 IP 地址后,会直接向 Server3 查找 www.xyz.com 的 IP 地址。
- Server3 根据要查找的主机名称(www.xyz.com)得知此主机位于 xyz.com 域内,它 会将负责管辖 xyz.com 的 DNS 服务器(Server4)的 IP 地址传送给 Server1。
- Server1 得到 Server4 的 IP 地址后,会直接向 Server4 查找 www.xyz.com 的 IP 地址。
- 管辖 xyz.com 的 DNS 服务器(Server4)将 www.xyz.com 的 IP 地址传送给 Server1。
- Server1 再将 www.xyz.com 的 IP 地址传送给 DNS 客户机。客户机得到 www.xyz. com 的 IP 地址后,就可以跟 www.xyz.com 通信了。

【任务实施】

实训 8　安装 DNS 服务器

在 Windows Server 2019 计算机上安装 DNS 服务器前,建议此计算机的 IP 地址最好 是静态的,因为向 DHCP 服务器租到的 IP 地址可能会不相同,这将造成设置上的困扰。安 装 DNS 服务器的基本操作步骤为:

(1) 在传统桌面模式中依次选择"开始"→"服务器管理器",打开服务器管理器的"仪表 板"窗口,单击"添加角色和功能"链接,打开"添加角色和功能向导"对话框。

(2) 在"添加角色和功能向导"对话框中单击"下一步"按钮,打开"选择安装类型"对 话框。

(3) 在"选择安装类型"对话框中选择"基于角色或基于功能的安装",单击"下一步"按 钮,打开"选择目标服务器"对话框。

(4) 在"选择目标服务器"对话框中选择目标服务器,单击"下一步"按钮,打开"选择服 务器角色"对话框。

(5) 在"选择服务器角色"对话框中选择"DNS 服务器"复选框,在弹出的"添加 DNS 服 务器所需的功能?"对话框中单击"添加功能"按钮,单击"下一步"按钮,打开"选择功能"对 话框。

(6) 在"选择功能"对话框中,单击"下一步"按钮,打开"DNS 服务器"对话框。

(7) 在"DNS 服务器"对话框中,单击"下一步"按钮,打开"确认安装所选内容"对话框。

(8) 在"确认安装所选内容"对话框中单击"安装"按钮,系统将安装 DNS 服务器,安装 成功后将出现"安装结果"对话框。DNS 服务器安装完成后,在服务器管理器中可以看到所 添加的角色。

实训 9 创建 DNS 区域

1. 创建正向查找区域

正向查找区域可以查找域名对应的 IP 地址。在 DNS 服务器中创建正向查找区域的操作步骤为：

（1）在"服务器管理器"窗口的左侧窗格中选择 DNS 选项，在右侧窗格中选择相应的服务器，右击，在弹出的菜单中选择"DNS 管理器"命令，打开"DNS 管理器"窗口，如图 9-35 所示。

图 9-35　"DNS 管理器"窗口

（2）在"DNS 管理器"窗口的左侧窗格中，选中相应 DNS 服务器的"正向查找区域"选项，右击，在弹出的菜单中选择"新建区域"命令，打开"欢迎使用新建区域向导"对话框。

（3）在"欢迎使用新建区域向导"对话框中单击"下一步"按钮，打开"区域类型"对话框，如图 9-36 所示。

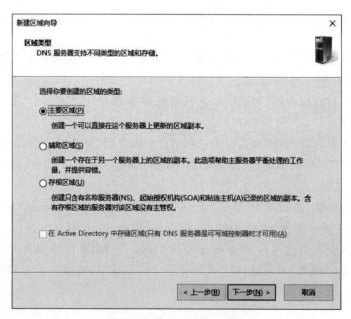

图 9-36　"区域类型"对话框

（4）在"区域类型"对话框中选择"主要区域"，单击"下一步"按钮，打开"区域名称"对话框，如图 9-37 所示。

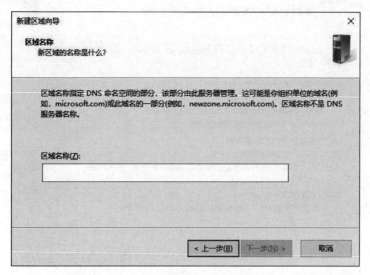

图 9-37 "区域名称"对话框

（5）在"区域名称"对话框中输入区域名称，单击"下一步"按钮，打开"区域文件"对话框，如图 9-38 所示。

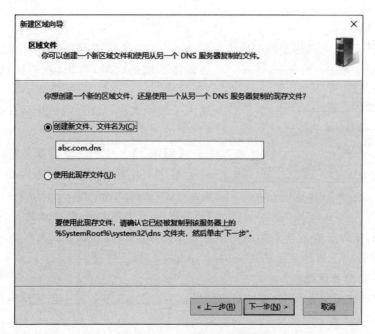

图 9-38 "区域文件"对话框

（6）在"区域文件"对话框中，单击"下一步"按钮，打开"动态更新"对话框，如图 9-39 所示。

（7）在"动态更新"对话框中，单击"下一步"按钮，打开"正在完成新建区域向导"对话

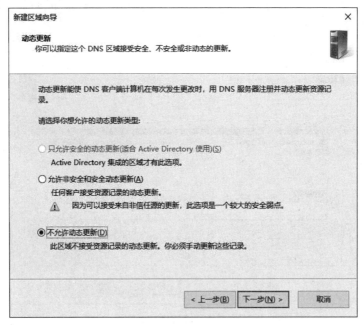

图 9-39 "动态更新"对话框

框。单击"完成"按钮,完成正向查找区域的创建,此时在"DNS 管理器"窗口中可以看到刚才所创建的区域。

2. 创建子域

在正向查找区域中创建子域的操作步骤为:在"DNS 管理器"窗口的左侧窗格中,选中要创建子域的区域,右击,在弹出的菜单中选择"新建域"命令,在打开的"新建 DNS 域"对话框中输入子域的名称,如图 9-40 所示。单击"确定"按钮,完成创建。

图 9-40 "新建 DNS 域"对话框

【问题 1】 用户应根据自身需要确定创建区域的数目,若网络中两台主机的域名分别为 www.sales.xyz.com 和 www.mkt.xyz.com,则在 DNS 服务器中创建正向区域的方法为_____

(备选答案:A.分别创建 2 个区域 sales.xyz.com 和 mkt.xyz.com B.先创建一个区域 xyz.com,然后在该区域下创建 2 个子域 sales 和 mkt C.以上方法均可)。

3. 创建反向查找区域

反向查找区域可以查找 IP 地址对应的域名。在 DNS 服务器中创建反向查找区域的操作步骤如下。

(1) 在"DNS 管理器"窗口的左侧窗格中,选中相应 DNS 服务器的"反向查找区域"选项,右击,在弹出的菜单中选择"新建区域"命令,打开"欢迎使用新建区域向导"对话框。

(2) 在"欢迎使用新建区域向导"对话框中单击"下一步"按钮,打开"区域类型"对话框。

(3) 在"区域类型"对话框中选择"主要区域",单击"下一步"按钮,打开"选择是否要为 IPv4 地址或 IPv6 地址创建反向查找区域"对话框,如图 9-41 所示。

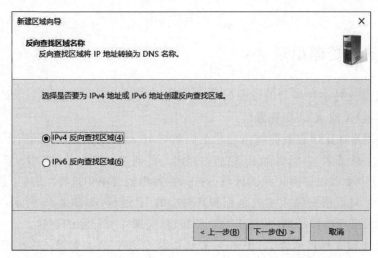

图 9-41　"选择是否要为 IPv4 地址或 IPv6 地址创建反向查找区域"对话框

　　（4）在"选择是否要为 IPv4 地址或 IPv6 地址创建反向查找区域"对话框中选择"IPv4 反向查找区域"选项，单击"下一步"按钮，打开如图 9-42 所示对话框。

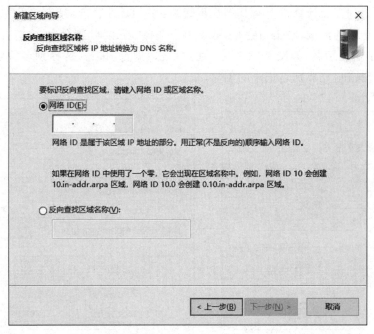

图 9-42　"要标识反向查找区域，请键入网络 ID 或区域名称"对话框

　　（5）在图 9-42 所示对话框中输入本机 IP 地址中的网络标识，单击"下一步"按钮，打开"区域文件"对话框。

　　（6）在"区域文件"对话框中单击"下一步"按钮，打开"动态更新"对话框。

　　（7）在"动态更新"对话框中单击"下一步"按钮，打开"正在完成新建区域向导"对话框。单击"完成"按钮，完成反向查找区域的创建，此时在"DNS 管理器"窗口中可以看到刚才所创建的区域。

实训 10　创建资源记录

DNS 服务器支持多种类型的资源记录,下面主要完成几种常用资源记录的创建。

1. 创建主机(A 或 AAAA)记录

主机记录用来在正向查找区域内建立主机名与 IP 地址的映射关系,从而使 DNS 服务器能够实现从主机域名、主机名到 IP 地址的查询。其创建步骤为:在“DNS 管理器”窗口的左侧窗格中,选中要添加资源记录的区域,右击,在弹出的菜单中选择“新建主机”命令,在打开的“新建主机”对话框中输入主机名称和其对应的 IP 地址,如图 9-43 所示;单击“添加主机”按钮,在随后出现的提示框中,单击“确定”按钮,完成主机记录的创建。

注意　IPv4 的主机记录为 A,IPv6 的主机记录为 AAAA。如果在“新建主机”对话框中,选择了“创建相关的指针(PTR)记录”复选框,则在反向查找区域刷新后,会自动生成相应的指针记录,供反向查找时使用。

2. 创建别名(CNAME)记录

别名记录用来为一台主机创建不同的域全名。通过建立主机的别名记录,可以将多个完整的域名映射到一台计算机上。其创建步骤为:在“DNS 管理器”窗口的左侧窗格中,选中要添加资源记录的区域,右击,在弹出的菜单中选择“新建别名”命令,在打开的“新建资源记录”对话框中输入别名,如图 9-44 所示,通过单击“浏览”按钮,选择别名所对应的主机记录;单击“确定”按钮,完成别名记录的创建。

图 9-43　“新建主机”对话框

图 9-44　创建别名(CNAME)记录

3. 创建指针(PTR)记录

指针记录用来在反向查找区域内建立 IP 地址与主机名的映射关系,其创建步骤为:在“DNS 管理器”窗口的左侧窗格中,选中要添加资源记录的区域,右击,在弹出的菜单中选择“新建指针(PTR)”命令,在打开的“新建资源记录”对话框中,输入主机 IP 与其对应的主机名,单击“确定”按钮,即可完成指针记录的创建。

【问题 2】　在图 9-1 所示的网络中,你在 DNS 服务器上创建了_____个正向查找区域,其名称为_____,写出在正向查找区域中为各计算机之间通过域名解析而创建的资源记录的类型和内容_____。

【问题 3】　若在 DNS 服务器中创建的正向查找区域为 xyz.com,则在该区域中_____(能/不能)将域名 xyz.com 解析为 IP 地址 192.168.10.10。若在该区域中要将域名 www.xyz.com 和 ftp.xyz.com 都解析为 IP 地址 192.168.10.100,则创建资源记录的方法为_____(备选答案:A.分别创建 2 个主机记录 www 和 ftp　B.先创建一个主机记录 www,然后为其创建别名记录 ftp　C.先创建一个主机记录 ftp,然后为其创建别名记录 www　D.以上方法均可)。

实训 11　设置 DNS 客户机

1. 指定 DNS 服务器的 IP 地址

DNS 客户机必须指定 DNS 服务器的 IP 地址,以便对这台 DNS 服务器提出域名解析请求。对于使用静态 IP 地址的 DNS 客户机,只需要在其相应网络连接的"Internet 协议版本 4(TCP/IPv4)"属性中将"首选 DNS 服务器"设置为要访问的 DNS 服务器的 IP 地址即可。

2. 域名解析的测试

要测试 DNS 客户机是否能够通过指定的 DNS 服务器进行域名解析,可以在其 Windows PowerShell 环境中输入 nslookup FQDN,该命令将显示当前计算机访问的 DNS 服务器及该服务器对相应域名的解析情况,如图 9-45 所示。

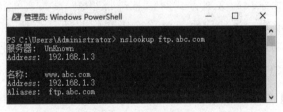

图 9-45　查看 DNS 客户机的域名解析情况

【问题 4】　在图 9-1 所示的网络中,你在 DNS 客户机上设置的"首选 DNS 服务器"的地址为_____。若在计算机 PC0 上要使用 nslookup 命令查看 DNS 服务器对计算机 PC1 域名的解析情况,则应在 Windows PowerShell 环境中输入的命令为_____,该命令的运行结果显示计算机 PC0 访问的 DNS 服务器的地址为_____,该域名对应的 IP 地址为_____,该域名是_____(主机名称/别名)。

【问题 5】　请在 DNS 客户机 PC0 上使用"ping 计算机 PC1 域名"命令测试连通性,若输入的域名为计算机 PC1 的主机名称,则在该命令的运行过程中_____(会/不会)显示其所对应的 IP 地址,_____(会/不会)显示其所对应的别名;若输入的域名为计算机 PC1 的别名,则在该命令的运行过程中_____(会/不会)显示其所对应的 IP 地址,_____(会/不会)显示其所对应的主机名。

【任务拓展】

若 DNS 客户机查询的记录不在 DNS 服务器管辖区域内，DNS 服务器需要转向其他 DNS 服务器查询。在 Windows 网络操作系统中，可以通过为 DNS 服务器设置转发器，指定其向某确定的 DNS 服务器求助。若未设置转发器，DNS 服务器会自行向其"根提示"选项卡中设置的 Internet 根域的 DNS 服务器求助。请查阅 Windows 帮助文件，了解在 DNS 服务器中设置转发器和根提示的基本方法。

任务 9.4　配置 Web 服务器

【任务目的】

（1）理解 WWW 的工作过程和 URL。

（2）掌握 Web 服务器的基本配置方法。

（3）了解虚拟目录的作用和基本配置方法。

【任务导入】

WWW 常被当成 Internet 的同义词。实际上 WWW 是在 Internet 上发布的，并可以通过浏览器观看图形化页面的服务。WWW 服务采用客户机/服务器模式，客户机即浏览器，服务器即 Web 服务器，各种资源将以 Web 页面的形式存储在 Web 服务器上（也称为 Web 站点或网站），这些页面采用超文本方式对信息进行组织，页面之间通过超链接连接起来，超链接采用 URL 的形式。这些使用超链接连接在一起的页面信息可以放置在同一主机上，也可以放置在不同的主机上。在图 9-1 所示的网络中，请在计算机 Server0 上安装 Web 服务器并发布一个网站，使网络中的所有计算机都可以通过域名访问该网站。

【工作环境与条件】

（1）安装 Windows Server 2019 或其他 Windows 网络操作系统的计算机。

（2）安装 Windows 10 或其他 Windows 桌面操作系统的计算机。

（3）能够正常运行的网络环境（也可使用 VMware Workstation 等虚拟机软件）。

【相关知识】

9.4.1　WWW 的工作过程

当用户要访问 WWW 上的网页或其他网络资源的时候，其基本工作过程如下。

- 客户机启动浏览器。
- 在浏览器键入以 URL 形式表示的、待查询的 Web 页面地址。
- 在 URL 中将包含 Web 服务器的 IP 地址或域名，如果是域名，需要将该域名传送给

DNS 服务器解析其对应的 IP 地址。

- 客户机浏览器与该地址的 Web 服务器连通,发送一个 HTTP 请求,告知其需要浏览的 Web 页面。
- Web 服务器将对应的 HTML 文本、图片和构成该网页的一切其他文件逐一发送回客户机。
- 浏览器把接收到的文件,加上图像、链接和其他必需的资源,显示给用户,这些就构成了用户所看到的网页。

9.4.2　URL

URL 也称为网页地址,是用于完整描述 Internet 上 Web 页面和其他资源地址的一种标识方法。在实际应用中,URL 可以是本地磁盘,也可以是局域网的计算机,当然更多的是 Internet 中的 Web 站点。URL 的一般格式为(带方括号[]的为可选项):

protocol :// hostname[:port] / path /[;parameters][? query]#fragment

对 URL 的格式说明如下。

(1) protocol(协议):用于指定使用的传输协议,表 9-5 列出 protocol 属性的部分有效方案名称,其中最常用的是 HTTP 协议。

表 9-5　protocol 属性的部分有效方案名称

协　议	说　　　明	格　式
file	资源是本地计算机上的文件	file://
ftp	通过 FTP 协议访问资源	ftp://
http	通过 HTTP 协议访问资源	http://
https	通过安全的 HTTP 协议访问资源	https://
mms	通过支持 MMS(流媒体)协议的播放软件(如 Windows Media Player)播放资源	mms://
thunder	通过支持 thunder(专用下载链接)协议的 P2P 软件(如迅雷)访问资源	thunder://
news	通过 NNTP 协议访问资源	news://

(2) hostname(主机名):用于指定存放资源的服务器的域名或 IP 地址。有时在主机名前也可以包含连接到服务器所需的用户名和密码(格式:username@password)。

(3) :port(端口号):用于指定存放资源的服务器的端口号,省略时使用传输协议的默认端口。各种传输协议都有默认的端口号,如 HTTP 协议的默认端口为 80。若在服务器上采用非标准端口号,则在 URL 中就不能省略端口号这一项。

(4) path(路径):由零或多个"/"符号隔开的字符串,一般用于表示主机上的一个目录或文件地址。

(5) ;parameters(参数):这是用于指定特殊参数的可选项。

(6) ? query(查询):用于为动态网页(如使用 CGI、ISAPI、PHP/JSP/ASP/ASP.NET 等技术制作的网页)传递参数。可有多个参数,用"&"符号隔开,每个参数的名和值用"="符号隔开。

（7）fragment（信息片断）：用于指定网络资源中的片断，例如一个网页中有多个名词解释，可使用 fragment 直接定位到某一名词解释。

注意 Windows 主机不区分 URL 大小写，但 UNIX/Linux 主机区分大小写。另外由于 HTTP 协议允许服务器将浏览器重定向到另一个 URL，因此许多服务器允许用户省略 URL 中的部分内容，如 www。但从技术上来说，省略后的 URL 实际上是一个不同的 URL，服务器必须完成重定向的任务。

9.4.3　IIS

常见的网络操作系统都提供了实现 Internet 信息服务的功能，在 Linux 操作系统中主要使用 Apache，而在 Windows 操作系统中，实现 Internet 信息服务的是 IIS（Internet information services，Internet 信息服务）。IIS 是一个易于管理的平台，在该平台上可以方便可靠地开发和托管 Web 应用程序和服务，其主要功能包括常见 HTTP 功能、应用程序开发功能、运行状况和诊断功能、安全功能、性能功能、管理工具和文件传输协议（file transfer protocol，FTP）服务器功能等。

注意 不同版本的 Windows 系统支持的 IIS 的版本不同，默认情况下 Windows Server 2019 系统支持 IIS 10。

9.4.4　主目录与虚拟目录

IIS 中的任何一个网站都是通过树形目录结构的方式来存储信息的，每个网站可以包括一个主目录和若干个物理子目录或虚拟目录。

1. 主目录

主目录是网站发布树的顶点，是网站访问的起点，因此它不仅包括网站的首页及其指向其他网页的链接，还应包括该网站的所有目录和文件。每个网站必须拥有一个主目录，对该网站的访问，实际上就是对网站主目录的访问。网站的主目录会被映射为 Web 服务器的 IP 地址或域名，因此访问者可以使用 Web 服务器的 IP 地址或域名直接访问。例如，若网站对应的 Web 服务器的域名是 www.xyz.com，主目录是 D:\Website\abc，则在客户机浏览器中使用 URL"http://www.xyz.com/"即可访问 Web 服务器中 D:\Website\abc 中的文件。IIS 默认网站的主目录为"X:\Inetpub\wwwroot"，其中 X 为 Windows 操作系统所在卷的驱动器号。用户可以将要发布的信息文件保存在 IIS 默认的主目录中，也可以更改默认主目录而不需要移动文件。

2. 虚拟目录

在网站的管理中，如果用户需要发布主目录以外目录中的信息文件，那就应当在网站的主目录下，创建虚拟目录。虚拟目录是网站管理员为本地计算机的真实目录或网络中其他计算机的共享目录创建的一个别名，在客户机浏览器中，虚拟目录可以像主目录的真实子目录一样被访问，但它的实际物理位置并不处于所在网站的主目录中。利用虚拟目录可以将网站发布的信息文件分散保存到不同的卷或不同的计算机上，这一方面便于分别开发与维护；另一方面当信息文件移动到其他物理位置时，也不会影响站点原有的逻辑结构。

【任务实施】

实训 12　安装 Web 服务器

在 Windows Server 2019 系统中安装 Web 服务器的基本操作步骤如下。

（1）在传统桌面模式中依次选择"开始"→"服务器管理器"，打开服务器管理器的"仪表板"窗口，在"仪表板"窗口中单击"添加角色和功能"链接，打开"添加角色和功能向导"对话框。

（2）在"添加角色和功能向导"对话框中单击"下一步"按钮，打开"选择安装类型"对话框。

（3）在"选择安装类型"对话框中选择"基于角色或基于功能的安装"，单击"下一步"按钮，打开"选择目标服务器"对话框。

（4）在"选择目标服务器"对话框中选择目标服务器，单击"下一步"按钮，打开"选择服务器角色"对话框。

（5）在"选择服务器角色"对话框中选择"Web 服务器(IIS)"复选框，在弹出的"添加 Web 服务器(IIS)所需的功能?"对话框中单击"添加功能"按钮。单击"下一步"按钮，打开"选择功能"对话框。

（6）在"选择功能"对话框中单击"下一步"按钮，打开"Web 服务器角色(IIS)"对话框。

（7）在"Web 服务器角色(IIS)"对话框中单击"下一步"按钮，打开"选择角色服务"对话框，如图 9-46 所示。

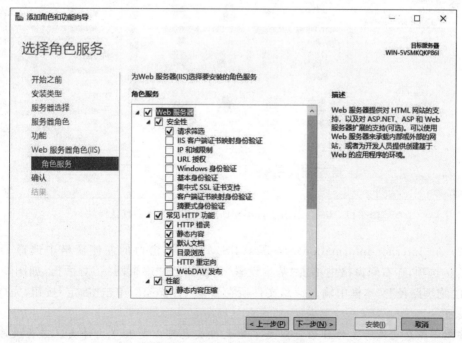

图 9-46　"选择角色服务"对话框

(8) 在"选择角色服务"对话框中选择为 Web 服务器(IIS)安装的角色服务,单击"下一步"按钮,打开"确认安装所选内容"对话框。

(9) 在"确认安装所选内容"对话框中单击"安装"按钮,系统将安装 Web 服务器,安装成功后将出现"安装结果"对话框。Web 服务器安装完成后,在服务器管理器中可以看到所添加的 IIS。

实训 13　利用默认网站发布信息文件

Web 服务器(IIS)安装完成后,IIS 已自动创建了一个默认网站,用户可以直接利用其发布信息文件。若网站的信息文件存放在服务器的"D:\test"目录中,其主页文件为"我的主页.html",则利用默认网站发布该网站的操作步骤如下。

(1) 在"服务器管理器"窗口的左侧窗格中选择 IIS,在右侧窗格中选择相应的服务器,右击,在弹出的菜单中选择"Internet Information Services(IIS)管理器"命令,打开"Internet Information Services(IIS)管理器"窗口,在该窗口左侧窗格中展开相应服务器的"网站"选项,可以看到 IIS 自动创建的名为 Default Web Site 的默认网站。如图 9-47 所示。

图 9-47　IIS 自动创建的名为 Default Web Site 的默认网站

(2) 在"Internet Information Services(IIS)管理器"窗口的左侧窗格中选择 Default Web Site 选项,在右侧窗格中单击"基本设置"链接,打开"编辑网站"对话框,如图 9-48 所示。在"物理路径"文本框中输入信息文件所在目录"D:\test",单击"确定"按钮,完成主目录的设置。

注意　信息文件所在的目录可以是本地文件夹也可以是共享文件夹。若为共享文件夹,网站必须提供有相应权限的用户名和密码,可在"编辑网站"对话框中单击"连接为"按钮

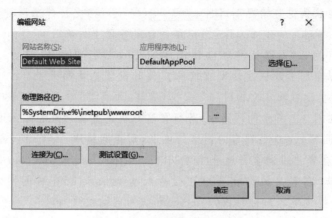

图 9-48　"编辑网站"对话框

进行设置。

（3）在"Internet Information Services（IIS）管理器"窗口的左侧窗格中选择 Default Web Site 选项，在中间窗格中双击"默认文档"，此时可以看到该网站的默认文档列表，如图 9-49 所示。默认文档列表中是网站启用默认文档的顺序，网站会先读取最上面的文件，若主目录内没有该文件，则依序读取后面的文件，可以利用右侧窗格中的"上移"和"下移"链接调整列表的顺序。单击右侧窗格中的"添加"链接，打开"添加默认文档"对话框，输入要发布的网站的主页文件名"我的主页.html"，单击"确定"按钮，完成默认文档的设置。

图 9-49　网站的默认文档列表

注意　默认文档列表中的"条目类型"若为"继承"，则表示这些设置是从服务器设置继承来的，可以在"Internet 信息服务（IIS）管理器"窗口的左侧窗格中单击服务器名，在中间窗格中双击"默认文档"修改这些默认值。

此时在客户机浏览器的地址栏输入"http://IP 地址或域名"即可浏览所发布的主页文件。

【问题1】 在默认安装情况下,IIS_____(能/不能)支持静态网页的发布,_____(能/不能)支持动态网页的发布。IIS支持在一台服务器上发布_____(1个/多个)网站,_____(可以/不可以)对默认网站 Default Web Site 进行重命名。

【问题2】 你在利用默认网站发布信息文件时设置的主目录为_____,设置的默认文档为_____,在设置默认文档时_____(需要/不需要)输入文件的扩展名。

【问题3】 在图9-1所示的网络中,若想在客户机浏览器地址栏输入 http://www.abc.com 访问在计算机 Server0 上发布的网站的主页,则在网络中_____(需要/不需要)配置 DNS 服务器。若在客户机浏览器地址栏可以输入 http://www.abc.com 访问网站主页,则_____(能/不能)在客户机浏览器地址栏输入 www.abc.com 访问网站主页,_____(能/不能)在客户机浏览器地址栏输入 abc.com 访问网站主页。

实训14　设置物理目录和虚拟目录

可以在网站主目录下新建多个物理目录,然后将信息文件存储在这些物理目录内,也可以利用虚拟目录发布主目录以外的信息文件。

1. 设置物理目录

如在上例中利用默认网站发布的网站主目录下新建一个名为 soft 的文件夹,该文件夹信息文件的主页名称为"soft 的主页.html",则使用物理目录将这一部分信息文件发布的操作方法如下。

(1) 在"Internet Information Services(IIS)管理器"窗口的左侧窗格中选择 Default Web Site 选项,可以看到该网站内多了一个物理目录 soft。选中该目录,在中间窗格中单击"内容视图"查看该目录中的所有文件,如图9-50所示。

图9-50　查看物理目录中的文件

（2）在图 9-50 所示画面的中间窗格单击"功能视图"按钮，在功能视图中双击"默认文档"选项，此时可以看到该目录的默认文档列表。单击右侧窗格中的"添加"链接，打开"添加默认文档"对话框，输入该目录的主页文件名"soft 的主页.html"，单击"确定"按钮，完成设置。

此时在客户机浏览器的地址栏中输入"http:// IP 地址或域名/物理目录名"，即可浏览所发布的物理目录的主页。

2. 设置虚拟目录

如在上例中利用默认网站发布的网站的另一部分信息文件存放在服务器的另一个目录"E:\tools"中，该部分的主页文件名为"tools 的主页.html"，则使用虚拟目录将这一部分信息文件发布的操作方法如下。

（1）在"Internet Information Services（IIS）管理器"窗口的左侧窗格中选择"Default Web Site"选项，在中间窗格中单击"内容视图"按钮，单击右侧窗格中的"添加虚拟目录"链接，打开"添加虚拟目录"对话框，如图 9-51 所示。

图 9-51 "添加虚拟目录"对话框

（2）在"添加虚拟目录"对话框的"别名"文本框中输入虚拟目录的别名，在"物理路径"文本框中输入其所对应的实际物理位置（如 E:\tools），单击"确定"按钮，此时可以看到 Default Web Site 内多了一个虚拟目录。

（3）在"Internet Information Services（IIS）管理器"窗口的左侧窗格中选择 Default Web Site 中所建的虚拟目录，在中间窗格中双击"默认文档"，此时可以看到该虚拟目录的默认文档列表。单击右侧窗格中的"添加"链接，打开"添加默认文档"对话框，输入该目录的主页文件名"tools 的主页.html"，单击"确定"按钮，完成设置。

此时在客户机浏览器的地址栏中输入"http:// IP 地址或域名/虚拟目录别名"，即可浏览所发布的虚拟目录的主页。

【问题 4】 网站 Default Web Site 物理目录的默认文档列表会继承_____的默认文档列表，网站 Default Web Site 虚拟目录的默认文档列表会继承_____的默认文档列表，虚拟目录的物理路径_____(可以/不可以)是其他计算机上的共享文件夹。

【任务拓展】

IIS 支持在一台服务器上发布多个网站,而为了能够正确区分这些网站,必须赋予每个网站唯一的识别信息。在服务器上可以分别使用主机名、IP 地址和 TCP 端口来标识网站。在图 9-1 所示的网络中,请查阅相关资料,在计算机 Server0 上发布多个网站,使网络中的所有计算机可以访问这些网站。

任务 9.5 配置 FTP 服务器

【任务目的】

(1) 理解 FTP 的作用和访问过程。
(2) 掌握利用 FTP 站点发布信息文件的方法。
(3) 掌握 FTP 站点的基本设置方法。
(4) 掌握在客户机访问 FTP 服务器的方法。

【任务导入】

FTP 是 Internet 上出现最早的一种服务,通过该服务可以在 FTP 服务器和 FTP 客户机之间建立连接,实现 FTP 服务器和 FTP 客户机之间的文件传输。FTP 主要用于文件交换与共享、Web 网站维护等方面。在图 9-1 所示的网络中,请在计算机 Server0 上安装 FTP 服务器并发布一个站点,使网络中的所有计算机都可以通过域名访问该站点,并从该站点下载文件。

【工作环境与条件】

(1) 安装 Windows Server 2019 或其他 Windows 网络操作系统的计算机。
(2) 安装 Windows 10 或其他 Windows 桌面操作系统的计算机。
(3) 能够正常运行的网络环境(也可使用 VMware Workstation 等虚拟机软件)。

【相关知识】

FTP 服务分为服务器端和客户机端,常用的构建 FTP 服务器的软件有 IIS 自带的 FTP 服务组件、Serv-U,以及 Linux 下的 vsFTP、wu-FTP 等。FTP 客户机访问 FTP 服务器的工作过程如图 9-52 所示。FTP 协议使用的传输层协议为 TCP,客户机和服务器必须打开相应的 TCP 端口,以建立连接。FTP 服务器默认设置两个 TCP 端口 21 和 20:TCP 端口 21 用于监听 FTP 客户机的连接请求,在整个会话期间,该端口将始终打开;TCP 端口 20 用于传输文件,只在数据传输过程中打开,传输完毕后将关闭。FTP 客户机将随机使用 1024～65535 的动态端口,与 FTP 服务器建立会话连接及传输数据。

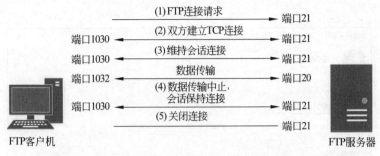

图 9-52 FTP 客户机访问 FTP 服务器的工作过程

【任务实施】

实训 15　安装 FTP 服务器

在 Windows Server 2019 系统中 FTP 服务器并不是 IIS 的默认安装组件，安装 FTP 服务器的基本操作方法如下。

（1）在传统桌面模式中依次选择"开始"→"服务器管理器"，打开服务器管理器的"仪表板"窗口，在"仪表板"窗口中单击"添加角色和功能"链接，打开"添加角色和功能向导"对话框。

（2）在"添加角色和功能向导"对话框中单击"下一步"按钮，打开"选择安装类型"对话框。

（3）在"选择安装类型"对话框中选择"基于角色或基于功能的安装"，单击"下一步"按钮，打开"选择目标服务器"对话框。

（4）在"选择目标服务器"对话框中选择目标服务器，单击"下一步"按钮，打开"选择服务器角色"对话框。

（5）在"选择服务器角色"对话框中展开"Web 服务器(IIS)"，选择"FTP 服务器"复选框，单击"下一步"按钮，打开"选择功能"对话框。

（6）在"选择功能"对话框中，单击"下一步"按钮，打开"确认安装所选内容"对话框。

（7）在"确认安装所选内容"对话框中单击"安装"按钮，系统将安装 FTP 服务器，安装成功后将出现"安装结果"对话框。

实训 16　新建 FTP 站点

如果要发布的信息文件存放在服务器的 D:\FTP 目录中，那么通过 FTP 站点发布这些信息文件的操作步骤如下。

（1）在"服务器管理器"窗口的左侧窗格中选择"IIS"选项，在右侧窗格中选择相应的服务器，右击，在弹出的菜单中选择"Internet Information Services(IIS)管理器"命令，打开"Internet Information Services(IIS)管理器"窗口，在该窗口的左侧窗格中选择相应服务器的"网站"，在右侧窗格中单击"添加 FTP 站点"链接，打开"站点信息"对话框，如图 9-53

所示。

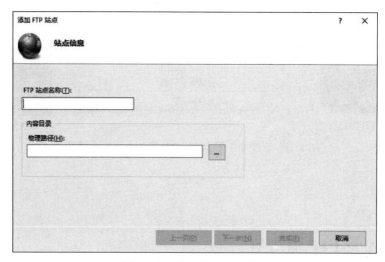

图 9-53　"站点信息"对话框

（2）在"站点信息"对话框中设置该 FTP 站点的名称及其主目录，单击"下一步"按钮，打开"绑定和 SSL 设置"对话框，如图 9-54 所示。

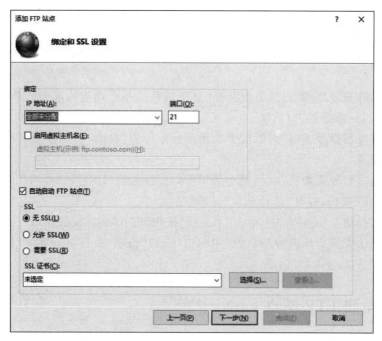

图 9-54　"绑定和 SSL 设置"对话框

（3）在"绑定和 SSL 设置"对话框中将该 FTP 站点与 IP 地址、端口和虚拟主机名进行绑定，若服务器中只有一个 FTP 站点可以使用默认设置。由于默认情况下 FTP 站点并没有 SSL 证书，所以在 SSL 设置中可选择"无"单选框。单击"下一步"按钮，打开"身份验证和授权信息"对话框，如图 9-55 所示。

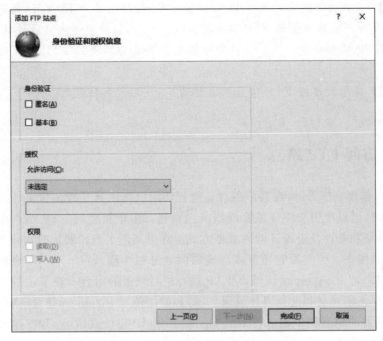

图 9-55 "身份验证和授权信息"对话框

（4）在"身份验证和授权信息"对话框中设定用户的身份验证方法和授权信息，如可在"身份验证"中同时选中"匿名"和"基本"复选框，在"允许访问"中选择"所有用户"，在"权限"中选中"读取"复选框，向所有用户开放 FTP 站点的读取权限。单击"完成"按钮，此时在"Internet 信息服务（IIS）管理器"窗口的左侧窗格中可以看到新建的 FTP 站点，选择该站点可以对其进行设置，如图 9-56 所示。

图 9-56 新建的 FTP 站点

【问题 1】 在图 9-1 所示的网络中,若计算机 Server0 有 2 个 IP 地址,则当希望客户机通过 2 个 IP 地址都能访问新建 FTP 站点时应_____,只希望客户机通过其中 1 个 IP 地址访问新建 FTP 站点时应_____。若希望客户机在访问新建 FTP 站点时只能上传文件,则应_____。

【问题 2】 你所新建的 FTP 站点的名称为_____,主目录为_____,身份验证方式为_____。

实训 17   访问 FTP 站点

FTP 站点创建完毕后,可在客户机对其进行访问以测试其是否正常工作。客户机在访问 FTP 站点时,可以使用文件资源管理器或浏览器。由于新建的 FTP 站点允许客户端使用匿名身份验证和基本身份验证两种验证方式。在采用匿名身份验证时用户不需要输入用户名和密码,只需在文件资源管理器或浏览器的地址栏中输入"ftp:// IP 地址或域名",即可自动使用用户名 anonymous 浏览该 FTP 站点主目录中的内容。在采用基本身份验证访问时,用户要提供用户名和密码以登录服务器,如使用用户 zhangsan 登录,则可在文件资源管理器或浏览器的地址栏中输入"ftp://zhangsan@ IP 地址或域名/",在弹出的对话框中输入相应的密码即可。

注意   也可以使用专门的 FTP 客户端软件(如 Cute FTP、Flashfxp 等)访问 FTP 站点。另外,在 Windows 系统中还可以使用命令行方式访问 FTP 站点,具体使用方法请参阅 Windows 系统的帮助文件。

【问题 3】 在图 9-1 所示的网络中,若想在客户机浏览器地址栏输入 ftp://www.abc.com 或 ftp://ftp.abc.com,访问在计算机 Server0 上发布的同一 FTP 站点,则在网络中_____(需要/不需要)配置 DNS 服务器。若在客户机浏览器地址栏可以输入 ftp://www.abc.com 或 ftp://ftp.abc.com 访问 FTP 站点,则_____(能/不能)在客户机浏览器地址栏输入 www.abc.com 访问 FTP 站点,_____(能/不能)在客户机浏览器地址栏输入 ftp.abc.com 访问 FTP 站点。

【问题 4】 若在新建 FTP 站点时只选择匿名身份验证方式,则当客户机通过文件资源管理器或浏览器访问 FTP 站点时_____(需要/不需要)输入用户名和密码,当客户机通过命令行方式访问 FTP 站点时_____(需要/不需要)输入用户名和密码。

实训 18   FTP 站点基本设置

1. 修改主目录

当用户连接 FTP 站点时,将被导向 FTP 站点的主目录。修改 FTP 站点主目录的操作方法为:在"Internet Information Services(IIS)管理器"窗口的左侧窗格中选择相应的 FTP 站点,在右侧窗格中单击"基本设置"链接,打开"编辑网站"对话框,在"物理路径"文本框中设置相应路径即可。

2. 设置 FTP 站点消息

可以为 FTP 站点设置一些显示消息,用户在连接 FTP 站点时可以看到这些消息。设置 FTP 站点消息的操作方法为：在"Internet Information Services(IIS)管理器"窗口的左侧窗格中选择相应的 FTP 站点,在中间窗格中双击"FTP 消息"选项,在如图 9-57 所示窗口中输入相应消息后单击"应用"按钮即可。

图 9-57　设置 FTP 站点消息

注意　FTP 站点消息主要包括以下方面。①横幅：当用户连接 FTP 站点时,会首先看到设置在此处的文字。②欢迎使用：当用户登录到 FTP 站点后,会看到设置在此处的文字。③退出：当用户注销时,会看到设置在此处的文字。④最大连接数：如果 FTP 站点有连接数量限制,且目前连接的数目已达到上限,如果此时用户连接 FTP 站点,会看到设置在此处的文字。

3. 设置虚拟目录

利用虚拟目录可以发布主目录以外的信息文件。如上例中除了利用默认 FTP 站点发布"D:\FTP"目录的信息文件外,还想利用该站点发布 E:\document 中的信息文件,则操作步骤为：在"Internet Information Services(IIS)管理器"窗口的左侧窗格中选择相应的 FTP 站点,在中间窗格中单击"内容视图"按钮,在右侧窗格中单击"添加虚拟目录"链接；在"添加虚拟目录"对话框的"别名"文本框中输入虚拟目录的别名,在"物理路径"文本框中输入其所对应的实际物理位置(如"E:\document"),单击"确定"按钮,可以看到 FTP 站点内多了一个虚拟目录。

此时在客户机浏览器的地址栏中输入"ftp://IP 地址或域名/虚拟目录别名",即可浏览该 FTP 站点虚拟目录中的内容。

注意　默认情况下,客户机访问 FTP 站点主目录时不会看到虚拟目录。若要在主目录中显示虚拟目录,可在图 9-56 所示窗口双击中间窗格的"FTP 目录浏览"选项,在"FTP 目录浏览"的"目录列表选项"中选中"虚拟目录"复选框。

【**问题 5**】　用户在使用浏览器或文件资源管理器连接 FTP 站点时,＿＿＿＿＿＿＿(会/不会)看到设置的 FTP 站点消息。用户在使用命令行方式访问 FTP 站点时，_____(会/不会)看到设置的 FTP 站点消息。

【问题 6】 默认情况下虚拟目录的授权规则与其主目录_____(相同/不相同)。若所有用户在访问主目录时只具有"读取"权限，_____(可以/不可以)设定所有用户访问主目录下的虚拟目录时只具有"写入"权限。

【任务拓展】

IIS 支持在一台服务器上发布多个 FTP 站点，而为了能够正确区分这些 FTP 站点，必须赋予每个 FTP 站点唯一的识别信息。在服务器上可以分别使用主机名、IP 地址和 TCP 端口来标识 FTP 站点。在图 9-1 所示的网络中，请查阅相关资料，在计算机 Server0 上发布多个 FTP 站点，使网络中的所有计算机可以访问这些 FTP 站点。

习　题　9

1. 简述 Windows 工作组网络的基本特点。
2. 简述在 Windows 系统中共享权限的类型与其所具备的访问能力。
3. 简述使用 DHCP 自动分配 IP 地址的优点。
4. 简述从客户机从 DHCP 服务器获取 IP 地址信息的基本运行过程。
5. 什么是 DNS? 在 DNS 域名空间中，为域或子域命名时应注意遵循哪些规则?
6. 简述客户机利用 DNS 服务器进行域名解析的基本过程。
7. 什么是 URL? 简述用户访问 WWW 上的网页的基本工作过程。
8. 什么是 FTP? 简述客户机访问 FTP 服务器的基本工作过程。
9. 配置常用网络服务。

内容及操作要求：把所有的计算机组建为一个名为 Test 的工作组网络，并完成以下配置。

- 在安装 Windows 网络操作系统的计算机上安装 DHCP 服务器，网络中的其他计算机从该服务器自动获取 IP 地址信息。
- 在安装 Windows 网络操作系统的计算机的 D 盘上设置一个共享文件夹，使该计算机的管理员用户可以通过其他计算机对该文件夹进行完全控制，使该计算机的其他用户可以通过其他计算机读取该文件夹中的文件。
- 在安装 Windows 网络操作系统的计算机上安装 Web 服务器并发布 1 个网站，要求网络中的所有计算机可以使用域名 www.qd.com 访问该网站。
- 在安装 Windows 网络操作系统的计算机上安装 FTP 服务并发布 1 个 FTP 站点，使用户可以下载该计算机 D 盘上的文件，但不能更改 D 盘原有的内容。要求网络中的所有计算机可以使用域名 ftp.qd.com 访问该 FTP 站点。

准备工作：2 台安装 Windows 10 或其他 Windows 桌面操作系统的计算机，1 台安装 Windows Server 2019 或其他 Windows 网络操作系统的计算机，交换机，组建网络所需的其他设备。

考核时限：60min。

参 考 文 献

[1] 丁喜纲.计算机网络技术基础实训教程[M].北京:清华大学出版社,2016.

[2] 于鹏,丁喜纲.计算机网络技术项目教程(计算机网络管理员级)[M].北京:清华大学出版社,2014.

[3] 于鹏,丁喜纲.计算机网络技术项目教程(高级网络管理员级)[M].北京:清华大学出版社,2014.

[4] 户根勤.网络是怎样连接的[M].周自恒,译.北京:人民邮电出版社,2017.

[5] 宫田宽士.图解服务器端网络架构[M].曾薇薇,译.北京:人民邮电出版社,2015.

[6] Mark A.Dye,Rick McDonald,Antoon W.Rufi.思科网络技术学院教程 CCNA Exploration:网络基础知识[M].思科系统公司,译.北京:人民邮电出版社,2009.

[7] Wayne Lewis.思科网络技术学院教程 CCNA Exploration:LAN 交换和无线[M].思科系统公司,译.北京:人民邮电出版社,2009.

[8] 威廉·斯托林斯,等.现代网络技术:SDN、NFV、QoE、物联网和云计算[M].胡超,等译.北京:机械工业出版社,2019.

[9] 梁广民,王隆杰,徐磊.思科网络实验室 CCNA 实验指南[M].2 版.北京:电子工业出版社,2018.

[10] 丁喜纲.企业网络互联技术实训教程[M].北京:清华大学出版社,2015.

[11] 余琨,伍孝金.IPv6 技术与应用[M].2 版.北京:清华大学出版社,2020.

[12] 谢希仁.计算机网络[M].7 版.北京:电子工业出版社,2017.

[13] 戴有炜.Windows Server 2019 系统与网站配置指南[M].北京:清华大学出版社,2021.

[14] 华为技术有限公司.网络系统建设与运维(中级)[M].北京:人民邮电出版社,2020.